U0312992

中国果树科学与实践

枇 杷

主　　编　林顺权
副 主 编　江国良
编　　委　(按姓氏笔画排序)
　　　　　王永清　江国良　杨向晖
　　　　　吴锦程　陈昆松　林顺权
　　　　　郑少泉　梁国鲁

陕西新华出版传媒集团

陕西科学技术出版社
Shaanxi Science and Technology Press
————西 安————

图书在版编目(CIP)数据

中国果树科学与实践．枇杷/林顺权主编．—西安：陕西科学技术出版社，2019.8

ISBN 978-7-5369-7615-3

Ⅰ.①中… Ⅱ.①林… Ⅲ.①枇杷－果树园艺 Ⅳ.①S66

中国版本图书馆 CIP 数据核字(2019)第 185131 号

中国果树科学与实践　枇杷

林顺权　主编

出 版 人	孙　玲
责任编辑	杨　波
责任校对	秦　延
封面设计	曾　珂
监　　制	张一骏

出 版 者　陕西新华出版传媒集团　陕西科学技术出版社
　　　　　西安市曲江新区登高路 1388 号陕西新华出版传媒产业大厦 B 座
　　　　　电话(029)81205187　传真(029)81205155　邮编 710061
　　　　　http://www.snstp.com

发 行 者　陕西新华出版传媒集团　陕西科学技术出版社
　　　　　电话(029)81205180　81206809

印　　刷　陕西博文印务有限责任公司
规　　格　720mm×1000mm　16 开本
印　　张　18.5
字　　数　330 千字
版　　次　2019 年 8 月第 1 版
　　　　　2019 年 8 月第 1 次印刷
书　　号　ISBN 978-7-5369-7615-3
定　　价　92.00 元

总　序

　　中国农耕文明发端很早，可追溯至远古 8 000 余年前的"大地湾"时代，华夏先祖在东方这块神奇的土地上，为人类文明的进步作出了伟大的贡献。同样，我国果树栽培历史也很悠久，在《诗经》中已有关于栽培果树和采集野生果的记载。我国地域辽阔，自然生态类型多样，果树种质资源极其丰富，果树种类多达 500 余种，是世界果树发源中心之一。不少世界主要果树，如桃、杏、枣、栗、梨等，都是原产于我国或由我国传至世界其他国家的。

　　我国果树的栽培虽有久远的历史，但果树生产真正地规模化、商业化发展还是始于新中国建立以后。尤其是改革开放以来，我国农业产业结构调整的步伐加快，果树产业迅猛发展，栽培面积和产量已位居世界第一位，在世界果树生产中占有举足轻重的地位。2012 年，我国果园面积增至约 1 134 万 hm^2，占世界果树总面积的 20％多；水果产量超过 1 亿 t，约占世界总产量的 18％。据估算，我国现有果园面积约占全国耕地面积的 8％，占全国森林覆盖面积的 13％以上，全国有近 1 亿人从事果树及其相关产业，年产值超过 2 500 亿元。果树产业良好的经济、社会效益和生态效益，在推动我国农村经济、社会发展和促进农民增收、生态文明建设中发挥着十分重要的作用。

　　我国虽是世界第一果品生产大国，但还不是果业强国，产业发展基础仍然比较薄弱，产业发展中的制约因素增多，产业结构内部矛盾日益突出。总体来看，我国果树产业发展正处在由"规模扩张型"向"质量效益型"转变的重要时期，产业升级任务艰巨。党的十八届三中全会为今后我国的农业和农村社会、经济的发展确定了明确的方向。在新的形势下，如何在确保粮食安全的前提下发展现代果业，促进果树产业持续健康发展，推动社会主义新农村建设是目前面临的重大课题。

　　科技进步是推动果树产业持续发展的核心要素之一。近几十年来，随着我国果树产业的不断发展壮大，果树科研工作的不断深入，产业技术水平有了明显的提升。但必须清醒地看到，我国果树产业总体技术水平与发达国家相比仍有不小的差距，技术上跟踪、模仿的多，自主创新的少。产业持续发展过程中凸显着各种现实问题，如区域布局优化与生产规模调控、劳动力成本上涨、产地环境保护、果品质量安全、生物灾害和自然灾害的预防与控制等，都需要我国果树科技工作者和产业管理者认真地去思考、研究。未来现代果树产业发展的新形势与新变化，对果树科学研究与产业技术创新提出了新的、更高的要求。要准确地把握产业技术的发展方向，就有必要对我国近几十年来在果树产业技术领域取得的成就、经验与教训进行系统的梳理、总结，着眼世界技术发展前沿，明确未来技术创新的重点与主要任务，这是我国果树科技工作者肩负的重要历史使命。

陕西科学技术出版社的杨波编审，多年来热心于果树科技类图书的编辑出版工作，在出版社领导的大力支持下，多次与中国工程院院士、山东农业大学束怀瑞教授就组织编写、出版一套总结、梳理我国果树产业技术的专著进行了交流、磋商，并委托束院士组织、召集我国果树领域近 20 余位知名专家于 2011 年 10 月下旬在山东泰安召开了专题研讨会，初步确定了本套书编写的总体思路、主要编写人员及工作方案。经多方征询意见，最终将本套书的书名定为《中国果树科学与实践》。

本套书涉及的树种较多，但各树种的研究、发展情况存在不同程度的差异，因此在编写上我们不特别强调完全统一，主张依据各自的特点确定编写内容。编写的总体思路是：以果树产业技术为主线和统领，结合各树种的特点，根据产业发展的关键环节和重要技术问题，梳理、确定若干主题，按照"总结过去、分析现状、着眼未来"的基本思路，有针对性地进行系统阐述，体现特色，突出重点，不必面面俱到。编写时，以应用性研究和应用基础性研究层面的重要成果和生产实践经验为主要论述内容，有论点，有论据，在对技术发展演变过程进行回顾总结的基础上，着重于对现在技术成就和经验教训的系统总结与提炼，借鉴、吸取国外先进经验，结合国情及生产实际，提出未来技术的发展趋势与展望。在编写过程中，力求理论联系实际，既体现学术价值，也兼顾实际生产应用价值，有解决问题的技术路线和方法，以期对未来技术发展有现实的指导意义。

本套书的读者群体主要为高校、科研单位和技术部门的专业技术人员，以及产业决策者、部门管理者、产业经营者等。在编写风格上，力求体现图文并茂、通俗易懂，增强可读性。引用的数据、资料力求准确、可靠，体现科学性和规范性。期望本套书能成为注重技术应用的学术性著作。

在本套书的总体思路策划和编写组织上，束怀瑞院士付出了大量的心血和智慧，在编写过程中提供了大量无私的帮助和指导，在此我们向束院士表示由衷的敬佩和真诚的感谢！

对我国果树产业技术的重要研究成果与实践经验进行较系统的回顾和总结，并理清未来技术发展的方向，是全体编写者的初衷和意愿。本套书参编人员较多，各位撰写者虽力求精益求精，但因水平有限，书中内容的疏漏、不足甚至错误在所难免，敬请读者不吝指教，多提宝贵意见。

编著者

2015 年 5 月

前　言

　　枇杷原产于我国，已有 2 000 多年的栽培历史。枇杷秋冬开花，春夏果实成熟，是开春之后较早应市的水果。由于其果肉甜酸适度、风味好，颇受消费者欢迎，加之枇杷叶片又是传统的中草药，使得枇杷在我国南方一直都有一定的种植规模。我国枇杷的栽培面积和产量一直稳居世界第一，甚至超过其他国家的总和。在市场需求的牵引和科技进步的助推下，枇杷产业的发展前景是乐观的。

　　20 世纪八十年代，以华中农业大学章恢志教授领衔的"全国枇杷科研协作组"组织编写了《枇杷志》。《枇杷志》全面总结了当时枇杷品种方面的研究成果，并兼及部分生物学和栽培学方面的新知识。章恢志教授的不幸离世曾使《枇杷志》的出版一度中断，后经中国林业出版社协调，促成《枇杷志》与《龙眼志》合编为《中国果树志·龙眼　枇杷》，由中国林业出版社于 1996 年出版。

　　21 世纪以来，与其他果树树种一样，枇杷科研和产业发展也取得了长足的进步。中国园艺学会枇杷分会 2004 年成立，迄今已召开了 9 次全国枇杷学术研讨会，每次会议均提供数十篇论文(或摘要)。2011 年，陕西科学技术出版社组织编写出版《中国果树科学与实践》丛书，第一辑以北方的树种为主，第二辑以南方树种为主，枇杷被列入第二辑的出版计划，中国园艺学会枇杷分会马上组织骨干力量开始编写工作，编写组由国内枇杷科研的 7 家优势单位中兼任本会理事长或常务理事的专家组成。

　　编委会组成如扉页所示。具体各章的题目及编写人为：第一章 枇杷的栽培历史、现状与展望，林顺权；第二章 枇杷属植物种质资源的研究与利用，林顺权、杨向晖；第三章 枇杷种质创新，梁国鲁、林顺权；第四章 品种结构与品种改良，郑少泉、姜帆；第五章 我国枇杷区域化栽培特点与发展前景，江国良；第六章 苗木繁育和建园，王永清；第七章 矿质营养及果园土、肥、水管理，吴锦程；第八章 整形修剪革新与高接换种，江国良；第九章 花果发育与调控，王永清、邓群仙、汤福义、王均；第十章 疏花疏果与套袋，吴锦程；第十一章 环境胁迫与与防灾减灾，吴锦程、江国良；第十二章 枇杷病虫害防控，江国良；第十三章 枇杷采后增值技术，陈昆松；第十四章 枇杷文化与枇杷休闲产业，郭启高、梁国鲁、江国良。本书主要读者对象是科技人员、

1

研究生、农技人员、农业政策制定者以及农业院校相关专业的师生。因此本书力求有以下特点：一是，它侧重反映枇杷科技的新进展，尤其是《中国果树志·龙眼　枇杷》中欠缺的、以及近若干年来取得的对枇杷产业发展至关重要的成果。二是，尽量做到图文并茂，叙述深入浅出；三是，虽然不能像教材那样面面俱到，但一些基本的技术领域，如整形与修剪，土肥水管理，病虫害防治等，还是尽量做到详尽细致，以便对更多的读者有参考价值。

借此机会，向对中国园艺学会枇杷分会和华南农业大学枇杷课题组的工作给予支持的同仁表示衷心的感谢！特别是：浙江大学的张上隆教授，他当时作为中国园艺学会副理事长，为枇杷分会的成立给予了关键性的支持；华南农业大学园艺学院的刘成明教授和吴振先教授，作为第一届枇杷分会的正副秘书长，他们为保障枇杷分会的正常运作做了大量工作；华南农业大学园艺学院的胡桂兵教授、李建国教授、胡又厘教授，他们对华南农业大学枇杷课题组的科研提供了有力的支持。

最后，特别感谢山东农业大学教授、中国工程院束怀瑞院士对本书编写工作的关心和支持！感谢陕西科学技术出版社杨波编审，他的热忱、执着和敬业，促成了本书能以此面貌与读者见面。感谢国家出版基金对本书出版的支持。

尽管我们竭尽全力、力求精益求精，但因水平所限，书中肯定存在瑕疵甚至错误，还望业内同仁和广大读者包涵。

林顺权
2019 年 5 月 1 日于广州五山

目　录

第一章　枇杷的栽培历史、现状与展望

枇杷是原产我国的果树之一，在我国有悠久的栽培历史，这在各种涉及枇杷的书籍中均有或详或略的介绍。但以现代科学的观点，从"原产"论及"起源"，进而探讨学名的由来，这样的文献并不多。本章期望借助近些年这方面新发掘的相关知识，尝试完成"枇杷的起源、传播和分布"的论述。在此基础上，介绍"枇杷产业及其社会经济效益"；并借助作者单位在枇杷科技交流方面的优势，首次对国内外枇杷科技交流做较系统的介绍；最后，着重讨论枇杷产业存在的问题，并提出初步建议。

第一节　枇杷的起源、传播和分布

枇杷是我国原产的果树，也是南方典型的亚热带常绿果树。

栽培枇杷是由原生枇杷演化和选育而来的。栽培枇杷所属的普通枇杷种并不是最古老的原生枇杷。

地质证据表明：枇杷属植物在新生代第三纪中新世(距今 2600 万～900 万年)，出现于山东临朐，已发现的是一种被称为"大叶枇杷"的化石(实际上叶片比普通枇杷小)。到了新生代第四纪(距今 300 万～200 万年)，由于受第四纪冰川的影响，山东一带的枇杷属植物灭绝了；而向西往现今秦巴山脉直至川西一带的枇杷属植物可能出现了较为耐寒的种质；在大渡河流域出现栎叶枇杷和普通枇杷。普通枇杷因适应当地的气候条件而得以繁衍和传播。

枇杷的栽培历史可以追溯至纪元前。公元前 1 世纪西汉司马迁所撰的《史记·司马相如传》引用《上林赋》中的话记载："卢橘夏熟，黄甘橙柜，枇杷然柿……"1975 年在湖北江陵的汉代古墓考古发掘工作中，出土了一件 2 140 年前的随葬竹笥，内藏生姜、红枣、桃、杏、枇杷等果品。史料记载和考古发现相互印证，说明我国公元前 1 世纪就已经开始种植枇杷。

枇杷很早就开始由原产地向外传播。西晋郭义恭的《广志》中有记载："枇杷出南安、键为、宜都。"南安即今乐山市，键为在宜宾市西北，宜都即湖北宜昌一带。从六朝开始，枇杷作为珍贵果树，以川、鄂为中心向中原、华北、华南、华东各个方向呈辐射状传播，遍植于各名园中。唐宋时期，四川、湖北、陕南和江浙一带已成为枇杷主产区，福建和安徽等产区则要晚一些，福建可能是自明代起才成为主产区之一的。

现在，枇杷分布在南至海南岛，北至陕西汉中、安康以及甘肃武都（北纬33°25′），东起台湾地区，西至西藏东部的广大地区。枇杷分布在长江以南的所有省份，长江以北的陕南、陇南、河南局部、湖北中北部、安徽中部、江苏中部以及苏北沿海的东台市（北纬接近33°）和西藏东部，涉及20个省、市、自治区。主产区为四川、福建、重庆、浙江、台湾、江苏、安徽、广东等地。

枇杷自中国传至外国也比较早。据传，唐朝时期日本的"遣唐使"就把枇杷带回了日本，但迄今尚未见到证据。日本早期的枇杷有"唐枇杷"之称，即是指枇杷来源于中国。枇杷在日本最早的文字记载时间是1180年。1784年林奈的学生，瑞典植物学家C. P. Thunberg到日本，在长崎发现枇杷，按系统分类法，把枇杷命名为蔷薇科欧楂属（后来重立为枇杷属）枇杷种。日本江户时代的1775—1776年，日本唯一对外国人开放的地方是位于长崎湾的Dejima小岛。Thunberg在那里记叙了很多植物，并于1784年出版了《日本植物志》，该书中按系统分类法记载了枇杷。日本专家Nesumi（2006年）认为：Thunberg描述的许多"日本植物"实际上引自中国，其所描述的枇杷是椭圆形的，并不是野生枇杷。

Thunberg在日本长崎命名枇杷的同年（1784年），法国巴黎植物园从我国广东引入枇杷；1787年，英国皇家植物园也从广东引入枇杷。自此，枇杷由西欧至地中海沿岸各国传播开来。1867—1870年之间，枇杷自3条路径传入美国：自欧洲传至佛罗里达，自日本传至加州，由中国移民传至夏威夷。至此，枇杷在西半球各地传播开来。

目前枇杷的分布区域有30多个国家：亚洲除中国外，还有日本、韩国、印度、巴基斯坦、泰国、老挝、越南、亚美尼亚、阿塞拜疆、格鲁吉亚、土耳其、伊拉克、塞浦路斯、以色列等国；美洲有美国、加拿大、墨西哥、危地马拉、委内瑞拉、厄瓜多尔、巴西、阿根廷、智利等国；欧洲有西班牙、意大利、希腊、阿尔巴尼亚等地中海沿岸国家；非洲有地中海沿岸各国以及南非和马达加斯加；澳洲有澳大利亚和新西兰。枇杷栽培主要位于2大区域：一个是包括中国、日本、印度和巴基斯坦等国在内的东亚至南亚区，该区是世界上最大的枇杷栽培区域；另一个是包括西班牙、意大利、土耳其、以色列、阿尔及利亚在内的地中海沿岸国家区域。

枇杷主产地区主要分布在南北纬 20°～35°之间，但在海洋性气候或大水体的调节下，可分布至接近南北纬 40°，例如日本、意大利和西班牙的枇杷种植区。

第二节　枇杷产业及其社会经济效益

一、中国枇杷的生产与营销

就栽培规模而言，枇杷还属于小宗果树，有关枇杷的数据并未纳入"农业部统计数据"范围，因此其栽培面积与产量是由中国园艺学会枇杷分会逐年逐省统计出来的。2010 年我国枇杷栽培面积为 13.3 万 hm^2，产量为 59.85 万 t，计算出的平均单产为 4.5 t/hm^2。相较于许多其他规模化栽培的果树，枇杷的单产不高，但随着各项新技术的推广应用，以及大量新植枇杷园产量的逐年提升，我国未来的枇杷单产应该还会有很大的增长潜力。

枇杷是我国小宗果树中发展速度最快的种类之一。2010 年枇杷的栽培面积和产量分别是 1988 年的近 6 倍和近 20 倍。回顾我国枇杷产业近 70 年的发展历程，可以看到：中华人民共和国成立后至 20 世纪 70 年代末，枇杷的生产规模一直非常小，1978 年后，首先是福建采用了小苗嫁接技术，使枇杷果实较为一致，促进了枇杷产业的发展，随后，由于品种的更新换代（如福建的太城 4 号、长红 3 号等）、挖大穴种植以及扩穴改土的实施，枇杷的产量和品质都有了较大的提高，从而有力地推动了枇杷面积和产量的迅速扩张（表 1-1）。

表 1-1　我国枇杷的栽培面积与产量变化情况

时间	面积/万 hm^2	产量/万 t	枇杷生产最大省	枇杷生产第二大省
20 世纪 50～70 年代	0.17	0.40	浙江	福建
1988 年	2.30	3.05	浙江	福建
1995 年	2.59	10.20（包括台湾）	福建	浙江
2003 年	11.28	38.79（包括台湾）	四川	福建
2010 年	13.30	59.85	四川	福建

枇杷本是秋冬开花、初夏果实成熟的淡季水果。但近年来，随着我国栽培地域的扩大和早熟品种的推广，枇杷鲜果的供应期已大大延长。在冬季，早至 11 月、12 月及至春节前后，攀枝花和西昌干热河谷的反季节枇杷都可上

市，3 月广东深圳和福建闽南的早钟 6 号上市，接下来，4 月广东和福建的多数品种上市，5 月福建的晚熟品种、浙江和四川的大量品种上市，6 月则是江苏和安徽等的晚熟品种上市，四川阿坝州的枇杷可以在 7～8 月上市。全国枇杷实际上可实现春夏秋冬四季供应。北京、辽宁、成都等地小面积采用温室大棚保护地栽培，可以更灵活地调节产期。

二、国际枇杷生产与贸易

因为枇杷在世界上属于小宗水果，联合国粮农组织（FAO）没有枇杷产业的统计数据。目前掌握的有关世界各国枇杷种植面积和产量的数据是同行之间交流得来的，可能会有一定的误差。如表 1-2 所列，2005 年世界枇杷的栽培面积和总产量分别达到 21.95 万 hm² 和 54.92 万 t；我国枇杷的种植面积和总产量分别为 11.83 万 hm² 和 45.36 万 t，均稳居世界第一，分别占世界的 53.9% 和 82.6%，比其他国家的总和还要多。由表中的数据计算，我国枇杷的单产为 3.83 t/hm²，相较一些环地中海枇杷生产国的单产还比较低。枇杷生产第二大国西班牙人均枇杷占有量（不一定是人均消费量）约 1 千克，而我国人均枇杷占有量约 0.35 千克，仅为西班牙的 1/3 左右。西班牙生产的枇杷

表 1-2 2005 年世界主要枇杷生产国的种植面积、产量及出口情况

国家	面积/万 hm²	产量/万 t	出口
中国	11.83	45.36	
西班牙	3.02	4.33	50%
印度	3.00		
日本	2.42	1.02	
巴基斯坦	1.38	0.98	
土耳其	0.08	1.20	少量
意大利	0.06	0.44	
摩洛哥	0.04	0.64	
以色列	0.03	0.30	
希腊	0.03	0.28	
巴西	0.03	0.24	
葡萄牙	0.02	0.095	
智利	0.01	0.030	少量
总计	21.95	54.92	

近半数用于出口，主要出口到法国和意大利，是枇杷国际贸易的最主要出口国。与我国进口大量其他热带亚热带水果的情况不同，我国从不进口西班牙枇杷，除了距离远的因素之外，西班牙枇杷的价格高（劳动力成本高），酸度也很高（通常达 1% 以上），我国消费者很难接受。近几年我国的枇杷产量占世界枇杷总产量的比重进一步提高，同时，我国的劳动力成本也在快速提高，2015 年的劳动力成本几乎是 2005 年的两倍。总体而言，我国进口或出口枇杷的可能性都不大。

枇杷是世界果品中贸易量很小的树种。除了西班牙的枇杷有 50% 出口到法国和意大利外，土耳其的枇杷有少量出口到欧洲，智利的枇杷有少量出口到南美邻国，其他国家的枇杷基本上是自产自销。但枇杷在各国均是单价较高的水果，西班牙枇杷（质量中上水平的）的单价一般为 2.5 欧元/kg，为夏橙（0.5 欧元/kg）的5倍；日本枇杷的单价一般为 2 000 日元/kg，为温州蜜柑和橙类的 10 倍；我国的枇杷也是水果中较贵的，这反映出枇杷生产的高成本。进行枇杷生产，除了建园时要挖大穴定植、前两年还要扩穴改土外，每年常规的劳力耗费也很大，要疏花疏果和套袋，要小心翼翼地摘果，要进行采后修剪，等等，都很耗费劳力，因此，劳力成本在枇杷生产费用中所占的比例很高，西班牙高达 66%，我国也高于 60%。近些年来，我国劳动力的价格越来越高，使得种植枇杷的效益空间越来越小。

我国枇杷主要是自产自销，除了经香港少量出口新加坡销售外，绝大部分枇杷鲜果都在国内销售。我国枇杷主要在大、中城市销售，枇杷产区之外的小城镇鲜有枇杷鲜果销售，售价高是主要原因。

三、枇杷产业的社会经济效益

我国的枇杷产业是一个真正的富民产业。从 20 世纪 80 年代起，福建有莆田常太、仙游书峰、福清太城等枇杷产区，通过种植解放钟等品种的枇杷获得可观的收益，种植数亩（1 亩 ≈ 667 m²）就可实现年收入几万元，种植大户的年收入达到几十万元。最好的时期（90 年代末），枇杷鲜果的价格在 20 多元/kg，单果 1 元以上。当时，不少种植枇杷的果农住上了砖瓦楼，被当地人称为"枇杷楼"。在福建莆田市、漳州市和福州市的一部分以及其他市的个别县，枇杷成为种植业的主要收入之一。从 90 年代末开始，成都郊区的龙泉驿、双流等地，农民通过种植大五星等品种的枇杷走上了富裕道路。双流县还因地制宜地成功创办了"枇杷观光果园"。市民在节假日携家带口到"枇杷观光果园"品尝枇杷、观赏园林，也可进行其他娱乐休闲活动，回家时还可亲自采摘新鲜的枇杷带回。近些年，四川攀枝花的反季节枇杷、广东深圳的早春早熟枇杷、浙江兰溪的以枇杷为特色的农家乐、北京的温室枇杷栽培等都非常成功。

在枇杷产区，枇杷产业的发展还有力地带动了其上下游产业的发展，如农资供应、印刷业、包装业、运输业、旅游业等，对当地经济发展的推动作用非常明显。

枇杷叶是传统中药，有止咳等功效。广州的潘高寿枇杷川贝止咳糖浆、香港的京都念慈庵川贝枇杷膏，每年都有数亿元的产值。广西、福建、江西、贵州、四川等省也都有生产止咳药品的生产企业。

第三节　枇杷的相关学术交流

国内枇杷学术交流一直比较活跃。"文革"后，1979年11月在杭州召开了全国枇杷科研协作组筹备会。1980年6月20～22日在浙江黄岩县召开了第一次会议，并成立了"全国枇杷科研协作组"。协作组挂靠在浙江省农业科学院园艺研究所，协作组组长为华中农业大学的章恢志教授。参加该会议的有来自枇杷产区的苏、浙、皖、湘、鄂等地的26个单位的44位代表，会议收到了论文及资料12份。在会上交流了枇杷原生种的调查、选种、引进、品种标准和评比标准、开花与结实率的研究经验，以及相关的生产、外销、加工等情况。章恢志教授还介绍了与日本初步开展国际交流的情况。枇杷科研协作组前8次会议的基本情况见表1-3所列。

从表1-3中不难看出，枇杷科研协作组在联系国内枇杷同行方面起了很大的作用。协作组依托单位浙江农科院园艺所（所长为夏起洲）还分别于1983年、1986年和1988年出版了《全国枇杷科技资料汇编》第一、第二、第三辑，各汇集了30多篇论文。在章恢志教授的统筹下，全国同行还编著了《中国果树志·枇杷》，20世纪80年代末已定稿。可惜，因为章恢志教授去世，耽搁了该志书的出版。迟至1996年，才和龙眼合在一起，在中国林业出版社出版了《中国果树志·龙眼 枇杷》。

1992年的四川纳溪会议后，枇杷科研协作组的工作基本停顿。曾有一种说法，就是针对几种南方特色果树，包括枇杷、杨梅和橄榄等联合成立一个科研协作组，但最终没有实现。

21世纪的世纪之交是我国枇杷产业发展最快的时期，但枇杷同行却缺少一个交流的平台。华南农业大学园艺学院的林顺权教授等联络西南大学园艺学院的梁国鲁教授、浙江大学果树所的陈昆松教授、福建农科院果树所的郑少泉研究员发起成立中国园艺学会枇杷分会。及至2004年，中国园艺学会开

表 1-3 全国枇杷科研协作组历次会议情况

次别	时间	地点	参会单位数	参会人数	论文篇数
1	1980 年 6 月 20～22 日	浙江黄岩	26	44	12
2	1981 年 10 月 26～28 日	浙江杭州	10	20	—
	1982 年 4 月 27 日～5 月 1 日△	福建福州、莆田	32	48	23
3	1983 年 10 月 7～10 日	安徽屯溪	28	48	
	1984 年 6 月 5～8 日△	江苏吴县	33	51	—
4	1985 年 10 月 8～10 日	浙江余杭	30	31	33(1984 年、1985 年)
5	1987 年 4 月 21～25 日	广西桂林	30	31	17
6	1988 年 5 月 23～25 日	江西南昌	34	49	
7♯	—				
8	1992 年 5 月 4～6 日	四川纳溪	33	50	29

资料来源：表中各次活动的信息来源于公开报道和私人通讯。

♯：第 7 次会议的资料没有找到。

△：1982 年在福建、1984 年在吴县的活动虽然并未编入会议次别，但活动的内容却留有较详细的资料。

始对枇杷分会的成立持积极支持的态度。

2004 年 4 月 28～30 日在福建省莆田市举行了全国枇杷会议，该会议由林顺权教授发起，由中国园艺学会果树专业委员会和莆田市人民政府主办，莆田市枇杷协会承办，华南农业大学园艺学院和福建省农科院果树研究所、莆田学院和莆田市科协协办。这次会议是自 1992 年"全国枇杷科研协作组"中断后，枇杷学界同行的首次聚会。福建、广东、浙江、江苏、湖南、湖北、四川、重庆、贵州、甘肃、云南和上海等 12 个省、市的近 100 位论文作者和农业技术人员或部门负责人参加了会议，另外安徽、江西、广西和陕西的代表虽未能与会，但提供了他们的枇杷栽培面积、产量和主栽品种等方面的基本数据。会议收到论文摘要 60 多篇。

全国枇杷学术研讨会暨中国园艺学会枇杷分会成立大会于 2005 年 5 月 26～29 日在浙江杭州余杭区举行。会议由中国园艺学会枇杷分会主办，浙江省杭州市余杭区人民政府、余杭区农业局承办，来自浙江、福建、广东、江苏、四川、重庆、广西、贵州、湖南等地的 106 位代表与会。中国园艺学会副理事长张上隆教授、常务理事董启凤研究员出席了会议。

中国园艺学会枇杷分会历次会议的基本情况如表 1-4 所示。

表 1-4　中国园艺学会枇杷分会历次会议概况

届别	主办单位	承办单位	时间	地点	参会人数	论文篇数
1	果树专业委员会 莆田市政府	莆田枇杷协会 枇杷分会(筹)	2004 年 4 月 28～30 日	莆田	100	51
2	枇杷分会	杭州余杭政府 农业局	2005 年 5 月 26～29 日	余杭	106	67
3	枇杷分会	成都双流县政府	2007 年 4 月 24～27 日	双流	116	57
4	枇杷分会 江苏园艺学会	苏州农业职业 技术学院, 江苏太湖常绿 果树中心	2009 年 5 月 22～24 日	苏州	118	78
5	枇杷分会 四川石棉县政府	石棉县委、 县政府	2011 年 5 月 26～29 日	石棉	125	59
6	枇杷分会	莆田学院	2013 年 3 月 30 日～4 月 3 日	莆田	145	66
7	枇杷分会 浙江兰溪市政府	兰溪市政府	2015 年 5 月 13～15 日	兰溪	136	55
8	枇杷分会 西南大学	西南大学园艺 学院	2017 年 5 月 19～21 日	重庆	185	78
9	枇杷分会 攀枝花市政府	米易县委、 县政府	2018 年 12 月 21～23 日	攀枝花市 米易县	191	51

由表 1-4 可以看出，枇杷分会的会议规模比当年枇杷科研协作组的会议规模增大将近 1 倍，人员由最多 51 人增加到 100 人以上，论文由 20～30 篇变为 50～70 多篇。这个倍增的实现主要缘于大量的研究生成了枇杷研究的新生力量。

在枇杷国际交流方面，日本曾长期主导国际枇杷分类资料和品种资源的交流。虽然枇杷原产于中国，但日本自唐宋开始就从中国引进枇杷，19 世纪 60 年代末的明治维新后日本的枇杷开始向国外传播，田中枇杷闻名全球。1972 年中日建交后，武汉、杭州、福州、广州等地陆续派出专家学者到日本尤其是九州地区参观学习日本枇杷科研、生产的先进经验。20 世纪 90 年代，中国留学生在日本与美国和日本的学者合作，撰写了《枇杷的植物学与园艺学》，于 1999 年发表于美国的《园艺评述》(Horticultural Reviews)，向世人介绍了中国的枇杷资源和产业情况，并澄清了普通枇杷起源于中国的事实。

21 世纪开始后，受制于土地和劳动力成本，枇杷产业成为日本的夕阳产业，日益萎缩。中国和西班牙的枇杷产业逐渐成为全球的前两名，两国的合作和交流也日趋紧密。西班牙学者从《园艺评述》上了解到中国枇杷产业的情况后，于 2011 年访问了华南农业大学、福州农科院果树所和福建农林大学，以及杭州和上海的相关单位。当时西班牙正组织地中海沿岸国家准备召开国际枇杷学术研讨会，我们对此予以支持。2002 年在西班牙瓦伦西亚农业研究所召开了第一届国际枇杷学术研讨会，中国派出 4 名代表参会，亚洲的日本和巴基斯坦各有 1 人参会。此次会议商定，第二届国际枇杷学术研讨会 2006 年在中国召开。

由国际园艺学会、中国园艺学会和华南农业大学主办，华南农业大学承办，福建莆田学院、广东省清远市政府和广州市果树科学研究所协办，第二届国际枇杷学术研讨会于 2006 年 4 月 1～5 日在华南农业大学召开。会议代表包括来自西班牙、比利时、土耳其、巴基斯坦、美国、智利、南非等国家以及我国陕西、四川、重庆、辽宁、湖北、安徽、江苏、福建、广西、湖南、广东、台湾等 15 个省、市、自治区的枇杷专家 110 多人，其中国外代表 30人，国内代表 80 余人。会议论文首次由国际园艺学会编辑委员会组织编写，并被 ISTP 收录。

第三届国际枇杷学术研讨会于 2010 年 5 月在土耳其召开，我国有 30 余名代表参会，是参会国中人数最多的。

第四届国际枇杷学术研讨会于 2014 年 5 月在意大利西西里岛召开，我国有近 30 名代表参会，口头报告和墙报展出论文 30 多篇，为报告最多的国家。

我国枇杷科技工作者在枇杷国际交流中的作用由此可见一斑。

第四节　枇杷产业存在的问题及发展建议

一、存在的问题

1. 尚无综合性状优良、适应性广的新品种

在早期，枇杷的栽培品种以各地的传统优良品种为主，如福建的解放钟和江苏的白玉等。在枇杷产业大发展的 20 世纪 90 年代，早钟 6 号和大五星等品种非常受欢迎，它们具有果个大等优点，早钟 6 号的早熟特性也很受欢迎。但早钟 6 号对寒害、热害、有机磷农药等都比较敏感，在四川等地推广

应用面积较小。大五星枇杷产量过低，退化较快，在福建、广东等地也没有推广开。目前，尚缺乏综合性状优良(果大、少籽、品质优)、适应性广(抗性强、适应地域广)的新品种。近年来，福建果树所、华南农业大学、苏州常绿果树中心等单位推出了系列(白肉)枇杷新品种，目前正在推广中。

2. 劳动力成本上升、规模化经营难以组织

在南方果树中，枇杷是耗费劳动力最多的树种。由于枇杷根系小且浅(根冠比只有温州蜜柑的1/3)，建园时必须挖大穴(1 m 见方)定植，头两年还要扩穴改土，挖穴、扩穴均很耗费耗劳动力。在枇杷的常规生产管理中，疏花、疏果、套袋、采摘、修剪等都需要大量劳力。劳动力成本在枇杷生产总成本中所占的比例约为2/3。成本高的直接影响就是市场上枇杷售价高。另外，劳动力消耗多也不利于规模化生产，这也使得迄今为止的枇杷生产仍然以家庭果园为主，极少有规模较大的枇杷园或枇杷生产企业。

3. 产业化、组织化程度有待提高

由于枇杷生产和销售缺乏"龙头"企业，生产规模小、标准化程度低、产品质量参差不齐、市场营销能力弱。大部分产区缺少有规模的协会组织或合作社，缺乏组织良好的销售网络，抵御自然灾害和市场风险的能力低。

二、发展建议

由于其生产和消费的特殊性，枇杷暂时不会受到国际市场的冲击。枇杷在我国有广阔的经济栽培适宜区，其价值有待进一步挖掘和宣传，市场潜力巨大。为了枇杷产业的健康、可持续发展，建议做好以下几方面的工作。

1. 注重综合性状优良、适应性强的新品种的选育，采用强大根系的砧木，建立良种苗木繁育体系，为产业发展奠定基础

现阶段已广泛推广早钟6号、解放钟、大五星和龙泉1号等大果型枇杷品种，引进了部分西班牙和日本的优良品种，进行了大量的品种改良工作。在此基础上，应尽快确定选种、育种的综合目标，如，优质、果大、少籽、抗性强、适应性广等，以此为目标选育新品种。近年来，业内普遍认为白肉枇杷的口感优于黄肉枇杷，因此，在杂交育种的同时，应充分利用我国的白肉枇杷资源，进行包括实生选种和芽变选种在内的白肉枇杷选种。由于黄肉与白肉看来存在显隐性关系，以黄肉的双亲杂交可以获得白肉的杂交后代(宋红彦等，2015年)，因此，在包含与果肉颜色选择有关的育种方案里，亲本的选择和杂种二代都值得重视。

应注重选配有强大根系的砧木。虽然我国有几百个普通枇杷品种，但都是弱根系的，应在枇杷属其他种中选出新的强根系砧木。华南农业大学园艺学院等单位已经开展了对这些种的根系特性以及它们与普通枇杷的嫁接亲和性的研究，应尽快利用这方面的研究成果。有了强根系砧木，种植枇杷时在挖穴和扩穴等方面就可以节约大量的劳动力。

要建立国家级枇杷良种繁育中心，加大扶持以生产枇杷嫁接苗木为目标的现代化苗木企业的建设，产学研协同攻关，争取在较短时间内使枇杷苗木生产基本采用优良品种和强根系砧木，为建立优质丰产枇杷园打好基础。

2. 研究建立简化生产技术体系，降低劳动力耗费

目前农村地区的大量强壮劳力外出务工或经商，从事农业生产的劳动力日趋缺乏。枇杷产区也不例外，这对于消耗劳动力特别多的枇杷生产所形成的制约尤其明显，果农呼吁科技人员能为他们研究、推出简单、实用、易掌握的生产技术，在这方面业内科技人员责无旁贷，应该有所作为。比如，枇杷的疏花疏果和果实套袋需耗费大量劳力，如果选用自然留果量少的品种或利用生长调节剂控制合理的留果量，就可以减轻劳动力消耗；再比如，枇杷的采摘现在在我国大陆一般采用单果采，费时费力，而我国的台湾地区在留果量较多的前提下所采用的整穗采的方式则值得借鉴；另外，浙江兰溪的枇杷不用套袋仍较少裂果，果面仍然较美观；等等。在研究简化栽培技术的同时，要大力推广提高质量的关键技术，建立标准化生产示范基地。要提倡生草栽培等绿色环保的生产方式，在生态适宜区推广绿色果品生产。

3. 大力发展新业态、新经营模式

随着人们生活水平的提高，近年来果园观光业发展迅速。依托枇杷园开展观光、采摘、认养等，在满足和丰富市民的物质、精神生活的同时，也提高了经营者的经济效益。在不宜枇杷生长的北方地区，已有部分城市进行了枇杷设施化栽培，并开展了枇杷采摘、观光项目。

4. 以野生枇杷叶取代栽培枇杷叶作为止咳药

枇杷叶作为具有止咳作用的传统中草药，应用历史久远。2002年日本也将枇杷叶加入日本药典(Nesumi，2006年)。华南农业大学园艺学院已筛选出活性物质含量比普通枇杷更高的野生枇杷种类，以这些野生枇杷作为封山育林的造林树种，采摘它们的叶片代替栽培枇杷叶片，可避免因采叶而造成的对栽培枇杷产量和质量的影响。山地野生枇杷多远离城市、少污染，品质也更好。利用山地野生枇杷入药，还可提高山区农民的经济收入。

5. 加强科技支撑和社会化服务体系建设，提高产业化水平

以国家公益性产业(农业)科研专项执行专家和国家重点研发项目专家为骨干，以科研教学单位和实验站为基地，更广泛地吸引枇杷产区科研院所的科技人员，共同重视资源创新、品种创新，加快开发新品种、新技术和新工艺，为产业发展提供技术储备。扶持农业技术推广体系建设，鼓励科研人员

从事技术推广和技术咨询。

加强教育领域枇杷相关学科的建设，为产业发展提供充足的人才储备；设置专项资金用于组织编写枇杷栽培等方面的技术指导书籍和培训教材。依托科研院校在主产区建立省级和县级技术培训中心，采用电视、广播、教育网络等手段，开展对果农的技术服务和技术培训，提高农民的科技素质。

参 考 文 献

[1]宋红彦，何小龙，乔燕春，等. '早钟6号'与西班牙大果枇杷品种杂交及其后代果实品质评价[J]. 华南农业大学学报，2015，36(1)：65-70.

[2]Badenes Maria L，Janick J，Lin S，et al. Breeding loquat[J]. Plant Breed Rev，2013，37：259-296.

[3]Hirohisa Nesumi. Loquat. In：Horticulture in Japan. Edited by The Japanese Society for Horticultural Science. Shoukadoh Publication，2006：85-95.

[4]Shunquan Lin，Loquat. In：Encyclopedia of Fruits and Nuts（eds by Jules Janick and Robert E. Paull）CABI，2008，643-651.

[5]Yuan Yuan，Yongshun Gao，Gang Song and Shunquan Lin，Ursolic Acid and Oleanolic Acid from Eriobotrya fragrans Inhibited the Viability of A549 Cells. Natural Product Communications，2015，10（2）：239-242.

[6]Zheng S Q. Achievement and prospect of loquat breeding in China. Acta Hort.（ISHS）2007，750：85-92.

第二章　枇杷属植物种质资源
的研究与利用

枇杷属植物迄今已经明确的有 26 个种及其变种或变型，只有普通枇杷
(*Eriobotrya japonica* Lindl.)1 个种作为果树栽培。因此，本章大部分内容探讨的是 20 多种野生枇杷的种质资源的研究与利用，栽培枇杷的相关内容则在后续章专题介绍。本章的内容主要涉及野生枇杷的分布调查、搜集与保存；各个种的特征和它们之间的亲缘关系；最后介绍枇杷属野生种的利用，主要是 3 个方面的利用：砧木利用、药物利用和遗传改良利用。

第一节　自然地理分布

一、概况

枇杷属植物是典型的亚热带果树，大多数自然分布于北纬 20°～30°之间，极少数分布于这个范围之外。如越南南部的大叻位于北纬约 12°的热带地区，此地有细叶枇杷和椭圆托叶枇杷；位于北纬 34°、北亚热带地区的日本九州岛分布有野生普通枇杷，位于北纬 30°～31°之间的我国湖北恩施州有野生普通枇杷和大花枇杷。

古生物学证据表明，枇杷属植物曾经生活在纬度更高的地方。在山东临朐(北纬 36.5°)出土了大叶枇杷的叶片化石，其生活时间大致是距今约 2 400 万年的中新世。这说明枇杷在进化过程中南迁了。

北半球普通枇杷分布范围的南缘基本在北纬 20°以上。南半球枇杷分布的纬度范围与北半球基本一致，如智利和阿根廷的枇杷也种植在低于南纬 30°的地方。但有一些枇杷可以种在热带地区，例如，我国的海南岛就种植有枇杷。

最极端的例子是南美洲赤道附近的厄瓜多尔有普通枇杷种植,不过,是种在高山上。相比之下,分布范围超出北纬30°之外的情况则更多。我国的枇杷种到了北纬33°的陕西汉中、安康和甘肃陇南,日本的枇杷种到北纬35°的横滨,意大利的枇杷种到了接近北纬38°的西西里岛,西班牙的枇杷种到了接近北纬40°的瓦伦西亚。但必须指出,这些地区都受到了海洋性气候的影响。

概而言之,大多数枇杷属植物自然分布于北纬20°~30°之间,栽培枇杷分布范围略大于自然分布范围,尤其是在北缘方面。

二、我国枇杷属植物的分布情况和特点

1. 我国枇杷属植物的分布概况

2002—2016年,华南农业大学枇杷课题组对我国枇杷属植物的自然地理分布进行了广泛调查,尤其是对广东省和云南省的调查特别深入和广泛,其中对云南省的调查多达20次以上,100多人次参与。对广东和云南之外的多数其他枇杷适生省份也进行了多次调查,例如广西9次、西藏3次、台湾3次、贵州3次等。比较而言,对贵州省的调查不够充分。

现将调查到的枇杷属植物的自然分布情况列于表2-1中。

从表2-1可以看出,枇杷属植物的现代分布有一定的特征。首先,枇杷属植物在我国的分布不均匀,大致可以划分为4个等级区域:最集中分布区(10种以上),主要是云南的西部和东南部;密集分布区(数种),包括云贵高原、两广地区(西江流域)和四川;次分布区(3种),包括西藏、台湾;稀有分布区(1~2种),包括湖南、湖北、福建、海南。云南的枇杷分布值得引起特别关注,这将在稍后详述。

其次,枇杷属不同种的分布范围有较大差别,也可以将它们分为4个等级:分布最广(10多个省)的是大花枇杷;分布较广(几个省)的,包括香花枇杷、普通枇杷(野生)、台湾枇杷、小叶枇杷等;分布较窄(一般为2个省)的,包括窄叶枇杷、广西枇杷、齿叶枇杷、椭圆枇杷、腾越枇杷、怒江枇杷、台湾枇杷武葳山变型和栎叶枇杷等;特有分布(只分布于1个省)的,包括麻栗坡枇杷、倒卵叶枇杷、南亚枇杷(云南,但在国外多有分布)和南亚枇杷窄叶变型、大渡河枇杷(四川)、台湾枇杷恒春变型等。

分布最广的大花枇杷在长江流域及其以南各省均有分布,而且在多个省份的分布密度均较大;普通枇杷虽然分布范围也广,但多是栽培的,普通枇杷的野生林仅在云南、四川、湖北、湖南、广西和广东找到。分布较广的香花枇杷在云南、广西和广东均有分布。香花枇杷在广东的分布相当密集,粤北的韶关和清远几乎每个县都可找到香花枇杷,粤中的新丰、从化、香港(香

表 2-1　枇杷属植物在中国不同省份的分布情况*

省　份	种　类
云南	大花枇杷、香花枇杷、齿叶枇杷、椭圆枇杷、栎叶枇杷、小叶枇杷、窄叶枇杷、腾越枇杷、怒江枇杷、南亚枇杷、南亚枇杷窄叶变型、倒卵叶枇杷、麻栗坡枇杷、普通枇杷(野生)、南亚枇杷四柱变型**、台湾枇杷**
广西	大花枇杷、香花枇杷、台湾枇杷、小叶枇杷、广西枇杷、普通枇杷(野生)、齿叶枇杷**
广东	大花枇杷、香花枇杷、台湾枇杷、台湾枇杷武葳山变型、广西枇杷、普通枇杷(野生)
贵州	大花枇杷、香花枇杷、小叶枇杷、普通枇杷(野生)**
四川	栎叶枇杷、大渡河枇杷、普通枇杷(野生)、大花枇杷**
台湾	台湾枇杷、台湾枇杷恒春变型、台湾枇杷武葳山变型
西藏	腾越枇杷、香花枇杷、椭圆枇杷
湖北	大花枇杷、普通枇杷(野生)
湖南	大花枇杷、普通枇杷(野生)
福建	香花枇杷、大花枇杷
海南	台湾枇杷

* 有普通枇杷野生种的省份，凡未找到野生种，只有栽培枇杷的不在此表列出。

** 表示曾有文献指出有分布，华南农业大学枇杷课题组尚未找到。

花枇杷模式标本的采集地)，粤东的凤凰山，粤西的信宜，都有香花枇杷。这可能是单种枇杷在 1 个省份分布最广泛的极端例子，随着人们对野生枇杷利用潜力的了解越来越深入，野生枇杷分布频密度将越来越受到人们的关注。

分布最高的纪录是椭圆枇杷，在海拔 1 824 m 的云南屏边大围山有分布，窄叶枇杷在海拔 1 800 m 的云南澄江有分布；分布最低的纪录是在广西贺州海拔 165 m 的溪流旁有广西枇杷，在海拔 377 m 的广东新丰分布有香花枇杷。

进一步的调查获得了一些枇杷种分布的新纪录，包括椭圆枇杷在云南河口地区的分布、台湾枇杷武葳山变型在广东南岭国家自然保护区的分布、怒江枇杷和腾越枇杷在西藏樟木的分布、香花枇杷在福建的分布、椭圆托叶枇杷在越南大吻的分布、椭圆枇杷长叶柄变型在缅甸的分布等，这些分布新纪录不但增加了人们对有关地区的枇杷遗传多样性的了解，而且对于枇杷起源与进化的研究有重要的意义。

2. 云南枇杷属植物地理分布

枇杷属植物在云南的分布最为丰富，除了广西枇杷、大渡河枇杷和台湾枇杷及其变型没有分布外，其余各种均有分布且密度较大，共有 12 种、1 个变型，根据已有的调查结果并结合相关文献资料，我们把这些种类的分布情况列于表 2-2 中。

表 2-2　云南枇杷属植物的地理分布

序号	种名	分布地区（县、市）
1	大花枇杷	广南、富宁、河口、蒙自
2	香花枇杷	龙陵、屏边
3	小叶枇杷	西畴、澄江
4	腾越枇杷	腾冲、贡山、景东、文山
5	窄叶枇杷	普洱、易门、泸水、澄江、思茅、双柏
6	栎叶枇杷	勐腊、蒙自、建水、石屏、禄劝、勐仑
7	齿叶枇杷	景洪、元江、澄江、勐腊、河口、瑞丽
8	怒江枇杷	泸水、贡山
9	南亚枇杷	泸水、景洪
10	椭圆枇杷	屏边
11	倒卵叶枇杷	麻栗坡、安宁
12	麻栗坡枇杷	麻栗坡、西畴
13	南亚枇杷窄叶变型	麻栗坡、易门、路南、红河、元阳

依据云南枇杷属植物本身的分布特点，并参照植被和自然条件状况，云南枇杷属植物大致有 4 个分布区，这 4 个分布区恰好与云南植被 5 个分布区（云南植被，1987 年）中的 4 个是吻合的（图 2-1）。

Ⅰ滇南、滇西南小区。本小区包括西双版纳和德宏、临沧市，处于澜沧江、怒江和伊洛瓦底江支流的下游，植物区系和邻近的缅甸、老挝、泰国北部比较一致，植物区系的组成以热带东南亚成分为主，基本上属于热带东南亚的一个部分；植物多起源于第三纪的古热带植物，因此，地区特有属很少，地区特有种也比其他小区少。在本小区分布有腾越枇杷、香花枇杷、窄叶枇杷、栎叶枇杷、南亚枇杷、南亚枇杷窄叶变型和分布较广的齿叶枇杷。

Ⅱ滇东南小区。本小区位于红河和哀牢山以东的南缘地带，这一带植物区系的组成与邻近的广西西南部和越南北部有着密切的联系，主要以古老的、热带和亚热带区系为主体的汇集中心，特有种和特有属都较丰富，是云南向东南亚和云南向华南和华中过渡的交错汇合地带。在本小区分布有椭圆枇杷、麻栗坡枇杷、香花枇杷、倒卵叶枇杷、小叶枇杷、齿叶枇杷、栎叶枇杷、南

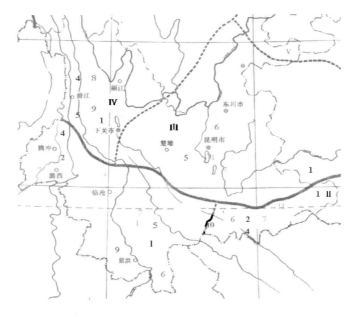

图中数字代表不同的种类，种类编号与表 2-2 中的相同

图 2-1　云南省枇杷属植物地理分布

亚枇杷窄叶变型和大花枇杷，有近 10 个种类。

Ⅲ滇中高原小区。本小区属于泛北极区－喜马拉雅植物亚区，该植物区系起源于古北大陆和古南大陆之间，含有较多古地中海成分，后由于喜马拉雅山的抬升，各类植被分化演变，出现了大量中国－喜马拉雅特有的植物，可能是中国－喜马拉雅植物区系的发源地。倒卵叶枇杷、小叶枇杷、栎叶枇杷、窄叶枇杷、南亚枇杷窄叶变型在本小区有分布。

Ⅳ滇西、滇西北横断山脉小区。本小区高山峡谷地貌特别发达，峡谷的海拔高度在 1 600～2 000 m，高山则在 5 000 m 以上，从峡谷到高山相继出现热带、亚热带、温带、寒带等特殊的山地垂直气候及相应的植被类型。由于几条大山和大江是南北走向，故促使北温带或高山的成分沿山脊南下，而热带成分顺江北上，南北植物区系的交流和分化往往比滇中高原地区更复杂。怒江枇杷、南亚枇杷、腾越枇杷、窄叶枇杷和大花枇杷在此小区有分布。

三、东南亚、南亚枇杷属植物的分布及其与云南的联系

1. 东南亚、南亚枇杷属植物的分布概况

2008—2012 年，华南农业大学枇杷课题组先后对越南、老挝、缅甸等东南亚国家的枇杷属植物地理分布情况进行了多次实地考察。此外，还对泰国

和巴基斯坦等国枇杷的地理分布进行了考察。表2-3列出了部分东南亚、南亚国家枇杷属植物的分布。

由表2-3可以看出,国外枇杷分布较多的国家都与我国云南省接壤。越南的枇杷属种类最多,有6种、3变型或变种,9个种类;缅甸的枇杷属种类也较多,有5个种类;而尼泊尔、柬埔寨和印度尼西亚的枇杷属植物种类较少。

表 2-3　枇杷属植物在部分东南亚、南亚国家的分布

国　家	种　类
越南	大花枇杷、南亚枇杷、南亚枇杷四柱变型、南亚枇杷缩花变型、E. angustissima、E. elliptica var. petelotii、E. poilanei、E. stipularis、E. fragrans var. furfuracea
缅甸	南亚枇杷、腾越枇杷、怒江枇杷、窄叶枇杷、E. petiolata
老挝	南亚枇杷、齿叶枇杷、E. prinoides var. laotica
印度	南亚枇杷、怒江枇杷、E. angustissima
柬埔寨	南亚枇杷、E. stipularis
尼泊尔	椭圆枇杷、E. stipularis
印度尼西亚	南亚枇杷

注:为清晰起见,东南亚、南亚的特有种类的名称仍用拉丁文,且不注定名人。

2. 东南亚、南亚枇杷属植物分布与云南枇杷属植物分布之间的联系

分析上述东南亚、南亚国家的枇杷属植物分布,并通过它们与我国云南的共有种的比较可以看出:枇杷属植物的分布东南亚多于南亚。东南亚的越南、缅甸和老挝枇杷属植物分布最多,其中老挝的3种枇杷均是云南枇杷的共有种;缅甸有4个云南枇杷共有种,但有1个以上特有种;越南的特有种相对较多,但特有种(3种)也少于共有种(4种)。由此可以看出云南在枇杷属植物分布上的重要性。

四、云南是枇杷属植物现代分布中心和基因分布中心

枇杷属植物为典型的东亚分布型,主要分布在我国,其分布中心在云南省;其次是东南亚几个国家和南亚的印度、孟加拉国、尼泊尔等国,曾有报道称泰国有南亚枇杷分布,但新版的泰国植物志里并没有记载;日本可能有普通枇杷的野生林。与我国的枇杷属植物相比,其他国家枇杷属植物的特有种相对较少,大多为中国的共有种或中国原产种的变种或变型。值得注意的是,与我国云南接壤的越南、缅甸和老挝的枇杷分布相对较多。

在我国，枇杷属植物广泛分布于长江流域及长江以南各省。在全国各省中，云南省的枇杷属植物分布最为丰富，分布有 12 个种以上，分布较多的广西和贵州的枇杷属植物种类数也仅及云南的一半，其他省则更少；而且，比较而言，云南周边的几个省、自治区，如广西、贵州、四川的枇杷分布较多。

根据国内外枇杷属植物自然地理分布的资料分析，不难得出结论：云南是枇杷属植物的现代分布中心和基因分布中心。

云南之所以能成为枇杷属植物的现代分布中心和基因分布中心，与其地理条件有关，还可能与它在枇杷属乃至蔷薇科苹果亚科石楠族的进化历程中所得到的契机有关。

云南地处中国西南边陲，位于北纬 21°8′～29°15′、东经 97°31′～106°11′的区域，北回归线贯穿云南南部。东与贵州和广西毗邻，北面是四川，西北一隅与西藏相接，西部与西南部与缅甸接壤，南面和东南面是老挝和越南。由于在第三纪末到第四纪初以来经历了大规模的隆升和深刻的高原解体过程，其内部山岳高耸，河谷深嵌，地貌结构十分复杂，各地相对高差很大，最高海拔为 6 740 m，最低海拔仅有 76.4 m，巨大的海拔高度差对光、热、水等气候要素的再分配起着巨大作用。气候受西南和东南季风的交错影响，具有从热带到寒带的各种气候类型。特殊的地理位置、复杂的自然生态条件，形成了云南植被发育的复杂多样的自然环境。

复杂的地势、多样的气候条件以及特殊的地理位置是云南枇杷属植物种类繁多的主要因素。云南由于受立体气候的影响，多数地州均存在适合枇杷属植物生长的局部生态环境，这使许多枇杷属种类有了赖以生存的自然条件。纬度和海拔的不同，也形成了在云南分布的一些特殊种(麻栗坡枇杷、倒卵叶枇杷)，有的种分布较广，如齿叶枇杷、栎叶枇杷；有的种分布较窄，如麻栗坡枇杷、倒卵叶枇杷等，而且数量少，应当重点保护。

第二节　种和品种的特征

关于枇杷属植物各个种的性状描述，除了新种发布时的基本介绍之外，对一些种的性状描述也会有新的补充，所有这些都反映在《中国植物志》及《中国果树志·枇杷卷》里。然而，可能由于前人在野外调查时受到季节限制，对于一些枇杷属植物的性状描述并不全面。例如，在《中国植物志》中，对 12 种枇杷属植物的性状进行了描述，但缺少对倒卵叶枇杷的果实性状的描述。《中国果树志·枇杷卷》中对枇杷属种的描述达到 14 种，与《中国植物志》相比，增加了 20 世纪 80 年代后发现的椭圆枇杷与大渡河枇杷的性状描述，其余枇杷属植物的性状基本与《中国植物志》相同，但有些性状的描述不同，例如，大花枇杷的叶柄长度和南亚枇杷的叶片长度和叶片宽度与《中国植物志》中的描述明显不同。

华南农业大学枇杷课题组对一些空缺的性状进行了补充。杨向晖（2005年）和张志珂（2012年）详细记述了他们在对枇杷属植物地理分布进行调查时收集到的枇杷属植物的性状，分别补充了12个和14个种或变种的一些性状，并将这26个种或变种的52个性状进行了详细描述。表2-4列出了这26个种或变种的重要性状，其中的若干种类的果实见图2-2。

表2-4　枇杷属各个种的突出显明特征及其若干重要性状

编号	种名	学名	重要性状					
			特征	树性	雌蕊数	雄蕊数	叶背茸毛	叶脉数
1	细叶枇杷	*E. angustissima* Hook. *f.*	叶小	灌木、小乔木	2～3	20	无	10
2	南亚枇杷	*E. bengalensis* f.. Hook.		乔木	2～3	20	无	13.4
3	南亚枇杷窄叶变型	*E. bengalensis* f. *angustifolia* Vidal	叶片较窄	乔木	2～4	20	无	11
4	大花枇杷	*E. cavaleriei* Rehd		乔木	2～3	20	无	10.2
5	大渡河枇杷	*E. ×dadunensis* H. Z. Zhang ex W. B. Liao et al.	叶片连续变异	乔木	3～4(5)	20	有	12.4
6	台湾枇杷	*E. deflexa* Nakai		乔木	3～5	20	无	11.7
7	台湾枇杷武葳山变型	*E. deflexa* f. *buisanensis* Nakai	叶片狭长	乔木	3～5	20	无	8.3
8	台湾枇杷恒春变型	*E. deflexa* f. *koshunensis* Nakai	叶片略圆	乔木	3～5	20	无	10.0
9	椭圆枇杷	*E. elliptica* Lindl.	叶片椭圆	小乔木、乔木	5	20	无	19.0
10	椭圆枇杷贝特罗变种	*E. ellipticavar. petelottii* Vidal	叶片大	乔木			无	17.9

编号	种名	学名	重要性状					
			特征	树性	雌蕊数	雄蕊数	叶背茸毛	叶脉数
11	香花枇杷	*E. fragrans* Champ	叶面革质	小乔木、乔木	4～5	20	无	8.8
12	薄叶枇杷	*E. fulvicoma* Chun & Liao		乔木	3～4	20	无	9
13	窄叶枇杷	*E. henryi* Nakai	叶小且狭长	灌木、小乔木	2	10	无	15.0
14	普通枇杷	*E. japonica* Lindl.	几无叶柄	小乔木、乔木	5	20	有	16.0
15	广西枇杷	*E. kwangsiensis* Chun	叶中脉两面隆起	乔木	2～4	多数，	无	11.2
16	麻栗坡枇杷	*E. malipoensis* Kuan	叶大背黄	乔木	3～5	20	有	21.8
17	倒卵叶枇杷	*E. obovata* W. W. Smith	叶片倒卵形	乔木	2～3	20	有	14.40
18	长叶柄枇杷	*E. petiolata* Hook.	叶柄特长	乔木	2	20	无	13.0
19	波宜兰枇杷	*E. poilanei* Vidal	雄蕊数多	乔木	5	30	无	8.8
20	栎叶枇杷	*E. prinoides* Redh. & Wils	叶软	小乔木、乔木	2(3)	20	有	11.7
21	栎叶枇杷老挝变种	*E. prinoides* var. *laotica* Vidal	叶圆形	乔木	2	20	有	7.7
22	怒江枇杷	*E. salwinensis* Hand-Mazz	叶尖锯齿	小乔木、乔木	2～3	20	有	13.0
23	小叶枇杷	*E. seguinii* Card	叶小	灌木、小乔木	3～4	15	无	8.23
24	齿叶枇杷	*E. serrate* Vidal	叶缘锯齿	乔木	(2)3～4(5)	20	无	15.4
25	椭圆托叶枇杷	*E. stipularis* Craib	托叶椭圆形	乔木	2	20	无	13.2
26	腾越枇杷	*E. tengyuehensis* W. W. Smith		乔木	2～3	20	有	18.3

南亚枇杷　　　　　　　　　南亚枇杷窄叶变型

台湾枇杷　　台湾枇杷恒春变型　　　　椭圆枇杷

窄叶枇杷　　　　　　　普通枇杷野生树

广西枇杷　　　　　　　　麻栗坡枇杷

栎叶枇杷　　　　　栎叶枇杷老挝变种　栎叶老挝变种瘪籽

大渡河枇杷　　　　小叶枇杷　　　　　齿叶枇杷

图 2-2　若干野生枇杷果实的性状

长期以来，我国习惯于以果肉颜色来区分栽培枇杷的品种群，将枇杷分为红肉品种和白肉品种（江浙地区的"红沙"和"白沙"）。栽培枇杷的果肉颜色实际上极少红色的，多是黄色的，而"白肉"的颜色实际上也是淡白色的。另外，果实大小也是区分枇杷品种的一个重要性状。新出版的果树栽培学教科书中通常把栽培品种粗分为 3 类：白肉类、黄肉大果类和黄肉中果类。福建果树研究所制定了《农作物种质资源鉴定技术规程　枇杷》和《枇杷种质资源描述规范和数据标准》，确定了枇杷种质资源鉴定性状 89 项，新提出鉴定性状 25 项，并建立了相应的鉴定方法，提高了枇杷种质资源鉴定评价的科学性，也使人们对枇杷品种特征的认识更全面。

枇杷主栽品种的性状特征将在第四章做进一步的详细介绍。

第三节　枇杷属植物的亲缘关系

枇杷属植物的分类最早见于《中国植物志》，以老叶叶背的绒毛是否脱落将中国原产的 13 个种分成两大类：一类是老叶叶背有绒毛，包括普通枇杷、麻栗坡枇杷、腾越枇杷、怒江枇杷和栎叶枇杷；另一类是老叶叶背无绒毛，包括香花枇杷、齿叶枇杷、南亚枇杷、台湾枇杷、倒卵叶枇杷、窄叶枇杷和小叶枇杷。章恢志等（1990 年）根据花期的不同将 15 种中国原产枇杷属植物分为两大类：第一类是普通枇杷、麻栗坡枇杷、栎叶枇杷、齿叶枇杷和大渡河枇杷，为秋冬开花的类型；而将其他枇杷属植物归为第二类，为春季开花的类型。后来，人们发现，花期是"可塑"的，可以前后变动相差数月。

2005 年，杨向晖首次利用 RAPD 和 AFLP 技术全面评价了 18 个种类的枇杷属植物及其近缘属之间的亲缘关系。在 RAPD 分析中，24 个随机引物扩增了 462 个位点，多态率为 100%，平均每个引物扩增位点数为 19.25。在 AFLP 分析中，筛选了 64 个 EcoRI/MseI 引物对，采用 5 对 AFLP 引物组合获得了 321 条带，其中 314 条为多态性带，多态率为 97.82%，平均每对引物扩增出 64.2 个位点。综合两种标记聚类的结果可以看出：所有种与其变种或变型均各自先聚类，与传统的系统学分类完全相符；而且两种标记聚类结果基本上可以相互印证，证明了分子标记方法的可靠性。据此，提出了一个以雄蕊、柱头和叶片大小等形态学性状为主要依据，结合分子标记结果而制定的枇杷属植物分类标准，可将枇杷分为 3 个类群：①少雄蕊、小叶片类群，主要有小叶枇杷和窄叶枇杷；②多雄蕊、多柱头、大叶片类群，普通枇杷归在这个类群里；③多雄蕊、少柱头、中叶片类群。最后一个类群又分为 4 个亚类。

2007年李平开展了枇杷属植物分子系统学研究，通过对 *rbc*L、*trn*L-F、ITS 和 *Adh* 基因进行序列分析，重建了枇杷属植物的分子系统发生树。研究结果表明，枇杷属为一单系类群，系统发生树分为两大支。小叶枇杷与窄叶枇杷组成第一大支 I，处于枇杷属植物系统发育的基础类群的位置，属于系统发育相对较原始的种类；其余种类组成另一大支 II。这一支又分为 4 个亚支：大花、香花枇杷组成亚支 A；栎叶、大渡河与普通枇杷野生树组成亚支 B；椭圆枇杷、南亚枇杷与南亚窄叶枇杷组成亚支 C；齿叶枇杷、广西枇杷、台湾枇杷、台湾恒春变型枇杷组成亚支 D。台湾枇杷、台湾枇杷恒春变型，以及广西枇杷处于 ITS 和 *Adh* 系统发育树的顶部，可以推断它们属于枇杷属植物系统发育相对较晚的种类。

2011年李桂芬通过染色体核型分析和基因组原位杂交研究了 21 种枇杷属植物（包括 16 个基本种、4 个变种、1 个种间杂种）的亲缘关系，结果表明：枇杷属植物都属于对称的核型 2A，但各个种的具中部着丝点染色体的多少则有不同，据此不同，可对所研究的枇杷属植物进行分类。初步分为 5 类：第 1 类是核型为 24m+10sm 的枇杷，包括小叶枇杷和窄叶枇杷；第 2 类是核型为 20m+14sm 的枇杷，只有普通枇杷；第 3 类是核型为 18m+16sm 的枇杷，包括麻栗坡枇杷、大渡河枇杷、齿叶枇杷、香花枇杷；第 4 类是核型为 16m+18sm 的枇杷，包括广西枇杷、台湾枇杷、台湾枇杷武藏山变型、台湾枇杷恒春变型、栎叶枇杷、栎叶枇杷老挝变型、南亚枇杷、南亚枇杷变型、片马枇杷、椭圆枇杷、倒卵叶枇杷、大果枇杷；第 5 类是核型为 16m+16sm+2st 的枇杷，只有大花枇杷。大花枇杷是所观测枇杷属植物中唯一一个平均臂比大于 2 的种，另一方面它与香花枇杷在形态上很相近，因此似也可将它作为附属于香花枇杷所属的第 3 类中的一个特殊亚类。

2012年张志珂进行了枇杷属植物形态学性状的数值分类学研究。对 26 种枇杷属植物和 2 种邻属植物的重要性状，尤其是花和叶的主要性状进行了归纳，为数值分类的性状编码提供了依据。她选择了以花和叶为主体的 53 个性状进行数值分类。聚类结果表明：从邻属和枇杷属基本种的角度看，形态数值聚类图与传统的分类学的结果基本相符；尽管聚类图中仍有少数种的归类问题值得商榷，但其提供了很有价值的分类信息；不但能对枇杷属与其近缘属清楚分界，而且将枇杷属植物分成了 5 个大类，显示出数值分类在枇杷属植物分类上应用的合理性。

同时，她也进行了枇杷属植物的 RAPD 分子标记聚类分析。23 条引物对枇杷属及其近缘属共 39 个植物材料扩增出了 509 个 RAPD 位点，平均每条引物为 22.13，多态性达到 100%。应用 UPGMA 进行聚类，获得的树状图与数值分类结果基本相符。

最后，将形态数值分类学、分子标记结果、细胞学(李桂芬，2011 年)和分子系统学(杨向晖，2005 年；李平，2007 年)的研究结果相结合，同时利用研究材料数量上的优势，综合形态学、细胞学和分子标记这"三个层次"的研究资料构建枇杷属植物的系统学，提出了枇杷属植物分为Ⅰ类和Ⅱ类两个大类。Ⅰ类为小叶类，包括小叶枇杷、窄叶枇杷和细叶枇杷；Ⅱ类为中、大叶类。Ⅱ类细分为 5 个亚类：①腾越枇杷和怒江枇杷亚类；②叶背多茸毛亚类，普通枇杷属于这一亚类；③香花、大花亚类；④热带型大叶片亚类；⑤华南分布亚类。

第四节　保护与利用

一、保护与保存

我国作为枇杷属植物的原产地，有着世界上最丰富的枇杷属植物种质资源。然而，枇杷属大多数种的个体数量都不多，地理分布较窄；个别种的分布很窄，个体数量极少，甚至只有在悬崖峭壁等人迹罕至处，才有其没有被砍伐的野生枇杷植株得以保存。

随着地球上大批物种的灭绝和种内遗传多样性的迅速丧失，人类利用新的遗传资源的难度变大，因此遗传资源的收集、研究、保护和利用是摆在我们面前的十分紧迫的任务。我国是枇杷生产第一大国，栽培面积和产量均居世界第一，20 世纪初，枇杷种植面积超过 10 万 hm^2，枇杷在调整种植结构和增加山区农民收入中扮演了一个重要的角色。尽管如此，对枇杷资源的保护与保存的重视程度远不如苹果、柑橘、葡萄等大宗水果。枇杷属植物作为枇杷的砧木和枇杷品种改良的潜在基因源，其保存和评价具有重要的意义。我国作为枇杷的原生地，拥有最丰富的枇杷遗传多样性，对于枇杷种质资源的收集和保存有着义不容辞的责任。

我国政府越来越重视对种质资源的保护，近一二十年来建立了一大批国家级及省级自然保护区，使一些濒于灭绝的野生枇杷种质资源得到了就地保护。例如，云南境内有约 10 个国家级植物自然保护区，150 多个省级自然保护区(多数是保护植物的)，这些保护区内有许多枇杷种质资源。又如广东南岭国家自然保护区内保存有大花枇杷、香花枇杷、台湾枇杷及其武葳山变型、普通枇杷(野生树)等。华南农业大学枇杷课题组的 10 年考察表明：目前，我国多数野生枇杷资源生长在国家级和省级自然保护区内，自然保护区外极少见到野生枇杷资源。即便在自然保护区里，枇杷也都不是建群种，因此几乎没有枇杷占优势的植物群落，枇杷总是呈零星分布。可能只有一个例外，香花枇杷在广东分布较广，广东境内许多山区都能找到，但最多也只是有小群落分布。

妥善保护现有的种质资源是21世纪种质资源学科的热点之一。除了做好就地保护，还有必要作迁地保存。迁地保存包括种植保存和离体培养保存。

种植保存，首先需要采集枇杷活标本，有3种方式可供选择：①采集种子播种，萌发小苗后移栽；②挖掘树下小苗并通过分子标记鉴定种的归属；③剪枝嫁接。3种方式中，通常先采用①和③两种方式；其次采用①和②两种方式；在条件不允许的情况下采用方式③。方式③有弊也有利，弊端是嫁接到普通枇杷（或其他种枇杷）上，受砧木影响，成活率较低；没有来自父本的遗传信息，相较于种子，其遗传信息来源较窄。有利的是开花结果早，便于进一步取材研究（Hu 等，2007 年）。

目前，华南农业大学枇杷属植物种质资源圃保存了20个国内枇杷种类和6个国外种。这些迁地保存的枇杷属种质资源，极大地方便了枇杷属植物的相关研究，对于枇杷属种质资源的保护与利用具有重要意义。华南农业大学枇杷课题组依托该资源圃建立了枇杷属植物的数据库。

与其他果树一样，枇杷种质资源的种植保存要耗费土地、人力、财力等资源，还容易受自然灾害的影响。随着离体培育技术的不断发展和日臻成熟，采用离体保存技术保存枇杷种质资源越来越显示出其优越性（陈晓玲等，2013年）。离体培育节省空间和劳力，维持费用低，便于交流。华南农业大学枇杷课题组开展了枇杷属植物的离体保存研究，该研究以枇杷属植物的16个野生枇杷种、2个种间杂交种和1个属间杂交种为试材，研究了枇杷属植物的离体培养及植株再生，包括茎尖离体培养及其褐化抑制、胚离体培养、叶片诱导愈伤组织、叶片愈伤组织诱导再分化、茎段愈伤组织植株再生，并在此基础上进行了枇杷属植物离体保存的研究，包括常温离体保存和基于程序降温仪的超低温保存的研究。

首先，采用环境条件控制和营养调节的方法，成功地进行了枇杷属植物常温离体保存。该方法采用的环境条件为全光照，温度为18℃；保存植株的最佳状态为：不长愈伤组织，不生根；最佳的培养基配方为：MS+1.0 mg/L 的 KT+0.1 mg/L 的 NAA+0.1 g/L 的 AC，保存17个月后植株存活率仍为100%。在该条件下，保存的枇杷属植物种有：香花枇杷、南亚枇杷窄叶变型、广西枇杷、齿叶枇杷和一些远缘杂种。

在超低温保存研究中，利用程序降温仪，融合了程序降温法和玻璃化法，系统地研究了植物玻璃化液 PVS 的玻璃化转变温度 T_g，玻璃化转变温度 T_g

与超低温保存后成活率的关系，降温速率对程序降温曲线、冷冻温度曲线和植物材料降温曲线的影响，以及冷冻保护液的种类、低温驯化、预培养、PVS装载时间、降温速率、入液氮前温度和暗培养等因素对超低温保存成活率的影响。

综合各种实验条件，提出了一套稳定、高成活率的新型枇杷属植物超低温保存程序方法，该方法是将程序降温法和玻璃化法相结合，首次在果树（植物）种质资源超低温保存中使用，称为程序降温玻璃化法。具体的处理流程为：①程序降温前，将枇杷属植物茎尖置于MS附加一系列物质包括DMSO的培养基上预培养3 d，然后转入PVS1在4℃下装载9 h；②降温程序设计：4℃→0℃→7℃→－20℃→－40℃→迅速转入液氮保存；③解冻；④材料清洗；⑤再生培养，统计茎尖的成活率。程序降温玻璃化法能使所试的枇杷属植物材料超低温保存的成活率达到90％以上（刘义存，2014年）。

目前，华南农业大学枇杷属植物种质资源圃已经被纳入华南农业大学"亚热带农业生物资源保护与利用"国家重点实验室、农业部"华南地区园艺植物生物学与种质创制"重点实验室和广东省普通高校"园艺作物种质资源创新与利用"重点实验室的建制之内。

在栽培品种的收集保存方面，福建省农业科学院果树研究所建有国家果树种质资源圃（枇杷圃）。该所在长期开展栽培枇杷种质资源搜集、保存和研究的基础上，开展"枇杷种质资源保存与应用"科研项目，共收集保存枇杷种质资源759份，是目前世界上收集保存栽培枇杷种质资源数量最多、规模最大、遗传多样性最丰富的资源圃。

二、枇杷属植物野生种的利用

众所周知，栽培枇杷遗传基础狭窄，几乎所有品种都有若干共性缺点：芽少枝疏，结果枝单元少，致使单产低；种子多，可食率低；根系浅；等等。

我们对栽培枇杷遗传基础狭窄的原因进行了研究。选取55份来自世界各地具有代表性的栽培枇杷品种以及多份出自不同地点的野生枇杷品种，对它们的cpDNATrnS-TrnG及cpDNATrnQ-rps16基因位点序列的核苷酸多态性进行了比较分析，结果显示：栽培枇杷群体在这两个基因位点不存在变异，而野生枇杷群体在cpDNATrnS-TrnG位点出现了2个替代变异及1个插入/缺失变异，在cpDNATrnQ-rps16位点出现3个替代变异及2个插入/缺失变异，这表明在从野生品种驯化为栽培品种的过程中发生了严重的遗传瓶颈，导致了栽培枇杷群体的遗传基础十分狭窄（王云生等，2012年）。

枇杷属植物作为整体，多样性远比栽培枇杷丰富得多，有多种多样的利用潜力，这里仅介绍三个方面的利用潜力。

1. 遗传改良利用

如前所述，野生枇杷中有一些特异性状，例如，窄叶枇杷的红色果皮；就果实大小而言，椭圆枇杷和齿叶枇杷大于普通枇杷(野生树)。因此，可以尝试将野生枇杷的个别性状转移给栽培枇杷，这将具有重要的意义。

华南农业大学枇杷课题组进行了大量的枇杷种间杂交工作(李桂芬，2011年；李桂芬等，2016年)。2013年以来，已陆续有一些种间杂交组合的后代开花结果，至2019年春季，较多见到的种间杂种后代具有潜力的性状有：每个果实只有单粒种子(较多见)、高 TSS(不多见，但仍可看到一些杂种后代的 TSS 高于双亲，最高者到18)、强大的根系(根冠比可比亲本高1倍)、耐叶斑病(易见，种间杂种后代的耐叶斑病几乎均强于栽培枇杷)(李桂芬等，2016年)。常见的不利性状是果实通常都比栽培枇杷品种(解放钟)小，因此，回交是必不可少的。

2. 砧木利用

我们进行了砧穗亲和性试验，分别播种怒江枇杷、台湾枇杷恒春变型、窄叶枇杷、野生普通枇杷(非栽培品种)、香花枇杷、广西枇杷和栎叶枇杷等野生枇杷培育实生苗，以我国的枇杷品种早钟6号和解放钟及西班牙的几个大果品种 Marc、Pelluches 和 Ullera 等为接穗品种进行嫁接试验。观察野生枇杷实生苗的根系、根冠比和嫁接成活率，研究生理指标、嫁接部位的解剖结构与嫁接亲和力的关系，研究不同种枇杷作砧木对普通枇杷生长、结果和果实品质的影响。结果表明：Marc 和 Ullera 的砧木选择椭圆枇杷和香花枇杷较好(张海岚，2009年；刘晓慧，2014年)。

观察发现，种间杂种后代往往保持了双亲(尤其是野生枇杷)的抗性。选用栎叶枇杷、大渡河枇杷、台湾枇杷及其2个变型与普通枇杷正反交形成约10个杂交组合材料作为砧木，分别嫁接早钟6号、白玉以及 Marc。结果表明：用栎叶枇杷×大渡河枇杷这个杂种组合作砧木，无论嫁接哪个品种，嫁接成活率都达到100%，因此，初步推断，这个组合有望成为各种栽培枇杷品种的适宜砧木(林顺权，2017年)。嫁接成活的苗木已在广州市从化示范栽培。

3. 药物利用

分别采用 GC-MS 及 HPLC 法测定了低极性成分及三萜类成分；测定了枇杷属植物叶片中黄酮、总酚、皂苷、多糖等物质的含量；纯化并鉴定了香花枇杷叶片中11种物质，包括5种三萜酸——乌苏酸(熊果酸)、齐墩果酸、山楂酸、科罗索酸和委陵菜酸；还检出了其他6种物质，其中的3种物质(熊果苷、胡萝卜苷及 3-羧基-2α,19α-二羟基乌苏酸)为首次从枇杷属植物中分离得到(洪燕萍，2007年；原远，2014年)。

进行了枇杷属植物三萜酸类成分的 HPLC 分析，并建立了指纹图谱。目的是筛选出三萜酸含量高于普通枇杷的野生种。测定的枇杷属 20 多种野生枇杷中，有若干种的野生枇杷的成熟叶和（或）老叶的三萜酸含量高于解放钟，它们是台湾枇杷、麻栗坡枇杷和椭圆枇杷贝特罗变型等。4 种三萜酸中，科罗索酸含量仅次于熊果酸，偶尔高于熊果酸，远远高于齐墩果酸（林顺权，2017年）。

此外，以人肺癌细胞系 A549 及裸鼠荷肺癌模型为研究对象，测定从香花枇杷叶中提取的齐墩果酸和熊果酸对其细胞增殖存活率的影响。结果表明，齐墩果酸、熊果酸对 A549 细胞具有明显的存活抑制作用，且增殖存活率与二者呈剂量-时间依赖关系。裸鼠皮下成瘤模型研究证实，有效剂量的齐墩果酸、熊果酸可以在裸鼠体内抑制 A549 细胞的增殖生长，但未能观察到有效抑制其转移的发生。结果表明，齐墩果酸、熊果酸具有抑制人肺癌细胞存活增殖及诱导凋亡发生的能力（原远，2014 年）。

参 考 文 献

[1] 曹红霞. 枇杷属植物野生种的形态学和物候期观察研究［D］. 广州：华南农业大学，2014.

[2] 陈晓玲，张金梅，辛霞，等. 植物种质资源超低温保存现状及其研究进展［J］. 植物遗传资报，2013，14（03）：

[3] 洪燕萍. 枇杷属植物叶片成分及抗氧化活性研究［D］. 广州：华南农业大学，2007.

[4] 何小龙. 广东枇杷属植物资源调查［D］. 广州：华南农业大学，2011.

[5] 李平. 枇杷属植物分子系统学和生物地理研究［D］. 广州：华南农业大学，2007.

[6] 李桂芬. 枇杷属植物核型分析和远缘杂交亲和性研究［D］. 广州：华南农业大学，2011.

[7] 林顺权，杨向晖，刘成明，等. 中国枇杷属植物的自然地理分布［J］. 园艺学报，2004，31（5）：569-573.

[8] 林顺权. 枇杷属野生种种质资源研究与创新利用［J］. 园艺学报，2017，44（9）：1704-1716.

[9] 刘义存. 枇杷属植物种质资源的离体保存研究［D］. 广州：华南农业大学，2014.

[10] 刘晓慧. 野生枇杷种间杂种作栽培枇杷砧木亲和性研究［D］. 广州：华南农业大学，2014.

[11] 乔燕春. 枇杷属植物分子遗传图谱的构建及遗传多样性研究［D］. 广州：华南农业大学，2008.

[12] 王云生. 普通栽培、野生枇杷遗传多样性的比较研究［D］. 广州：华南农业大学，2012.

［13］杨向晖. 枇杷属植物系统学研究［D］. 广州：华南农业大学，2005.

［14］原远. 枇杷叶活性物质提取及其抗肺癌效能研究［D］. 广州：华南农业大学，2014.

［15］张海岚. 枇杷属野生种的根系特征及作为枇杷砧木的潜力研究［D］. 广州：华南农业大学，2009.

［16］张志珂. 基于形态学和分子标记的枇杷属自然分类系统研究［D］. 广州：华南农业大学，2012.

［17］郑少泉. 枇杷种质资源描述规范和数据标准［M］. 北京：中国农业出版社，2006.

［18］俞德浚. 中国植物志（第36卷）［M］. 北京：科学出版社，1974：260-275.

［19］Hu Y L，Lin S Q，Yang X H，et al. In situ and ex situ conservation of *Eriobotrya* in China［J］. Acta Horticulturae，2007(760)：527-532.

第三章　枇杷种质创新

枇杷属植物多达二三十个种，中国原产的约有 20 个种，但只有 1 个栽培种，即普通枇杷（*E. japonica*）。栽培枇杷品种资源十分丰富，《中国果树志·枇杷》列有品种 300 多个，福建省农业科学院果树研究所内建有国家果树种质资源圃（枇杷圃），共收集保存枇杷种质资源 759 份（参见第二章和第四章）。然而，枇杷栽培品种的遗传基础较狭窄，有若干共性缺点存在于几乎所有品种中：芽少枝疏，结果枝单元少，致使单产低；种子籽粒多，可食率低；根系浅；等等。因此，种质的创新显得尤为重要。

在枇杷种质创新方面，我国多家科研单位，包括西南大学、福建省农业科学院果树研究所、四川农业大学、华南农业大学、福建农林大学等，都做了大量工作，并取得一定的成效。同时，西班牙和日本的科技工作者的相关工作也取得了一定的进展。

第一节　枇杷倍性鉴定研究

枇杷的童期一般长达 5~6 年。我国的枇杷常规杂交育种起步较迟，21 世纪逐渐兴盛起来。与常规杂交育种相比，倍性育种更加快速高效。倍性育种包括单倍体育种和多倍体育种。单倍体是指由原生物体染色体组一半的染色体组数所构成的个体，其主要产生途径包括自然变异（一般由生殖过程异常引起的孤雌生殖或者无配子生殖产生）、人工诱导孤雌生殖和雄配子离体培养 3 种方式。多倍体是指含有 3 套或更多套染色体的个体、居群或种。自 1907 年 Lutz AM 发现马克月见草（oenothera lamarchiana）突变体 gigas 为四倍体以来，诸多研究结果一致表明，多倍化是植物进化变异的自然现象，是促进植物发生进化改变的主要力量，70% 的被子植物在进化过程中曾发生过一次或多次多倍体化过程。在多倍体育种中，目前常用的获得多倍体的方法有：自然变异、人工诱导、有性杂交、胚乳培养、原生质体融合等。但不论哪种方法，很难得到完全纯合的多倍体，而是以混倍体、嵌合体和非整倍体为主。此外，多倍体变异植株在幼苗期的生长优势不明显，成活率较低。因此，开展植物倍性的早期鉴定，对植物倍性育种和生物学研究具有十分重要的意义。

植物倍性鉴定包括间接鉴定和直接鉴定。间接鉴定有生物学鉴定、生理生化鉴定、解剖结构鉴定、细胞学鉴定、分子生物学鉴定、基因组测序鉴定等方法。直接鉴定主要为染色体计数鉴定、流式细胞仪鉴定。

一、间接鉴定

1. 生物学特性鉴定

形态学鉴定法是最直观的鉴定方法。果树的单倍体一般表现为植株生长缓慢甚至死亡，茎瘦弱，节间短，叶片窄薄、色浅等，这在柑橘、苹果、猕猴桃等果树中都已得到了验证。

一些植物的多倍体与二倍体的形态学特征差异显著，多倍体在形态上一般表现出生长势强，叶表皱缩粗糙、颜色变深，叶片大而厚，花、果、花粉粒都比二倍体大，结实率低等特征，可据此作为倍性鉴定的初步判断依据。在苹果、柑橘、葡萄等果树的多倍体研究中已有较为广泛的应用。黄金松等（1984 年）研究发现，四倍体枇杷闽 3 号树体高大，各器官均表现出明显的巨大性，具有果较大、单核、果肉厚、可食率高、品质好等优良性状，但也存在果实不如所预期的那样大、大小不均、焦核的果实小等缺点。梁国鲁（2006年）对大五星、龙泉 1 号、金丰、早红 3 号等枇杷品种 8 年生三倍体及其二倍体植株进行比较后发现：三倍体植株树体高大，生长旺盛，分枝少，叶色浓绿，绒毛长而密，叶缘缺刻明显，芽萌动早，花果期略推迟。三倍体植株干周、枝梢粗度、叶片大小、花器官大小等特征均明显大于二倍体植株，叶形指数变小，果实无核、肉厚、可食率高，果实成熟期推迟。

2. 生理生化特性鉴定

生理生化特性鉴定是指通过对各种营养物质的含量、各种酶的活性等方面的测定进行鉴定。梁国鲁（2006 年）研究发现，三倍体枇杷果实的总糖和可溶性固形物的含量较二倍体有所降低，总酸增加，固酸比下降，吃起来酸味变重，有的枇杷果质较粗，没有二倍体的细腻，风味稍差。但近年也有筛选出品质比二倍体更佳的优株。

3. 解剖结构特征鉴定

植物多倍体除了叶片巨大等形态学特征外，叶片气孔的大小及密度、叶片栅栏组织、梢端分生组织的结构特征、叶绿体数量等也可以用于多倍体植物的鉴定。一些研究认为，多倍体植株表现出叶片气孔增大，气孔密度下降，保卫细胞长度增加，保卫细胞内的叶绿体数目增多等特征，这些特征已用于苹果、葡萄等果树的多倍性鉴定研究。但也有不同的报道，Vandenhout 等人对香蕉杂交后代的气孔大小及气孔密度与倍性间的关系的研究就得到了不同的结果，认为根据气孔大小和密度进行倍性判别的可靠性不高。黄金松等（1984 年）研究发现，四倍体枇杷闽 3 号具有气孔大、气孔数量减少、花粉粒增大的特征。梁国鲁（2006 年）对 13 个枇杷品种的天然三倍体与其二倍体的叶片解剖观察发现，三倍体叶片增厚、栅栏组织增厚和细胞结构紧密度增大、叶厚及栅栏组织厚度差异达显著水平。张凌媛等（2005 年）对 16 个枇杷品种的二倍体和自然多倍体的气孔保卫细胞叶绿体数目和气孔密度与倍性的相关性进行了研究，结果表明，气孔密度与倍性的相关性不显著，多倍体气孔叶绿体数比二倍体有明显增多，达极显著水平，以叶绿体数 16 为界来判定倍性，叶绿体数少于 16 的为二倍体，大于或等于 16 的为多倍体，对二倍体和多倍体判定的准确率分别达到了 92.8% 和 94.2%。因此认为，气孔保卫细胞叶绿体数可以作为判定枇杷倍性的参考。

4. 花粉特征鉴定

一般认为，多倍体植株具有花粉粒大、萌发孔多、花粉粒形状变化明显等特征，但多倍体花粉粒的大小不均匀，而且因多倍体花粉母细胞减数分裂不正常导致畸形花粉粒较二倍体多（魏文娜，1984 年；李赟等，1998 年）。梁国鲁（2006 年）对天然三倍体的花粉活力、离体和活体萌发及花粉管的生长情况进行了研究，发现天然三倍体花粉活力较低，平均为 67.1%，而二倍体的平均花粉活力达到 95.3%。在离体培养的条件下，二倍体花粉的平均萌发率为 87.84%，而三倍体的为 2.41%，不同株系间的差异也很大，且三倍体花粉管的生长速度较二倍体慢。活体条件下，无论是以二倍体还是三倍体为母本，在同一单株的柱头上二倍体花粉管的生长速度均比三倍体花粉管的生长速度快得多。

5. 分子生物学鉴定

一般认为，多倍体植株同一位点的基因剂量加倍，控制该位点的等位基因拷贝数相应增加，电泳谱带的深度因而增加，而二倍体的电泳谱带则没有类似的特征。另一些研究发现，多倍体的电泳谱带数目有增加的现象，这说明多倍体的等位基因数目较多，遗传杂合性增加。RAPD、RFLP、AFLP、SSR 等分子标记技术已被成功地应用于植物倍性鉴定。同时，基因组原位杂交（genome in situ hybridization，GISH）技术可以鉴定其亲本的来源，这为多倍体的鉴定与基因组成分分析提供了一个全新的途径（王丽艳等，2004 年）。Watanabe 等（2008 年）从 88 个苹果和梨 SSR 标记中筛选出 26 个标记用于

24 个日本枇杷品种(15 个二倍体、6 个三倍体、3 个四倍体)的遗传鉴定，将 Tomihusa 和 4N-Tomihusa 外的所有品种区分开，证实三倍体无核品种 Kibou 是 4N-Tanaka1 和 Nagasakiwase 的杂交后代；对 Oohusa 和 Mizuho 等品种的亲本进行了鉴定，根据多倍体植物部分位点含有 2 个以上等位基因的特点，证实 SSR 标记可区分三倍体和四倍体，为利用 SSR 标记开展枇杷多倍体的分子鉴定提供了依据。何桥(2010 年)利用 55 对 SSR 引物对大五星多倍体枇杷 10 个株系的基因型进行了分析，发现所有三倍体株系与二倍体相比，都出现了新的等位基因。从而证实了 SSR 可用于天然枇杷三倍体的遗传多样性分析，并能鉴定部分三倍体株系。

二、直接鉴定

1. 染色体计数法

染色体计数法是最直接、最传统，也是最准确的倍性鉴定方法。因为倍性变化最本质的特征就是染色体数目的变化，通常通过检测分生旺盛的器官、组织的染色体数目来进行鉴定。常用的染色体制片方法有常规压片法和去壁低渗法。压片法对细胞壁不做特殊处理，一般采用根尖、茎尖、卷须、愈伤组织等材料行常规压片后进行染色体计数；去壁低渗法则用纤维素酶或果胶酶(或其混合酶液)对细胞壁进行去除处理，从而对染色体进行更清晰的观察和计数。1997 年开始，梁国鲁率先利用改良的去壁低渗火焰干燥法，对国内外 40 多个品种或类型的 114 995 粒种子进行了实生筛选，筛选出三倍体 403 株、四倍体 79 株、五倍体 12 株。Li 等(2008 年)获得了大五星枇杷花药培养植株，从 30 株再生苗中筛选出 26 株单倍体和 4 株二倍体。但染色体计数法对材料的要求比较苛刻，只有处于旺盛生长的部位或器官才能用；同时，染色体计数法需要在显微镜下至少数 5 个细胞，才能确认某一材料的倍性，对染色体数目比较多的材料，就费时费力了。

2. 细胞流式仪鉴定法

细胞流式仪鉴定法是 20 世纪 70 年代发展起来的新技术，90 年代开始应用于果树研究领域。与传统方法相比，细胞流式仪鉴定法的主要特点是快速、简便、准确，在准备好细胞核样品后，几分钟即可完成测定和分析，特别适于样品较多时的倍性检测分析。此法检测所需的材料也比较少，在试管苗或小植株倍性鉴定中优势明显。此外，该方法取材部位不受限制，能鉴定非整倍体和嵌合体。目前，已采用细胞流式仪对柑橘、越橘、苹果、猕猴桃属等的倍性水平进行了 DNA 含量差异的研究(孙庆华等，2008 年)。张志珂等(2012 年)率先利用细胞流式仪对枇杷品种的染色体倍数进行了鉴定，并用低深度测序结果进行验证，结果表明，应用细胞流式仪测定所得的结果与通过测序的结果相符，证实了该方法应用于枇杷倍性鉴定是可行的。由于该法需要昂贵的专用设备，目前在枇杷倍性鉴定中的应用较少。

第二节　枇杷远缘杂交与倍性育种

一、枇杷远缘杂交

2007 年，日本学者福田伸二首次公开报道了枇杷属植物与其近缘属植物的属间杂交研究结果。作为枇杷的原产地，我国虽然拥有丰富的枇杷属植物资源，但对于枇杷属植物的远缘杂交研究尚处于初始阶段。2004 年，华南农业大学园艺学院枇杷课题组进行了栎叶枇杷与解放钟枇杷的种间杂交，经 RAPD 鉴定，获得的 115 株杂交幼苗均为真杂种，课题组还利用该群体构建了栎叶枇杷遗传连锁图谱(乔燕春，2008 年)。李桂芬等(2011 年)对 7 个枇杷属及 2 个近缘属植物进行了 82 个种间、19 个属间杂交研究，发现枇杷属植物种间杂交大都表现为亲和，同时也存在杂交不亲和现象(表 3-1，表 3-2)。以普通枇杷为母本的种间杂交结果详见李桂芳等(2016 年)的报道。这些种间杂种后代于 2017 年和 2018 年陆续开花结果，个别单株表现出单粒种子、可食率高、可溶性固形物含量高、根系较发达等特点，目前正在利用这些优良单株与栽培枇杷品种回交。

表 3-1　同一父本和不同母本的正反交坐果率统计

父本	母本	授粉数	坐果数	正交坐果率/%	反交坐果率/%
大渡河枇杷	普通枇杷野生树	105	6	5.7	21.0
	解放钟枇杷	136	93	68.4	90.2
	栎叶枇杷	191	59	30.9	34.4
	台湾枇杷	64	1	1.6	46.5
	台湾枇杷恒春变型	116	0	0.0	52.2
	台湾枇杷武葳山变型(乳源)	58	0	0.0	80.2
	台湾枇杷武葳山变型(潮安)	49	0	0.0	77.5
	广西枇杷	102	0	0.0	14.6
	椭圆枇杷	39	0	0.0	39.5
	石斑木	76	0	0.0	0.0

续表

父本	母本	授粉数	坐果数	正交坐果率/%	反交坐果率/%
栎叶枇杷	普通枇杷野生树	105	5	4.8	26.6
	解放钟枇杷	158	103	65.2	74.3
	大渡河枇杷	259	89	34.4	30.9
	台湾枇杷	70	11	15.7	49.5
	台湾枇杷恒春变型	93	1	1.1	33.8
	台湾枇杷武葳山变型（乳源）	51	0	0.0	28.1
	台湾枇杷武葳山变型（潮安）	58	0	0.0	36.3
	广西枇杷	71	1	1.4	33.7
	椭圆枇杷	54	2	3.7	48.0
	石斑木	58	0	0.0	0.8
普通枇杷野生树	大渡河枇杷	200	42	21.0	5.5
	栎叶枇杷	214	57	26.6	4.8
	台湾枇杷	49	0	0.0	50.0
	台湾枇杷恒春变型	141	1	0.7	65.2
	台湾枇杷武葳山变型（潮安）	47	0	0.0	58.3
	广西枇杷	56	0	0.0	54.2
	椭圆枇杷	39	0	0.0	43.0
	石斑木	48	2	4.2	13.8
台湾枇杷	普通枇杷野生树	92	46	50.0	0.0
	解放钟枇杷	65	3	—	4.6
	大渡河枇杷	67	35	52.2	1.6
	栎叶枇杷	77	26	33.8	15.7
	台湾枇杷恒春变型	57	3	5.3	33.3
	台湾枇杷武葳山变型（潮安）	34	0	0.0	30.0
	台湾枇杷武葳山变型（乳源）	48	0	0.0	33.3
	广西枇杷	47	0	0.0	11.1
	椭圆枇杷	41	0	0.0	33.3
	石斑木	51	20	39.2	0.0

续表

父本	母本	授粉数	坐果数	正交坐果率/%	反交坐果率/%
台湾枇杷恒春变型	普通枇杷野生树	89	58	65.2	0.7
	解放钟枇杷	121	0	—	0.0
	大渡河枇杷	129	100	77.5	0.0
	栎叶枇杷	80	29	36.3	1.1
	台湾枇杷	69	23	33.3	5.3
	台湾枇杷武葳山变型（潮安）	88	26	29.6	21.5
	台湾枇杷武葳山变型（乳源）	46	0	0.0	5.8
	广西枇杷	59	1	1.7	16.1
	椭圆枇杷	25	4	16.0	16.8
	石斑木	108	24	22.2	6.1
石楠	台湾枇杷武葳山变型（潮安）	9	4	—	44.4
	广西枇杷	12	4	—	33.3
南亚枇杷	台湾枇杷武葳山变型（潮安）	49	1	2.0	4.2
	广西枇杷	49	15	30.6	7.1
台湾枇杷武葳山变型（乳源）	普通枇杷野生树	142	61	43.0	—
	解放钟枇杷	53	0	—	0.0
	大渡河枇杷	131	105	80.1	0.0
	栎叶枇杷	121	34	28.1	0.0
	台湾枇杷	39	13	33.3	0.0
	台湾枇杷恒春变型	104	6	5.8	0.0
	台湾枇杷武葳山变型（潮安）	82	19	23.2	11.3
	广西枇杷	46	34	73.9	7.7
	椭圆枇杷	42	4	9.5	6.7
	石斑木	41	16	39.0	0.0

续表

父本	母本	授粉数	坐果数	正交坐果率/%	反交坐果率/%
广西枇杷	普通枇杷野生树	72	39	54.2	0.0
	解放钟枇杷	40	0	—	0.0
	大渡河枇杷	96	14	14.6	0.0
	栎叶枇杷	86	29	33.7	0.0
	台湾枇杷	54	6	11.1	0.0
	台湾枇杷恒春变型	81	13	16.1	1.7
	台湾枇杷武葳山变型(潮安)	63	14	22.2	57.6
	台湾枇杷武葳山变型(乳源)	65	5	7.7	73.9
	椭圆枇杷	41	5	12.2	56.0
	南亚枇杷	56	4	7.2	30.6
	石斑木	22	12	54.6	40.0
	石楠	12	4	33.3	—
椭圆枇杷	普通枇杷野生树	123	17	13.8	0.0
	大渡河枇杷	114	45	39.5	0.0
	栎叶枇杷	123	59	47.8	3.7
	台湾枇杷	54	18	33.3	0.0
	台湾枇杷恒春变型	131	22	16.8	16.0
	台湾枇杷武葳山变型(潮安)	68	7	10.3	40.4
	台湾枇杷武葳山变型(乳源)	60	4	6.7	9.5
	广西枇杷	75	42	56.0	12.2
	石斑木	102	9	8.8	40.0
石斑木	普通枇杷野生树	48	2	—	4.2
	大渡河枇杷	57	0	0.0	0.0
	栎叶枇杷	125	1	0.8	0.0
	台湾枇杷	13	0	0.0	39.2
	台湾枇杷恒春变型	131	8	6.1	22.2
	台湾枇杷武葳山变型(潮安)	38	1	2.6	50.7
	台湾枇杷武葳山变型(乳源)	36	0	0.0	39.0
	广西枇杷	25	10	40.0	54.6
	椭圆枇杷	35	14	40.0	8.8

续表

父本	母本	授粉数	坐果数	正交坐果率/%	反交坐果率/%
台湾枇杷武葳山变型（潮安）	普通枇杷野生树	108	63	58.3	0.0
	解放钟枇杷	56	0	—	0.0
	大渡河枇杷	142	66	46.5	0.0
	栎叶枇杷	105	52	49.5	0.0
	台湾枇杷	60	18	30.0	0.0
	台湾枇杷恒春变型	107	23	21.5	29.6
	台湾枇杷武葳山变型（乳源）	71	8	11.3	23.2
	广西枇杷	99	57	57.6	22.2
	椭圆枇杷	42	4	9.5	10.3
	南亚枇杷	49	1	—	2.0
	石斑木	71	36	50.7	2.6
	石楠	9	4	44.4	—

表 3-2 枇杷远缘杂交正反交组合平均坐果率统计

亲本名称	作母本时的平均坐果率/%	作父本时的平均坐果率/%
普通枇杷野生树	36.7	6.9
大渡河枇杷	50.7	11.8
栎叶枇杷	40.1	14.0
台湾枇杷	18.1	17.7
台湾枇杷恒春变型	7.5	32.4
台湾枇杷武葳山变型（潮安）	8.7	35.5
台湾枇杷武葳山变型（乳源）	3.2	37.3
广西枇杷	22.1	24.3
椭圆枇杷	10.2	25.9
南亚枇杷	5.7	16.3
石斑木	24.3	11.2
石楠	38.9	—

二、枇杷多倍体育种

由于枇杷种子的数目多且体积大，培育无籽枇杷一直是人们的追求。可利用外源激素处理来诱导单性结实，但所得果实的品质不佳，商品性较差。而三倍体能成花、开花，但因受精不良不能形成种子，是培育无籽枇杷的重要途径。由于枇杷单性结实能力较弱，无籽果实不能正常发育，因此，三倍体枇杷的花或幼果需经外源植物生长调节剂处理才能坐果和正常生长发育。但三倍体枇杷果实中基本不会混杂有种子的果实，而且所用植物生长发育调节剂的浓度低，具有较高的经济栽培价值（八幡茂木，1999 年）。目前，可通过天然筛选、胚乳培养、四倍体与二倍体杂交等方式获得三倍体植株。

（一）枇杷多倍体培育途径

1. 利用化学诱变获得多倍体

1978 年，福建省农科院果树所研究人员利用化学诱变剂秋水仙碱诱变太城 4 号枇杷种子，获得闽 3 号四倍体枇杷新品种（黄金松等，1984 年）。成熟时果实大小相差悬殊，最大果重为 43 g，其果肉厚，可食率高达 78.6%～79.4%，味甜，品质好，独核率高（达 91.3%），部分小核或焦核，焦核果实较小，单果重仅 9～13 g，且比大核果较易落果，植株抗逆性较强，但产量低，很难直接在生产上应用（郑少泉等，2005 年）。日本农业综合研究中心暖地园艺研究所的 Muranishi（1983 年）从 20 世纪 80 年代开始，用经过秋水仙碱诱变的日本主栽品种田中（Tanaka），获得了 1 株同源四倍体突变体。

2. 利用胚乳培养获得多倍体

胚乳培养是培育三倍体植物的一条重要途径。庄馥萃等（1982 年）率先报道了枇杷胚乳培养的初步结果，从胚乳愈伤组织中连续 2 年产生异常器官。福建农林大学的研究人员从 1979 年开始进行枇杷胚乳诱导多倍体植株的探索，实验发现可以形成植株，并在有限的材料中发现其染色体数目接近三倍体（陈振光等，1983 年；林顺权，1985 年）。彭晓军（2002 年）在其后的实验中也利用胚乳培养获得了不定芽。以上研究的一些细节将在第三节"生物技术在枇杷种质创新中的应用"中进一步介绍。

利用胚乳培养获得三倍体植株是培养无籽枇杷的可能途径，但至今仍未见其生长结果的进一步报道。

3. 实生筛选获得多倍体

1997 年以来，西南大学梁国鲁率领的研究团队对我国主栽的 30 余个枇杷品种（类型）和 5 个从日本引进的品种进行了实生筛选，从 114 995 粒种子中成功检测出 403 株三倍体突变体，其平均突变率为 0.35%，四倍体突变体有 79 株，五倍体突变体有 12 株（图 3-1，图 3-2）。研究发现，不同品种检出突变率差异较大，三倍体突变率高的如龙泉 5 号，达到 1.623%，而突变率低的品种不足 0.1%。此外，同一品种不同年份的突变率也有差异，例如贵州野生枇杷

2011 年三倍体突变体的检出频率为 0.115，2012 年筛选了 3 000 余粒种子却未检出突变体。

图 3-1　实生筛选获得的部分天然三倍体枇杷幼苗

1.5 年生实生苗   8 年生植株

图 3-2   天然三倍体突变株及二倍体对照

(二)天然多倍体起源研究

梁国鲁利用基因组原位杂交技术(GISH)对筛选出的天然三倍体不同株系的起源进行了分析,根据黄绿色杂交信号的有无、强弱及分布,将其划分成 3 类:第一类是黄色杂交信号均匀地分布于三倍体的所有染色体上,且整条染色体上均有信号分布(图 3-3);第二类是具有类似第一类信号分布的染色体只有 34 条左右,而剩余的 17 条染色体没有或仅有一些微弱的非特异性的杂交信号存在(图 3-4);第三类是在着丝粒附近具有强烈的黄色杂交信号分布。据此推断,第一类与第三类是源于自花授粉的同源三倍体,而第二类是由于雌配子即卵细胞未减数分裂而与另一品种的正常雄配子杂交形成的三倍体,即部分同源三倍体(图 3-5)。

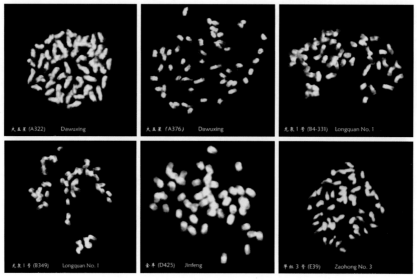

图 3-3   天然三倍体枇杷不同株系 GISH 结果之第一类情况

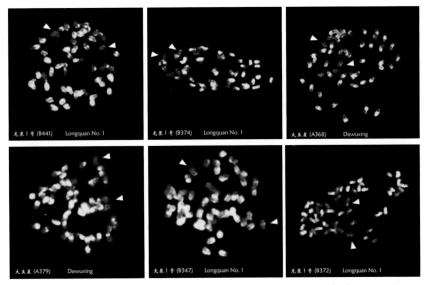

图 3-4　天然三倍体枇杷不同株系 GISH 结果之第二类情况

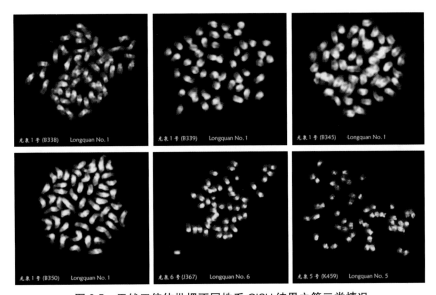

图 3-5　天然三倍体枇杷不同株系 GISH 结果之第三类情况

(三)部分天然三倍体枇杷优系

1. 希房(日语假名：きぼう，英文名：Kiboo)

希房(图 3-6)单果重 70 g，比富房略轻，无种子，果肉多，可食部分的比例比富房大，达 90%(提高了 20%)；果皮橙黄色，微带赤红，糖度和酸度与富房相似；比富房汁多，肉质柔软，风味与富房相当或略佳；适宜于温室、大棚栽培；当地采收期在 5 月下旬，比富房晚 1～2 周；产量中等，与富房相近（表 3-3）。

上图为希房果穗，下图分别为希房与富房果实横剖和纵剖比较图

图 3-6　希房的果实特征

表 3-3　希房的果实特征（大棚栽培：暖地园艺研究所记录数据）

品　种	采收期	果重/g	果肉重/g	果形	果色	糖度	酸度	果肉硬度	商品果率/%
希房（无核）	5 月下旬	70	63	长卵	橙黄	11.5	0.20	软	85
富房（有核）	5 月上旬	77	54	长卵	橙黄	11.6	0.20	中	90

2. 金丰三倍体 D425、D327

D425（图 3-7）与 D327 的开花结果习性较好，根据相关专家测评及原农业部柑橘及苗木质量监督检验测试中心检验，果实品质基本能达到商品化要求，部分指标达一等果水平，见表 3-4（农业部柑橘及苗木质量监督检验测试中心，检验依据 GB/T 13867—1992）。金丰三倍体无核果实的特性如下：果实长钟形，果形正常，无影响外观的畸形果，果面着色较好，橙黄色，有绒毛，根据相关标准，属于二等果。心室 5 个，闭合，无核。最大果纵径、横径分别为 7.9 cm、4.5 cm，单果重可达 58.5 g，平均纵径、横径分别为 5.3 cm、3.4 cm，平均单果 34.3 g。可溶性固形物 12.0%，总糖 6.83 g/mL，总酸 0.48%，固酸比 25.0，维生素 C 含量为 1.70 mg/mL，肉质细嫩化渣、多汁，

根据相关标准，达到一等果要求。

图 3-7　金丰三倍体 D425 的果实特征

表 3-4　大果金丰无核枇杷检验报告

项目名称	D425	D327
果形	尚正常，无影响外观的畸形果	
果面色泽	着色较好，锈斑面积不超过10%	
单果重/g	34.3	36.0
横径/mm	33.8	34.1
纵径/mm	52.7	57.0
果形指数	1.56	1.67
可食率/%	76.99	79.74
可溶性固形物/%	12.0(≥9，一等果)	10.5(≥9，一等果)
还原糖/(g/100 mL)	6.53	6.09
转化糖/(g/100 mL)	6.85	6.69
总糖/(g/100 mL)	6.83	6.66
总酸/(g/100 mL)	0.48(≤0.7，一等果)	0.60(≤0.7，一等果)
维生素 C/(mg/100 mL)	1.70	1.70
固酸比	25.0(≥16∶1，一等果)	17.5(≥16∶1，一等果)

3. 软条白沙三倍体 H324

H324(图 3-8)开花结果习性较好，根据相关专家测评及农业部柑橘及苗木质量监督检验测试中心的检验，果实品质基本能达到商品化要求，部分指标达一等果水平，见表 3-5(农业部柑橘及苗木质量监督检验测试中心，检验依据 GB/T 13867－1992)。果实特性如下：果实卵圆形或钟形，果形尚正常，无影响外观的畸形果，属二等果，果皮黄色，果面着色较差，属于三等果，心室 5 个，闭合，无核。最大果纵径、横径分别为 5.7 cm、3.5 cm，果重可达 42.3 g，平均纵径、横径分别为 4.0 cm、2.9 cm，平均单果重 19.8 g。可溶性固形物为 10.5%，总糖为 7.16 g/mL，总酸为 0.36%，固酸比为 29.2，维生素 C 含量为 1.52 mg/mL。肉质细嫩化渣、多汁、味浓，根据相关标准，属于一等果。

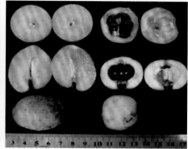

右图中的有核果实为软条白沙二倍体对照

图 3-8　软条白沙三倍体 H324 的果穗及剖面

表 3-5　大果"软条白沙"无核枇杷检验报告

项目名称	H324
果形	尚正常，无影响外观的畸形果
果面色泽	着色一般
单果重/g	19.8
横径/mm	29.2
纵径/mm	40.0
果形指数	1.37
可食率/%	73.79
可溶性固形物/%	10.5(≥11，未达到三等果要求)
还原糖/(g/100 mL)	6.16
转化糖/(g/100 mL)	7.21
总糖/(g/100 mL)	7.16
总酸/(g/100 mL)	0.36(≤0.6，一等果)
维生素 C/(mg/100 mL)	1.52
固酸比	29.2(≥20：1，一等果)

三、枇杷多倍体的利用

1. 利用四倍体突变体创制三倍体新种质

福建省农科院果树所的研究人员利用四倍体突变体闽 3 号与二倍体普通枇杷进行有性杂交，获得了一批有价值的混倍体枇杷新株系，其中相当一部分优株果实表现无籽，但因果实太小，综合经济性状欠佳，未能在生产上推广。最富成效的是日本的 Muranishi（1983 年）与八幡茂木（1999 年）的工作，他们以同源四倍体品种田中为母本，以二倍体长崎早生为父本进行杂交，从 200 个株系中筛选出了 1 个最优株系希房，其生长势更强，但无形态学变化，坐果率很低。在 1/3 的花穗盛开及幼果开始膨大时，全树喷布 100 mg/L 的 GA 水溶液，成功获得了重量为对照 80％的无籽枇杷果实，果肉特别肥厚，可食率高达 80％，从而使日本在三倍体杂交育种方面处于世界领先地位。Yahata 等（2006 年）利用 200 mg/L 的 GA_3、GA_4、GA_7 或 GA_{4+7} 和 20 mg/L 的 CPPU 在不去雄的情况下，于花期和花后 57 d 分别处理三倍体枇杷，每朵花和每个果的处理量为 100 μL，结果发现未处理的幼果全部脱落，几种赤霉素处理的坐果率分别为 61％、40％、74％和 56％，且全部无核。其中，GA_3 ＋CPPU 处理的果实最大，单果重 51.4 g，可滴定酸含量最低；GA_4 ＋CPPU 处理的果实最小，单果重仅为 23.3 g，可滴定酸含量最高；但几种处理的含糖量和果实硬度无明显差异，综合分析认为 GA_3 ＋CPPU 处理的效果最佳，不影响果实的品质。梁国鲁课题组利用自然筛选获得的四倍体枇杷与二倍体枇杷通过有性杂交得到 F_1 代，筛选出三倍体枇杷，利用 GISH 进行三倍体枇杷杂种的鉴定。结果表明：三倍体株系在基因组重组过程中，父本即二倍体提供了 17 条染色体，母本即四倍体提供的染色体数目为 34 条，是由四倍体 2n 雌配子参与杂交形成的；三倍体在形成过程中未发现明显的染色体结构变异，如染色体的易位、倒位等。

2. 染色体工程与枇杷非整倍体新种质创制

染色体工程是以同种或异种染色体的附加（添加）、代换（置换）、消减（消除）、易位等染色体操作为主要研究对象，利用已标记基因位点（基因座）的染色体，通过杂交、显微操作、电离辐射等生物、化学、物理方法，有计划、有目的地进行染色体、染色体片段、基因的转移或消除，从而达到定向改变遗传性的目的（李集临等，2011 年）。它是按照人为的设计，有计划地消去、增添或替换同种或异种的染色体，从而使遗传性状发生定向改变、选育新品种的一种技术（赵克健，2004 年）。染色体工程主要包括多倍体育种、单倍体育种、雌核发育和雄核发育、染色体显微操作、染色体微克隆及染色体转移等技术。

西南大学梁国鲁研究团队自 2008 年以来，以优良品种二倍体为母本，以筛选出的部分三倍体优系为父本进行有性杂交，获得了一批非整倍体、染色体数目变异范围集中在 30 条至 44 条之间的杂交后代。此外，对部分三倍体突变株自然产生的极少量种子进行体细胞染色体数目检测，发现染色体数目变异范围集中在 35 条至 56 条之间，且均为非整倍体类型。部分非整倍体植株生长情况如图 3-9 所示。此外，以筛选出的天然四倍体突变体为亲本，通过自交和分别与野生枇杷、普通枇杷杂交的方式，获得了一批新种质，其倍性有待鉴定。

2008-3(2n=44)   2008-5(2n=42)   2008-6(2n=44)

2008-11(2n=44)   2008-12(2n=42)   2008-13(2n=44)

图 3-9　部分枇杷非整倍体植株幼苗生长情况

四、枇杷单倍体育种

1. 人工诱导孤雌生殖

三倍体植株的花粉和经 ^{60}Co 的 γ 射线辐射的花粉均可萌发，但通常无受精能力，利用它们给正常植株授粉，可刺激胚珠发育成单倍体的胚，然后对幼胚进行早期挽救可获得单倍体植株。此法已被成功用于西洋梨、苹果、猕猴桃、柑橘、李等果树单倍体的诱导（张圣仓等，2011 年；石庆华等，2012 年）。此外，延迟授粉法也是孤雌生殖获得单倍体的有效途径。枇杷孤雌生殖能力弱，在三倍体枇杷群体数量较大的基础上可开展相关的探索性研究。

2. 花药培养获得单倍体

通过花药培养诱导胚状体发生，进而再生获得植株，是单倍体育种的一种重要途径，已在柑橘、苹果、葡萄、草莓、荔枝、龙眼等果树上获得成功。枇杷花药培养的研究起步较晚，2006 年，Germanà 等人首次报道了从 11 个枇杷栽培品种的离体花药培养中筛选出 4 个高诱导率的品种，并对花药和愈伤组织发育过程进行了形态学和细胞学的观察研究，认为多细胞花粉是形成小孢子胚胎和植株的重要过程。尽管该研究未获得再生植株，但为枇杷花药培养研究奠定了基础。2007 年，陈红对枇杷花药离体培养条件进行了优化筛选，随后，李俊强获得了 155 株大五星花药培养的再生植株，移栽成活132 株，通过染色体技术从中鉴定出单倍体 26 株(图 3-10)(陈红等，2007 年；Li 等，2008 年)。花药培养的一些技术细节将在第三节"生物技术在枇杷种质创新中的应用"中做进一步介绍。

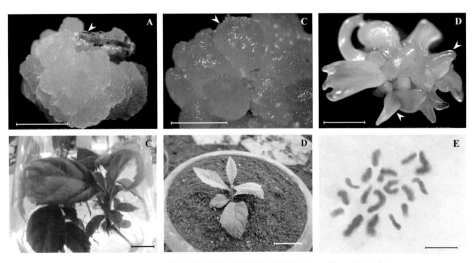

图 3-10　大五星花药培养获得的单倍体植株(Li 等，2008 年)

四川农业大学利用花药培养获得了大五星枇杷的单倍体，并开展了愈伤和体胚的形态学与组织细胞学观察，对体胚形成过程中的可溶性糖、可溶性蛋白和核酸等代谢物质的动态变化进行了研究，并对移栽幼苗根尖染色体数目进行了鉴定(Li 等，2008 年；Yan 等，2012 年)。目前尚无进一步的报道。

第三节　生物技术在枇杷种质创新中的应用

一、枇杷离体培养

枇杷以嫁接繁殖为主，它能保持母本的优良性状，但受季节限制，繁殖系数不高。植物离体培养技术可以有效地克服这一不足，并可进行离体诱导育种研究。这方面的研究除了前面提到的花药培养外，还包括茎尖培养、胚培养、叶片培养、胚乳培养及原生质体培养等。其中的茎尖培养、胚培养、叶片培养和原生质体培养并不能直接创新种质，只是可以利用这些技术为种质创新服务，例如离体诱变、体细胞杂交等。

1. 茎尖培养

茎尖培养是枇杷离体培养的主要方式之一，由于枇杷茎尖的绒毛多，酚类物质含量高，容易引发褐变死亡，从而增加了茎尖培养的难度。1980年，杨永青等以当年生或1年生实生苗枝条的茎尖为外植体，以MS为基本培养基，添加6-BA、NAA和GA等外源激素进行培养，首次成功获得了再生植株。1983年，他们又利用成年树上的茎尖作为外植体，对培养和增殖条件进行优化，再次获得了再生植株并移栽成功。此后，朱作为等(1989年)利用饱和漂白粉对枇杷茎尖进行40 min的前处理，防止茎尖褐变的效果十分明显。另外，适当增加接种茎尖的长度可以提高茎尖成活率，在MS基本培养基中添加一定浓度的6-BA和NAA能够提高茎尖的成活率和萌动率。万志刚等(2000年)考虑到可能枇杷品种对茎尖培养条件有影响，对白沙枇杷冠玉的诱导展芽、增殖及生根培养的培养基和培养条件进行了筛选。杨凤玲(2005年)对枇杷初代培养的褐变和污染问题进行了研究，发现茎尖前处理会导致茎段叶基部的切割面产生愈伤组织，该愈伤组织的过度生长会吞没茎尖的生长，引起外植体死亡。王永清团队通过多年的研究，建立了枇杷茎尖离体培养的实验体系，其成活率高于前人的研究结果(邓仁菊等，2013年)。

2. 胚培养

胚培养可缩短种子的休眠期，提高育种效率，在枇杷生物技术育种中也进行过一些胚培养的探索性研究。庄馥萃等在1980年首次报道了利用枇杷未成熟的胚进行离体培养并获得了再生植株幼苗。滕世云随后在1986年报道了胚状体诱导和植株再生研究。林顺权等(1994年)以不同发育时期的胚作为接种材料诱导愈伤组织，发现鱼雷形胚的愈伤组织的诱导率高且质量好，并通过培养基筛选优化，首次获得了完整的植株。孔素萍等(2002年)采用正交试验研究了不同浓度的激素对枇杷胚培养的影响，筛选出了最佳萌芽培养基、丛生芽诱导与增殖培养基。沈庆斌(2005年)以解放钟、长红3号和早钟6号的幼胚、成熟胚、胚根为外植体，离体培养诱导体胚，建立了高频率的枇杷体胚发生和植株再生体系。周红玲等(2011年)以早钟6号枇杷离体胚为外植体，建立了枇杷试管苗的离体再生体系。

3. 叶片培养

植物的胚、胚乳等器官的形成有一定的生理时期，且受到了许多内外因素的影响，材料的差异性较大。而幼叶的生长无严格的生理期限制，取材方便，不会因植株的生理周期导致较长时间内缺乏实验材料而影响实验进程。因此，枇杷叶片培养有其独特的优势。杨凤玲等（2005 年）对早钟 6 号和解放钟的叶片培养进行了研究，发现中度成熟叶片最适宜诱导愈伤组织，作者还筛选出了愈伤组织诱导和继代保存的适宜培养基配方。吴延军等（2007 年）利用成熟枇杷种子的子叶及种子苗叶片为外植体，成功地获得了再生不定芽，为枇杷种子诱变育种获得再生植株以及遗传转化工作打下了基础。张志珂等（2008 年）研究发现，台湾枇杷叶片可在含 0.2 mg/L 的 2,4-D 的 MS 培养基上诱导出米黄色愈伤组织，为枇杷野生种质资源的离体保存奠定了基础。华桂芳等（2009 年）研究发现，叶片比茎尖更适于作为外植体诱导愈伤组织用以继代和保存，诱导率高、褐变少。王芳等（2011 年）首次报道，通过枇杷叶片培养获得了再生植株，从大红袍幼叶中诱导愈伤组织与植株再生，为枇杷苗的规模化生产提供了一条新的途径。王永清等（2013 年）从 10 年生枇杷树的叶片中初步成功地再生了完整的植株，为成年植株以离体叶片为受体的转基因研究奠定了初步基础。

4. 胚乳培养

庄馥萃等（1982 年）首次报道了枇杷胚乳培养的研究结果，虽然未能从胚乳愈伤组织中分化出小植株，但却连续两年产生异常器官。福建农林大学的研究人员从 1979 年开始进行枇杷胚乳诱导植株的探索，1983 年陈振光等首次利用枇杷胚乳培养获得完整的植株，并进行了细胞学和组织学观察，发现所得植株是接近三倍体的非整倍体。实验表明，选用合适的诱导培养基和分化培养基，选择一定的胚乳发育期和培养条件，枇杷胚乳培养可以形成植株，但小植株数量少。经过进一步优化培养基配方，获得了更多的完整胚乳培养小植株，并证实其根尖细胞的染色体数目为接近三倍体的非整倍体。彭晓军（2002 年）对大五星枇杷胚乳的愈伤组织诱导及植株再生进行了进一步的研究，筛选出了愈伤组织诱导、不定芽分化、胚状体诱导、芽苗生根、生根苗炼苗移栽等关键环节的培养基配方。但这些研究没有得到预期的三倍体植株。

5. 花药培养

Germana 等（2006 年）从 11 个枇杷栽培品种的离体花药培养中筛选出了 4 个高诱导率品种，并对之后的多细胞花粉的发育进行了细胞结构和细胞组分的动态变化观察，认为多细胞花粉是形成小孢子胚胎和植株的重要过程。陈红（2007 年）以大五星枇杷不同树龄和花器官不同发育阶段的花药进行离体培养，研究 5℃低温处理、糖源以及 2,4-D、6-BA、KT 的最佳浓度。李俊强等（2008 年）通过花药培养获得了再生植株，他们还对枇杷花药培养温度、培养基成分、基因型等因素进行了研究，成功实现了胚胎发生和植株再生。秦红玫（2009 年）分别采用固体培养基和液体培养基对经过携带目的基因的农杆菌转化的枇杷花药胚状体进行培养，发现液体培养在转速为 100 r/min 时胚状体的生长和增殖最佳，选择培养采用的抗生素以 1 000 mg/L 的安必西林＋100 mg/L 的卡那霉素为宜，且液体培养基上产生次生胚的百分率和平均产生的次生胚数都高于固体培养基。液体培养获得的增殖胚发育的同步性较高，生活力旺盛，而固体培养获得的增殖胚状体多数呈簇状分布，容易提早萌发。

6. 原生质体培养

枇杷的原生质体培养(protoplast culture)起步较晚。1989 年，林顺权等首次利用幼胚愈伤组织进行普通枇杷原生质体的分离和培养，采用幼胚愈伤组织分离出的原生质体，在半固体培养的情况下原生质体培养 2 周后形成小细胞团，2 个月后形成肉眼易见的愈伤组织。经过几年的研究，首次观察到愈伤组织的表面出现茎原基，开始分化茎器官，继而在生根培养基上再生成完整的植株。并利用优化的体系进行了栎叶枇杷原生质体培养，获得了愈伤组织(林顺权，1994 年)。此后，林顺权等(1996 年)对再生完整植株进行了生根移栽试验，得到了解放钟和白梨原生质体培养成活植株 5 株。但移栽成活率较低，52 株原生质体植株仅移栽成活 5 株。随后，林顺权等(1996 年)又对原生质体芽苗的生根培养进行了研究，将生根率提高到了 90%。陈发兴等(1999 年)通过提高枇杷原生质体植株的自身抗性、改变外界环境条件、选择适宜的移栽基质和移栽季节等来提高芽苗的成活率。

二、枇杷种质离体保存

种质资源的离体保存，是指对离体培养的小植株、器官、组织、细胞或原生质体等材料，采用限制、延缓或停止其生长的处理使之得以保存，在需要时可重新恢复其生长，并再生植株的方法。它具有省时、省力、省空间、无病虫害侵染、便于交流利用等优点，可避免自然灾害天气引起的种质丢失，可以随时用离体培养的方法迅速大量繁殖。当然，也存在易受微生物污染或发生人为差错，需定期转移、连续继代培养，多次继代培养有可能造成遗传性变异及材料的分化和再生能力的逐渐丧失等不足之处。常用的离体保存方法有缓慢生长保存和超低温保存两种，前者适合于中短期保存，后者多用于长期保存。

最理想的植物离体保存材料是茎尖和分生组织，对于顽拗性种子的果树，通过茎尖培养则更具有利用价值。离体培养技术的难点在于要确保种质长期保存且仍能分化，长期分化培养遗传性不会发生变化，培养材料又能移栽田间成活。刘月学(2002 年)对枇杷种质的离体保存进行了初步研究，他以茎尖为外植体，建立了枇杷离体快繁体系，发现 10～12℃的低温环境有利于枇杷种质资源的离体保存。刘月学还采用干冻法对枇杷花粉的超低温保存进行了研究,认为花粉的含水量是决定枇杷花粉超低温保存成败的关键因素,30%左右的含水量能够保证超低温保存后花粉的活力。干冻后的染色及萌发检验表明,冻后花粉的生活力与未超低温保存的花粉相比没有明显的降低,萌发率可达97%。此外,还利用二步化冷冻超低温保存法对枇杷茎尖超低温保存进行了研究,并获得了愈伤组织。王家福等(2002年)报道,加入植物生长抑制剂可以延缓枇杷试管苗的生长速度,延长保存时间,5 mg/L的多效唑效果最佳。王家福等(2006年)对解放钟枇杷茎尖玻璃化超低温保存的进一步研究表明,保存的茎尖在恢复生长初期,在黑暗或弱光条件下培养一段时间有利于茎尖恢复生长,而再生植株移栽成活后生长正常,未发现变异现象,与未经超低温保存的试管苗没有差异,染色体检查也未发现染色体异常。周红玲(2008年)采用优化的保存方法对福建省种植的52份枇杷种质进行了离体试管苗限制生长保存。研究发现,采用1/3的MS并添加30 g/L的砂糖、10 g/L的琼脂培养基,3株/瓶的接种密度,额外添加5.0 mg/L的PP333也有利于枇杷试管苗的离体保存,每隔8个月继代一次,试管苗保存效果良好,生长状态正常,野生类枇杷存活率高于普通枇杷。对保存过程中内源激素含量和SOD、POD、CAT等生理指标进行了测定,结合叶片超薄切片的透射电镜超微结构观察,认为所用限制生长保存法有效地抑制了细胞的发育,延缓了植物的衰老,为进一步探讨枇杷种质资源的离体保存提供了理论依据。

刘义存(2014年)进行了超低温保存野生枇杷种质资源的研究。利用程序降温仪,系统地研究了植物玻璃化液PVS的玻璃化转变温度 T_g,玻璃化转变温度 T_g 与超低温保存后成活率的关系,降温速率对程序降温曲线、冷冻温度曲线和植物材料降温曲线的影响,以及冷冻保护液的种类、低温驯化、预培养、PVS装载时间、降温速率、入液氮前温度和暗培养等对超低温保存成活率的影响。综合实验各种条件,提出了一套稳定、高成活率、新型的枇杷属植物超低温保存的程序方法,该方法将程序降温法和玻璃化法相结合,首次在果树(植物)种质资源超低温保存中使用,称为程序降温玻璃化法。具体的处理流程为:①程序降温前,将枇杷属植物茎尖置于附加5%的DMSO培养基中预培养3 d;②降温程序设计:初始温度为4℃,在0℃之前降温速率为-0.3℃/min,从0℃降至-7℃的降温速率为-0.1℃/min,并在-7℃停留10 min进行温度平衡,从-7℃降至-20℃的降温速率仍然为-0.1℃/min,从-20℃降至结束温度-40℃的降温速率变为-0.5℃/min,在结束温度保持5 min进行温度平衡,然后迅速转入液氮保存;③解冻;④材料清洗;⑤再生培养,将清洗完毕的茎尖快速(在0.5 h内)接种到再生培养基(MS+0.1 mg/L的TDZ+1.0 mg/L的6-BA+0.1 mg/L的NAA+30 g蔗糖+5 g琼脂粉)上，置于温度为 19～21℃、相对湿度为 65%～70%、光照条件为 24 h/d 全黑暗的培养箱中培养 20 d，再转为 24 h/d 光照下培养 50 d，统计茎尖的成活率。程序降温玻璃化法能使目前所试的枇杷属植物材料超低温保存的成活率达到 90% 以上。

三、分子标记与遗传图谱分析

长期以来，枇杷品种多从天然实生后代中选育，系谱来源不详，主要根据生态型、果肉颜色、果实形状、用途和成熟期等表型性状进行分类，不利于遗传鉴定和变异分析（Martínez-Calvo 等，2008 年）。不同品种间的遗传多样性和亲缘关系对于开展种质资源保存、育种及材料交流等多个方面都具有重要的意义。由于其诸多优点，分子标记技术被广泛用于枇杷种质资源的鉴定、遗传多样性的分析、亲缘关系的分析及遗传图谱的构建等多方面，为枇杷种质资源的评价与利用提供了许多宝贵的资料。

1. 分子标记应用于枇杷种质资源鉴定

Vilanova 等（2001 年）最早从 36 个 RAPD 引物中筛选出了 23 个多态性引物用于 33 个枇杷品种的遗传分析，其中 22 个品种具有特异的标记，聚类结果与地理或遗传来源一致，证实 RAPD 可用于杂种鉴定，但不能区分突变选育株。潘新法等（2002 年）运用 2 个 RAPD 随机引物对 16 个枇杷品种进行了分析，表明各品种基因型间的遗传多样性较为丰富，为枇杷品种的鉴定提供了新的方法。范建新等（2006 年）采用 6 个 RAPD 引物对大五星、龙泉 1 号、川农 1 号等 8 个枇杷品种（系）进行了扩增，即可用引物 S362 鉴别全部 8 个品种（系），初步建立了各品种（系）的 DNA 指纹图谱，并找到了部分特异谱带。陈义挺等（2004 年）应用 43 个 RAPD 引物对早钟 6 号、解放钟和森尾早生 3 个枇杷品种的基因组 DNA 进行了分析，发现子代早钟 6 号同时稳定出现了父母本的特征带，证实了早钟 6 号是解放钟、森尾早生的有性杂交后代。乔燕春等（2010 年）对普通枇杷种内和种间的杂交苗进行了早期杂种鉴定，根据有无父本的特征带或新带型来鉴定其是否杂交成功，鉴定 454 株杂种苗为真杂种。陈菁瑛等（2006 年）对从福建省搜集到的 12 个地方解放钟枇杷进行的 RAPD 分析表明，解放钟枇杷在遗传上保持较高的稳定性，但随着时间、环境的变化也产生了一些基因变异。盛良明等（2006 年）对苏白 1 号及可能的几个亲本进行了 ISSR 分析，显示苏白 1 号与冠玉和青种的亲缘关系较近。赵依杰等（2010 年）利用 ISSR 分子标记对东湖早进行了鉴定，发现与 22 个对照品种的相似性系数在 0.560～0.838 之间，与供试材料中太城 4 号的亲缘关系最近。杨向晖等（2007 年）利用 RAPD 及 AFLP 标记对普通枇杷、大渡河枇杷及栎叶

第二章 枇杷种质创新

54

枇杷的遗传关系进行了分析，支持大渡河枇杷可能是普通枇杷与栎叶枇杷的杂交种的结论。付燕(2009年)运用 RAPD 和 ISSR 两种分子标记法，研究了大渡河枇杷、栎叶枇杷和普通枇杷的演化关系，结果与杨向晖等人的研究结果一致。Watanabe 等(2008年)利用 SSR 标记对 24 个日本枇杷品种(15 个二倍体、6 个三倍体、3 个四倍体)进行了遗传鉴定，将 Tomihusa 和 4N-Tomihusa 外的所有品种区分开，证实三倍体无核品种 Kibou 是 4N-Tanaka 1 和 Nagasakiwase 的杂交后代，对 Oohusa 和 Mizuho 等品种的亲本进行了鉴定，根据多倍体植物部分位点含有 2 个以上等位基因的特点，证实 SSR 标记可区分三倍体和四倍体，为利用 SSR 标记开展枇杷多倍体的分子鉴定提供了依据。

2. 分子标记应用于枇杷遗传多样性和亲缘关系分析

蔡礼鸿(2000年)利用等位酶对 120 份枇杷属植物的遗传多样性、亲缘关系进行了研究，结果表明，福建普通枇杷居群的遗传变异最高，日本居群和浙江居群的亲缘关系最近，湖北居群和广东居群的亲缘关系最远，聚类分析佐证了日本枇杷是从我国浙江引进的论断。李惠文(2007年)采用 CAPS、RAPD 及 AFLP 等分子标记技术对 30 份枇杷属植物种质材料的 DNA 扩增结果进行了聚类分析，发现了偏重于传统的以生态型及成熟期划分枇杷种类，为枇杷分子分类提供了参考。Soriano 等(2005年)用 30 对苹果 SSR 引物对西班牙巴伦西亚农业研究所(Instituto Valenciano de Investigaciones Agrarias, IVIA)资源圃中的 40 个枇杷类型进行了亲缘关系分析，认为枇杷较其他蔷薇科植物的遗传多样性低，其聚类结果与地理起源或系谱一致。Gisbert 等(2009年)用 9 个 SSR 标记和 S-RNase 引物对西班牙 IVIA 种质圃中 83 个枇杷类型进行了遗传多样性分析，聚类分析结果与地理起源和系谱分类结果一致。陈义挺等(2003年)用 14 对 RAPD 引物对 11 个枇杷属植物进行了分析，将供试材料分成栽培和非栽培 2 个类群，栽培类群又分为白肉和红肉 2 个亚类群，表明枇杷果肉色泽可作为分类的一个指标。但在随后对 65 份枇杷种质的亲缘关系与分类研究中，却发现栽培品种的聚类结果与常用的生态型、果肉颜色、果形、用途、成熟期和经济地位等传统分类的结果不一致(陈义挺等，2007年)。类似的结果还有不少，例如，付燕(2009年)采用 RAPD 和 ISSR 技术对 41 份枇杷属植物材料进行分类和遗传多样性研究，结果表明枇杷属植物具有丰富的遗传多样性，聚类结果按栽培类型和非栽培类型分开，与开花时期无明显的关系。杨向晖等(2009年)利用 24 条 RAPD 引物对 20 份枇杷属植物种质资源及其近缘属植物进行了亲缘关系分析及分类研究，结果表明枇杷属植物种质间具有丰富的多态性，其聚类结果与传统的分类方法不一致。董燕妮(2008年)对 100 份枇杷小种子植株、母株及母株砧木进行了 RAPD 遗传多样性分析，发现小种子植株群体内遗传多样性较高，并存在大量的变异单株。

杨岑(2009 年)利用 ISSR 标记对大五星、龙泉 1 号和龙泉 5 号 3 个亲本及 59 份退化种子株系的多样性进行了分析，认为枇杷退化种子株系具有丰富的遗传物质基础以及高度复杂的遗传背景。范晨昕(2008 年)利用优化的枇杷 ISSR 反应体系对江浙地区 24 个枇杷品种的遗传多样性进行了分析，发现这些枇杷品种的遗传多样性十分丰富，可通过杂交育种来进一步改良品种。龙治坚(2013 年)利用 SSR 标记和源自水稻的 SCoT 标记对 67 份种质资源进行了遗传多样性分析，聚类结果与果肉颜色无明显联系。

3. 枇杷遗传连锁图谱构建

枇杷实生苗的童期较长，很少有人创建杂交群体用于构建遗传连锁图的研究。2008 年乔燕春以"早钟 6 号×Javierin"的 F_1 代群体的 88 个单株为作图群体，利用 AFLP、SRAP、ISSR 和 SSR 标记构建了早钟 6 号和 Javierin 的分子遗传图谱，早钟 6 号的分子遗传图谱含有 187 个标记，形成了 16 个连锁群，总长 451 cM，位点之间的平均遗传距离 2.41 cM；Javierin 的分子遗传图谱包含 256 个标记，形成了 15 个连锁群，总长 417.1 cM，位点之间的平均遗传距离 1.63 cM。将两个遗传连锁群的标记进行整合，获得了 291 个标记、249 个位点的连锁群，连锁群长度 180.1 cM，平均遗传距离 0.72 cM。此外，以"栎叶枇杷×解放钟"的 F_1 群体的 93 个单株为作图群体，利用 AFLP、SRAP 和 SSR 标记，构建了栎叶枇杷和解放钟的分子遗传图谱，其中栎叶枇杷分子遗传图谱含 159 个标记，形成(19＋16)个连锁群，总长 1 541 cM，位点之间的平均遗传距离 9.69 cM；解放钟分子遗传图谱包含 181 个标记，形成了(16＋19)个连锁群，总长 1 731.2 cM，位点之间的平均遗传距离 9.56 cM。这两份遗传图谱是世界上最早完成的较为完整的枇杷遗传连锁群，为开展枇杷的重要性状基因定位与克隆奠定了基础。2009 年，Gisbert 等(2009 年)利用苹果、枇杷、梨、李等属的 SSR 标记对"Algerie×早钟 6 号"的 F_1 代的 81 个单株进行了分析，从 440 对引物中筛选出 111 对引物用于枇杷 SSR 分析，苹果、梨和李属 SSR 的转移率分别为 74％、58％和 49％。将 83 个 SSR 位点定位于 Algerie 的 17 个遗传连锁群上，64 个 SSR 位点定位于早钟 6 号的 17 个遗传连锁群上，其中 2 张连锁图所共有的 SSR 位点 44 个，75％的位点与苹果和梨这 2 个苹果亚科植物线性一致。这是枇杷遗传连锁图谱的首次公开报道，为枇杷分子育种的研究初步奠定了基础。

四、基因克隆与分析

近年来，枇杷基因的克隆与功能分析研究进展较快，主要集中在开花相关基因、果实品质生物学等方面，目前在枇杷中已克隆的全长基因见表 3-6。

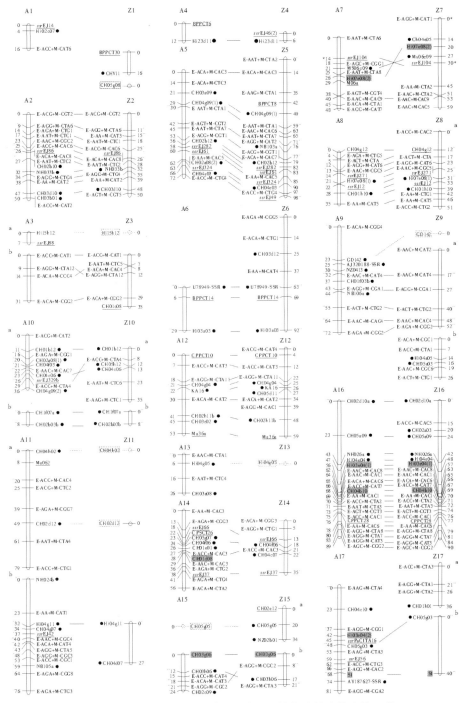

图 3-11 利用 Algerie 和早钟 6 号杂交群体构建的遗传连锁图谱

（源自 Gisbert AD，2009 年）

表 3-6　枇杷中已克隆的全长基因

登录号	基因名称	长度/bp	登录号	基因名称	长度/bp
GU126427	扁桃腈裂解酶基因 1	1943	JF815558	乙烯受体因子 *ERF 3*	1062
GU126428	扁桃腈裂解酶基因 2	1780	JF815556	乙烯受体因子 *ERF 1*	1112
GQ906755	ATP 依赖的 Clp 蛋白酶基因	1312	JF815557	乙烯受体因子 *ERF 2*	946
GQ377219	1-氨基环丙烷-1-羧酸氧化酶	1160	JF815559	乙烯受体因子 *ERF 4*	1727
GQ370519	1-氨基环丙烷-1-羧酸合成酶-1	1464	JX307091	乙烯受体基因 *ETR 2c*	2710
GQ370520	1-氨基环丙烷-1-羧酸合成酶-1-2	1464	JX307089	乙烯受体基因 *ETR 2a*	2594
DQ860462	叶绿体成熟酶 K 基因 *matK*	2469	JX996185	乙烯受体基因 *ETR 1c*	2895
JX025009	叶绿体多酚氧化酶Ⅰ基因 *PPO 1*	1922	JX307090	乙烯受体基因 *ETR 2b*	2542
JX025010	叶绿体多酚氧化酶Ⅱ基因 *PPO 2*	1907	JX307084	乙烯受体基因 *ETR 1a*	2771
JX025011	叶绿体多酚氧化酶Ⅲ基因 *PPO 3*	2004	JX307087	乙烯受体基因 *ETR 1b*	2785
JF414123	磷酸果糖激酶 α 亚基 *PFKa* 基因	2164	JX307088	乙烯受体基因 *ERS*	2141
JF414122	磷酸果糖激酶 β 亚基 *PFKb* 基因	1876	AY880261	*AP 1*	938
JF414124	果糖激酶 *FRK1* 基因	1560	AY880262	*AP 1*	3229
JF414121	己糖激酶 *1HXK1* 基因	1839	AB162051	*EjTFL 1-2*	816
JX307086	过氧化氢酶基因 *CAT 1*	1738	AB162045	*EjTFL 1-1*	878
JX307085	过氧化氢酶基因 *CAT 2*	1742	AY551183	*LFY*	2602
JX996188	过氧化氢酶基因 *CAT 2-5*	2033	AB162039	*EjFLY-2*	1510
JX996186	过氧化氢酶基因 *CAT 2-3*	2044	AB162033	*EjFLY-1*	1383
JX996187	过氧化氢酶基因 *CAT 2-4*	2065	AB042810	*NAD-SDH*	1572
JX996184	过氧化氢酶基因 *CAT 2-2*	2077	QBQ57658.1	*EjSOC 1-1*	642
JX089591	番茄红素 β 环化酶 *LCYb*	1667	QBQ57659.1	*EjSOC 1-2*	648
JX041627	*plasma intrinsic protein 1*	1142	QBQ57661.1	*EdCO*	1188
JX041626	*plasma intrinsic protein 2*	1149	QBQ57660.1	*EdGI*	3510
GQ370519	1-氨基环丙烷-1-羧酸合成酶	1464	AMB72867.1	*EdFT*	525
GU233743	1-氨基环丙烷-1-羧酸氧化酶	1517	AMB72868.1	*EdFD 1*	768
EU153572	MYB 转录因子 10	1520	AMB72869.1	*EdFD 2*	840
GU320722	*TFL 1-1*	3479	AAX14152.1	*EjAP 1*	720
FM881780	腈裂解酶基因 *hnl*	5809	AAS57718.2	*EjLFY*	227
JF414125	丙酮酸激酶基因 *PK*	1884	ALA56301.1	*EjFT 1*	525
JX885583	*CCoAOMT*	744	ALA56303.1	*EjFT 2*	525
JX089590	*DXR*	1743	BAD10954.1	*EjLFY- 1*	1227
GQ906754	组蛋白 *H4* 基因	535	BAD10960.1	*EjLFY- 2*	1236

表中信息源自 NCBI，截止日期：2019 年 5 月 1 日

在枇杷成花相关基因的研究方面，刘月学(2005年)通过分析植物花分生组织决定基因 LFY 和特征基因 AP1 的同源序列，设计引物在枇杷中分别得到 317 bp 和 350 bp 的片段，并将克隆到的 LFY 基因导入拟南芥，大部分转化株系的开花时间较对照提早 1 周左右。宋虎卫(2008年)利用 Northern 杂交技术对 EJTFL1、EJLFY 和 EJAP1 的时空表达特性进行了研究，结果表明 EJTFL1 在枇杷叶芽向花芽的起始转变和花芽形态建成的过程中发挥着重要的作用；EJLFY 在促进叶芽向花芽成熟发育的过程中发挥着重要的作用；而 EJAP1 对枇杷花芽和花器官原基的分化与成熟发育具有重要的促进作用。约 10 年后，又有 10 多个成花基因登录(蒋园园，2019年)

果实品质是衡量果树品种特性的主要指标之一，因此，有关果实品质的研究相对较多。谢成宇(2008年)采用 RT-PCR 技术，从枇杷果肉中克隆出 NADP-ME 和 PEPC 基因保守区的 cDNA 片段，分析发现果实发育期低酸和高酸品种果肉的苹果酸含量可能都受 NADP-ME 转录水平的调控；低酸品种果实发育过程中果肉苹果酸的变化可能受 PEPC 基因表达的调控，但高酸品种果肉的 PEPC 基因表达变化与苹果酸含量的变化明显不同。谢晓清(2013年)采用 RACE 技术获得了质子泵 V-ATPase 的 cDNA 全长，荧光定量 PCR 分析表明该基因对枇杷果实有机酸的调控具有明显的作用。陶俊(2006年)、刘兴满等(2006年)利用同源基因克隆法获得了枇杷番茄红素 β 环化酶(LYC)基因和 β-胡萝卜素羟化酶的基因片段。孙淑霞等(2013年)以枇杷突变体(红沙枇杷一枝芽变结出白沙果实)为材料进行 ISSR 和 SSR 分子标记分析，筛选出 2 条 ISSR 特异条带，片段大小分别为 1 369 bp 和 536 bp，据此转换成 SCAR 标记，并通过同源克隆法获得了 LCYb 基因的全长序列，该基因在突变体中表达下调。赵冠杰等(2011年)采用改进的 SEFA PCR 方法，成功地获得了枇杷醇腈酶基因序列全长，并进行了全基因序列分析和转化大肠杆菌诱导表达分析，发现表达的醇腈酶大部分以包涵体形式存在。刘小英(2013年)通过同源克隆和巢式 PCR 方法从枇杷叶片中分离得到了香树脂醇合成酶(AS)基因的保守区序列。蒋天梅(2011年)利用简并引物，从枇杷中克隆得到了 EjACS1、EjACO1 和 EjACO2 这 3 个乙烯生物合成的相关基因成员，其中 EjACO2 可能是其关键基因，参与果实成熟的启动，EjACS1 和 EjACO2 在果实采后常温贮藏及对低温和机械伤等逆境响应方面表现出了一定的一致性。音建华等(2012年)采用同源克隆法从枇杷胚性培养物中分离出了 2 个 ACC 合成酶 ACS 基因家族 2 个成员 EjACS-1 和 EjACS-2，并从基因组 DNA 中分离出了 1 个基因 gACS，为今后研究枇杷组织培养中乙烯的作用机理奠定了基础。王平(2011年)利用简并引物和抑制性差减杂交 cDNA 文库，从枇杷果实中克隆得到了 9 个乙烯信号转导元件基因，包括 3 个 EjETRs 基因、1 个 EjCTRl 基因、1 个 *EjEIL1* 基因和 4 个 *EjERFs* 基因。这 9 个基因在枇杷幼根、幼茎、幼叶、盛花期花瓣和不同发育阶段果实等的组织中均广泛表达。其中，*EjERS1a*、*EjCTR1*、*EjERF2* 和 *EjERF3* 基因可能与果实的快速生长有关。该研究结果表明，乙烯信号转导元件不仅参与了非跃变型枇杷果实的成熟衰老，还通过不同调控位点参与了果实冷害木质化进程。李丽秀(2013 年)采用同源克隆方法得到了乙烯受体基因 *ETR* 的 2 个成员 *Ej-ETR1a* 和 *Ej-ETR2a* 的 cDNA 全长序列，为进一步研究枇杷乙烯受体作用机制奠定了基础。杨绍兰(2007 年)从枇杷果实中克隆了 *EXP* 基因家族的 4 个成员的 cDNA 片段，即 *Ej-EXP1*、*Ej-EXP2*、*Ej-EXP3* 和 *Ej-EXP4*。此外，*Ej-EXP1* 还参与了采后枇杷果实组织的冷害木质化进程，而 *Ej-EXP2* 和 *Ej-EXP3* 在果实采后质地变化中的作用很小。单兰兰(2009 年)从洛阳青枇杷果实的果肉组织中克隆得到了 6 个与木质素合成相关的 cDNA：*EjPAL1*、*EjPAL2*、*Ej4CL*、*EjCAD1*、*EjCAD2* 和 *EjPOD*。其中 *EjCAD1* 和 *EjPOD* 基因表达水平与枇杷果肉组织的木质化进程具有密切关系。在果实发育过程中，2 个 *PAL* 基因具有不同的表达模式，*EjPAL1* 在成熟果实中表达较强，而 *EjPAL2* 只在发育早期表达。植物 ROP 蛋白是一种信号分子，在细胞内信号转导中有重要作用，在植物病虫害、低氧、高盐、高温等逆境胁迫中起着重要作用。金微微(2009 年)从成熟枇杷果实中克隆了 *EjROP1.1*、*EjROP1.2*、*EjROP2* 和 *EjROP3* 共 4 个 *ROP* 基因家族成员。其中，*EjROP1.2* 可能突变成显性失活蛋白，负反馈调控果实木质化进程。*EjROP1.1*、*EjROP2* 和 *EjROP3* 这 3 个成员可能与采后枇杷果实木质化有关，并在其中起着正向协同调控作用。郑国华(2010 年)利用 mRNA 的差异显示和反向 northern-blot 技术相结合，获得了 *H4* 和 *Clp* 这 2 个与耐冷相关的基因全长序列，并对其生物学功能进行了分析预测，为利用基因工程的技术手段培育耐冷性强的枇杷新品种奠定了基础。吴海波(2010 年)利用 mRNA 差异显示(DDRT-PCR)技术，对枇杷幼果在 0℃低温胁迫 6 h 后 mRNA 的变化进行了分析，分离到 19 条差异表达的基因片段，经 Reverse Northern 杂交获得了 4 个阳性的枇杷低温诱导相关基因片段(编号为 CSIGE 1～4)。徐红霞等(2011 年)通过 RT-PCR 与 RACE 扩增，获得了 2 个具有脱水素基因典型结构域特征的 cDNA 全长序列 *DHN1* 和 *DHN2*，2 个 *DHN* 基因在低温胁迫下的枇杷幼果中都上调表达。

五、枇杷基因组学和转基因研究

全基因组测序是现代分子生物学研究的重要手段，对于深入认识物种的起源、进化和遗传机制，从而对生物进行深度开发利用具有十分重要的意义。

2011 年初，由华南农业大学牵头、国内多家单位参与，启动了枇杷基因组计划，初步估计栽培枇杷基因组的大小为 750 Mbp。目前已完成了测序工作，数据组装和分析结果待公布。

由于较难建立枇杷离体快繁体系，这就制约了枇杷转基因的相关研究。早在 1991 年，西南农业大学的李名扬等以枇杷子叶为外植体作为受体，进行了根癌农杆菌的 T-DNA 转化，结果表明 T-DNA 可转移枇杷愈伤组织并能得到表达，为利用载体转移外源基因改良枇杷品种建立了一种有效的方法。一直到 2013 年以前，再无枇杷转基因的有关报道。目前，王永清带领的研究团队以大五星枇杷花药胚状体为受体，采用农杆菌介导法转化单性结实 *iaaM* 基因，获得了抗性植株，Southern 杂交显示其中有 8 个胚系出现了明显的杂交信号，表明目的基因已被导入枇杷胚状体中，为解决无籽枇杷选育这一重大难题奠定了初步基础(陶炼等，2013 年)。

第四节　辐射诱变技术在枇杷种质创新中的应用

有关枇杷诱变育种研究，目前通过审定并推广的品种仅有 1 个，即日本长崎县果树试验场以茂木的自然授粉种子经 200 Gy 的 γ 射线照射后筛选出的大果优质品种——白茂木，于 1981 年通过审定。

国内对于枇杷诱变育种的研究较少，福建省农科院果树研究所的郑少泉等(1996 年)以 ^{60}Co 的 γ 射线为辐射源，处理解放钟接穗，获得了具有少核、高可溶性固形物、细肉质、丰产和短枝等性状的新种质，并探讨了辐射处理对枇杷枝条的半致死剂量及对性状变异的影响。

研究发现，在辐射剂量率不变的前提下，随着辐射剂量的增大，对枝芽细胞的损伤力增强，从而影响嫁接的成活率。剂量为 1 000 R(1 R＝2.58×10^{-4} C/kg)时不影响小苗的嫁接成活率；剂量为 2 000 R 时成活率有所下降；剂量增至 4 000 R 以上时全部致死。说明解放钟枇杷枝条在辐射剂量率为 66.7 R/min 时，诱变剂量应掌握在 2 000～4 000 R 之间。在同一辐射剂量下，剂量率对嫁接成活率没有影响，其半致死剂量约为 3 000 R。

经处理的接穗嫁接成活后，射线引起初生枝的叶形畸变现象较为普遍。多数表现为叶片变小、扭曲畸形；个别叶中脉分叉形成叉叶；同一叶柄上长出 2 张叶(双叶)；叶柄细长，尖端长成匙状叶(匙叶)；叶缘缺刻明显；叶片变成剑形(剑叶)；匙状叶下方的主脉上又长出细长叶柄的管状叶；叶基部叶小，中部只有中脉，尖端长出匙状叶等。初生枝春、夏、秋叶均发现有叶形畸变，春叶多于秋叶，春梢多发生在 1～10 叶节之间。以后抽生的叶片渐趋正常，个别的在第 3 年仍出现变异叶。

用 1 500～3 000 R 的 4 个剂量处理，初生枝群体的长度趋向变短，粗度增大，平均粗长比率均比对照增加，趋向矮化，表现出对枝梢生长的抑制效应，为筛选矮化紧凑型变异提供了可能，还发现辐射具有促进花芽形成的作用。从嫁接后抽发的 1 867 条枝梢中筛选出了有利突变枝 9 条，占 0.48%，主要有果实少核、果实可溶性固形物含量增高、果肉品质上乘、丰产和短枝型 5 种类型。其中，3 个短枝种质（1500R-91-007、1500R-91-060、2500R-91-367）特别受到了关注。

辐射处理枝条，果实部分的性状也发生了改变，表现为：穗坐果数 1～16 粒、穗重 13.3～507.3 g、果形指数 0.85～1.49、果肉厚 0.24～1.27 cm、可食率 41.36%～78.53%、可溶性固形物含量 4.4%～16.4%、种子数 1.0～13.0，均大于对照。可见，枝条辐射处理可导致果实性状的大量变异。不同剂量处理后，除了可溶性固形物含量均较对照高外，其余各性状的平均值都比对照低，说明辐射总体上有利于果实内在品质的改善。

蒋际谋等（2006 年）对 ^{60} Co 的 γ 射线辐照处理的解放钟枇杷的次生枝果实外观品质和口感品质性状的诱变规律进行了研究，结果表明：在 14.4～28.8 Gy 的辐照剂量范围，对风味品质、果肉颜色、果皮颜色、锈斑、肉质、汁液等有较强的诱变效应，诱变频率在 0.48%～44.06%；诱变效应为风味＞果肉颜色＞果皮颜色＞肉质＞锈斑＞汁液，有益诱变效应为风味＞果皮颜色＞汁液＞肉质；综合比较认为，要改善解放钟枇杷果实的外观品质和口感品质，宜选用 24 Gy 左右的辐照剂量。

参 考 文 献

[1] Germanà M A, Chiancone B, Guarda N L, et al. Development of multicellular pollen of *Eriobotrya japonica* Lindl. through anther culture[J]. Plant Science, 2006, 171(6): 718-725.

[2] Gisbert A D, Martínez-Calvo J, Llácer G, et al. Development of two loquat [*Eriobotrya japonica*(Thunb.) Lindl.] linkage maps based on AFLPs and SSR markers from different Rosaceae species[J]. Mol Breeding, 2009(23): 523-538.

[3] Gisbert A D, Romero C, Martínez-Calvo J M, et al. Genetic diversity evaluation of a loquat[*Eriobotrya japonica* (Thunb) Lindl.] germplasm collection by SSRs and S-allele fragments[J]. Euphytica, 2009(168): 121-134.

[4] Li J Q, Wang Y Q, Lin L H, et al. Embryogenesis and plant regeneration from anther culture in loquat *Eriobotrya japonica* L.)[J]. Scientia Horticulturae, 2008(115):

329-336.

［5］Martínez-Calvo J M，Gisbert A D，Alamar M C，et al. Study of a germplasm collection of loquat (*Eriobotrya japonica* Lindl.) by multivariate analysis［J］. Genet Resour Crop Evol，2008(55)：695-703.

［6］Muranishi S. Effect of gibberllic acid(GA) on the seedless fruiting of artificial polyploidy in loquat (*Eriobotrya japonica*)［J］. Acta Horticulturae，1983(137)：343-347.

［7］Soriano J M，Romero C，Vilanova S，et al. Genetic diversity of loquat germplasm(*Eriobotrya japonica* Lindl.) assessed by SSR markers［J］. Genome，2005(48)：108-114.

［8］Vilanova S，Badenes ml，Martínez-Calvo J，et al. Analysis of loquat germplasm(*Eriobotrya japonica* Lindl.) by RAPD molecular markers［J］. Euphytica，2001(121)：25-29.

［9］Watanabe M，Yamamoto T，Ohara M，et al. Cultivar differentiation identified by SSR markers and the application for polyploidy loquat plants［J］. J Jpn Soc Hortic Sci，2008(77)：388-394.

［10］Yahata S，Miwa M，Ohara H，et al. Effect of application of gibberellins in combination with forchlorfenuron(cppu) on induction of seedless fruit set and growth in triploid loquat［J］. Acta Hort. (ISHS)，2006(727)：263-268.

［11］Yan J，Gu R Z，Wang Y Q，et al. Dynamic changes of main metabolic substances during anther-derived embryos development in loquat (*Eriobotrya japonica* Lindl. cv. Dawuxing)［J］. African Journal of Biotechnology，2012，11(41)：9765-9769.

［12］Yan J，Wang Y Q，Li J Q，et al. Morphological and histological observations on the induction of anther calluses and embryos in loquat(*Eriobotrya japonica* Lindl.)［J］. African Journal of Agricultural Research，2012，7(1)：123-127.

［13］［日］八幡茂木. 生产无核枇杷的新途径——利用三倍体［J］. 许建国译. 柑橘与亚热带果树信息，1999(6)：32-33.

［14］蔡礼鸿. 枇杷属的等位酶遗传多样性和种间关系及品种鉴定研究［D］. 武汉：华中农业大学，2000.

［15］陈发兴，林顺权. 枇杷原生质体植株移栽及其苗期观察［J］. 中国南方果树，1999，28(3)：33.

［16］陈义挺，赖钟雄，陈菁瑛，等. 65 份枇杷种质资源的 RAPD 分析［J］. 热带作物学报，2007，28(1)：65-71.

［17］陈义挺，赖钟雄，陈菁瑛，等. 枇杷品种早钟 6 号与解放钟、森尾早生亲缘关系的 RAPD 分析［J］. 福建农林大学学报(自然科学版)，2004，33(1)：46-50.

［18］陈义挺，赖钟雄，郭志雄，等. 枇杷主要种类的 RAPD 分析［J］. 江西农业大学学报，2003，25(2)：258-261.

［19］陈振光，林顺权，林庆良. 枇杷胚乳培养获得植株试验初报［J］. 福建农学院学报，1983，12(4)：343-346.

［20］董燕妮. 枇杷小种子植株遗传多样性的 RAPD 分析［D］. 雅安：四川农业大学，2008.

[21]范晨昕. 白沙枇杷离体再生及 ISSR 分子标记研究[D]. 南京：南京农业大学，2008.

[22]范建新，罗楠，王永清. 8 个枇杷品种（系）的 RAPD 分析[J]. 四川农业大学学报，2006，24(1)：65-68.

[23]何桥. 基于 SSR 标记的枇杷遗传多样性分析与品种鉴别[D]. 重庆：西南大学，2010.

[24]黄金松，许秀淡，陈熹. 四倍体枇杷"闽三号"的培育[J]. 中国果树，1984(2)：27-29.

[25]蒋园园. 枇杷成花时间调控的分子机制研究[D]. 广州：华面农业大学，2019.

[26]蒋际谋，陈秀萍，许家辉，等. ^{60}Coγ 射线辐照处理对枇杷次生枝果实品质性状的影响[J]. 激光生物学报，2006，15(5)：483-487.

[27]李丽秀，赖钟雄. 早钟 6 号枇杷两个 ETR 基因成员的克隆及序列分析[J]. 热带作物学报，2013，34(2)：276-284.

[28]李名扬，蒋建国，罗静. 根癌农杆菌 T-DNA 在枇杷子叶外植体中的转移与表达[J]. 西南农业大学学报，1991，13(4)：442-445.

[29]李桂芳，杨向晖，乔燕春，等. 枇杷属植物种间及近缘属杂交亲和性研究[J]. 园艺学报，2016，43(6)：1069-1078.

[30]梁国鲁. 天然三倍体枇杷的筛选及其遗传特性与基因组分析[D]. 重庆：西南大学，2006.

[31]林庆良，林顺权，陈振光. 栎叶枇杷原生质体的分离与培养[J]. 福建农业大学学报（自然科学版），1994，23(1)：26-29.

[32]林顺权，陈发兴. 提高枇杷原生质体芽苗生根率的研究[J]. 福建农业大学学报，1996(a)，25(4)：415-419.

[33]林顺权，陈振光. 枇杷原生质体植株再生[J]. 园艺学报，1996(b)，23(4)：313-318.

[34]林顺权. 枇杷胚乳离体培养获得植株的研究[J]. 福建农学院学报，1985，14(2)：117-125.

[35]刘小英，苏明华，吴少华，等. 解放钟枇杷香树脂醇合成酶基因 *ejAS* 保守区的克隆[J]. 亚热带植物科学，2013，42(1)：1-4.

[36]刘兴满，陶俊，梁国华. 枇杷 β-胡萝卜素羟化酶基因片段的克隆和序列分析[J]. 扬州大学学报（农业与生命科学版），2006，27(4)：101-103.

[37]刘义存. 枇杷属植物种质资源的超低温保存研究[D]. 广州：华南农业大学，2014.

[38]刘月学，林顺权，李天忠，等. 枇杷 *LFY* 同源基因植物表达载体构建及功能分析[J]. 果树学报，2008，25(5)：699-702.

[39]刘月学. 枇杷 *LFY*、*AP1* 同源基因的克隆和表达研究[D]. 广州：华南农业大学，2005.

[40]刘月学. 枇杷种质离体保存的初步研究[D]. 福州：福建农林大学，2002.

[41]潘新法，孟祥勋，曹广力，等. RAPD 在枇杷品种鉴定中的应用[J]. 果树学报，2002，19(2)：136-138.

[42]彭晓军，王永清. 枇杷胚乳愈伤组织诱导和不定芽发生的研究[J]. 四川农业大学学

报，2002，20(3)：228-231.

[43]彭晓军. 枇杷胚乳离体培养及植株再生的研究[D]. 雅安：四川农业大学，2002.

[44]乔燕春，林顺权，何小龙，等. 普通枇杷种内和种间杂种苗的 RAPD 鉴定[J]. 果树学报，2010，27(3)：385-390.

[45]乔燕春. 枇杷属植物分子遗传图谱的构建及遗传多样性研究[D]. 广州：华南农业大学，2008.

[46]沈庆斌. 枇杷高频率体胚发生体系的建立及其遗传转化初步研究[D]. 福州：福建农林大学，2005.

[47]盛良明，王化坤，徐春明，等. 白沙枇杷优良株系苏白 1 号的 ISSR 分析[J]. 江苏农业科学，2006(3)：97-98.

[48]宋虎卫. 枇杷 3 个成花相关基因的表达与功能初步研究[D]. 广州：华南农业大学，2008.

[49]陶俊，刘兴满. 枇杷番茄红素 β 环化酶基因片段的克隆和序列分析[J]. 苏州科技学院学报(自然科学版)，2006，23(4)：43-46.

[50]滕世云，陈惠民. 枇杷胚状体的诱导和植株再生[J]. 园艺学报，1986，13(4)：245-249.

[51]万志刚，宋卫平，顾福根，等. 良种白沙枇杷"冠玉"的组织培养和快繁技术研究[J]. 苏州大学学报(自然科学版)，2000，6(4)：89-92.

[52]王家福，刘月学，林顺权. 枇杷茎尖二步玻璃化法超低温保存的研究[J]. 植物资源与环境学报，2006，15(2)：75-76.

[53]王家福，刘月学，林顺权. 枇杷种质资源的离体保存研究 Ⅱ生长抑制剂的影响[J]. 亚热带植物科学，2002，31(4)：1-4.

[54]王丽艳，梁国鲁. 植物多倍体的形成途径及鉴定方法[J]. 北方园艺，2004(1)：61-62.

[55]王平. 基于乙烯信号转导元件的采后枇杷果实冷害木质化机制研究[D]. 杭州：浙江大学.

[56]吴海波. 枇杷幼果在低温胁迫下基因的差异表达[D]. 福州：福建农林大学，2010.

[57]谢成宇. 枇杷果实发育过程中 NADP-ME 和 PEPC 基因的表达[D]. 福州：福建农林大学，2008.

[58]徐红霞，陈俊伟，杨勇，等. 枇杷果实 DHN 基因克隆及其在低温胁迫下的表达分析[J]. 园艺学报，2011，38(6)：1071-1080.

[59]杨岑. 枇杷胚败育机制及退化种子株系的 ISSR 遗传多样性研究[D]. 雅安：四川农业大学，2009.

[60]杨凤玲，林顺权. 枇杷茎尖组织培养初代培养物的建立[J]. 中国南方果树，2005，34(6)：36-37.

[61]杨绍兰. EXP 在采后果实软化和木质化中的生物学效应[D]. 杭州：浙江大学，2007.

[62]杨向晖，李平，刘成明，等. 枇杷属植物及其近缘属植物亲缘关系的 RAPD 分析[J]. 果树学报，2009，26(1)：55-59.

[63]杨向晖，刘成明，林顺权. 普通枇杷、大渡河枇杷和栎叶枇杷遗传关系研究——基于RAPD 和 AFLP 分析[J]. 亚热带植物科学，2007，36(2)：9-12.

[64]杨永青，陈光禄，唐道一. 枇杷茎尖培养与增殖的研究[J]. 园艺学报，1983，10(2)：79-86.

[65]杨永青，陈光禄，唐道一. 枇杷实生苗的茎尖培养[J]. 植物生理学通讯，1982(2)：39-40.

[66]音建华，赖钟雄，林玉玲，等. 枇杷胚性培养物中 2 个 ACS 基因的克隆及生物信息学分析[J]. 热带作物学报，2012，33(12)：2214-2219.

[67]张凌媛，郭启高，李晓林，等. 枇杷气孔保卫细胞叶绿体数目与倍性相关性研究[J]. 果树学报，2005，22(3)：229-233.

[68]张志珂，王永清，林顺权，等. 借助细胞流式仪进行枇杷基因组学测序材料的倍性鉴定[J]. 果树学报，2012，29(3)：498-504.

[69]赵冠杰，白锴凯，郑允权，等. 枇杷醇腈酶基因的克隆及结构分析[J]. 福州大学学报(自然科学版)，2011，39(6)：960-964.

[70]赵依杰，王江波，张小红，等. 枇杷新品种'东湖早'的 ISSR 分子鉴定[J]. 热带作物学报，2010，31(1)：72-76.

[71]郑国华. 枇杷耐冷生理生化与相关基因克隆的研究[D]. 福州：福建农林大学，2010.

[72]郑少泉，许秀淡，许家辉，等. 枇杷辐射诱变育种研究[J]. 中国南方果树，1996，25(3)：25-27.

[73]郑少泉，许秀淡，蒋际谋. 枇杷品种与优质高效栽培技术原色图说[M]. 北京：中国农业出版社，2005.

[74]周红玲，郑加协，陈石，等. "早钟 6 号"枇杷离体胚的组织培养[J]. 江西农业学报，2011，23(8)：45-47.

[75]周红玲. 福建枇杷种质资源试管苗保存及其生理与超微结构变化[D]. 福州：福建农林大学，2008.

[76]朱作为，孙立华，汤邦根. 提高枇杷茎尖培养成活率的研究[J]. 江苏农业学报，1989，5(2)：26-30.

[77]庄馥萃，潘维雄，吴金珠. 枇杷胚乳愈伤组织的诱导和异常器官的分化[J]. 亚热带植物通讯，1982(2)：11-17.

[78]庄馥萃，潘维雄，吴金珠，等. 枇杷未成熟胚的培养[J]. 亚热带植物通讯，1980(2)：3-8.

第四章　品种结构与品种改良

我国的枇杷种质资源在全世界最丰富，枇杷栽培历史也最长。日本于1180 年从我国引进枇杷，称为"唐枇杷"，是国外最早栽培枇杷的国家。日本人从"唐枇杷"中选育出了茂木和田中，后者被引种到 20 多个国家。从 20 世纪初开始，日本人进行了枇杷杂交育种，1930 年代推出了津云、瑞穗等第一批杂交品种，此后不断有杂交新品种推出，成为枇杷育种最先进的国家。

新中国成立后，开始重视枇杷的品种改良。福建的解放钟就是新中国成立后不久选育出来的。由于我国的实生枇杷面积较大，陆续实生选育出了一大批新品种，例如长红 3 号、大五星、白玉、冠玉、宁海白，等等。1980 年代，福建果树所以解放钟和日本的森尾早生进行杂交，获得的杂交品种于1998 年通过了福建省农作物品种审定。尽管我国枇杷杂交育种的起步比日本晚很多，但由于有丰富的枇杷种质资源，尤其是日本所缺乏的白肉枇杷资源，我国的枇杷杂交育种工作正在努力赶超日本。

第一节　国内外品种概览

枇杷原产于中国，经过 2 000 多年的栽培进化，形成了丰富的枇杷种质资源，栽培品种丰富多彩。据不完全统计，全球枇杷地方品种和野生（半野生）资源有 800 多份，其中约 140 份具有推广和利用价值。近年来，通过综合运用多种育种技术，枇杷品种资源得到了进一步丰富。

从栽培和分布来看，枇杷在世界五大洲均有分布，主要的生产国家包括中国、西班牙、巴基斯坦、阿尔及利亚、日本、土耳其等，南非、智利等也有种植。由于栽培生态条件不同和消费习惯的差异，栽培品种表现出显著的区域性特点。中国等亚洲栽培区域是世界枇杷的主要栽培区域，大多数品种表现果实浓甜、丰产稳产等性状，如早钟 6 号、解放钟、大五星、龙泉 1 号等；西班牙、土耳其等地中海沿岸栽培区域的枇杷品种，如 Algerie、Marc 等，以果大、味酸为突出特征。

总体来看，世界枇杷品种的区域结构相对稳定，符合各栽培区的栽培水平和消费习惯，并逐步形成了明显的区域化特色。近年来，随着消费需求的提高，世界枇杷品种结构开始发生改变，品种更新节奏明显加快，特别是白肉枇杷品种的栽培比例逐步提高。

一、世界枇杷主产区品种概况

1. 地中海沿岸栽培区

西南欧：欧洲枇杷栽培主要集中在地中海沿岸，包括西班牙、意大利、葡萄牙、希腊等国家，其中西班牙以出口为主。目前西班牙枇杷栽培面积已经超过柑橘，有 60 多个品种，以自育品种为主，早熟品种主要是 Algerie，其产量占 60% 以上，该种单果重中等，含酸量为 1.34%，主要分布在阿利坎特省；晚熟品种有 Magdal 和黄金块（Golden Nugget），主要分布在安达卢西亚省，其中 Magdal 的产量占 60%，黄金块占 40%。选育出白肉品种 M. Aixara，其单果重在 70 g 以上。近年来，西班牙陆续引种了日本、中国、意大利等国家的枇杷品种，例如从中国引进早钟 6 号、解放钟等以及部分新品系。西班牙人对可溶性固形物含量的要求在 10%～11%，但酸度不能太低。意大利枇杷主要种植在西西里岛，品质较好，主要品种有 Nespola di Ferdinando、Nespola di Palemo、Bianco、Italiano-1、Marchetto、Ottaviani、Rosa、Rosa Tardío、Sanfilippara、Vaniglia Dulce、Virticchiara 等。葡萄牙的品种有 Almargem、Mata Mouros Regional、Rolhâo II、Tavira 等。

近东地区：包括西亚的土耳其、叙利亚、以色列、黎巴嫩和塞浦路斯，以及北非的埃及和阿尔及利亚等。土耳其的枇杷产量位居世界第 4 位，枇杷品种以引种为主，主要品种有黄金块、田中、香槟、Hafif Cukurgobek 等。以色列以 AKKO 系列为主，例如 AKKO1、AKKO13 等，此外还有 Tsrifin8 等。黎巴嫩的主要栽培品种是 Ahmar。埃及的主要品种包括 Golden Ziad、Moamora Golden Yellow 等。

2. 东亚和南亚栽培区

东亚：亚洲枇杷以中国和日本品种最多，日本在 20 世纪以前是世界上重要的枇杷品种选育国家，从中国引种的"唐枇杷"中先后选育出田中（图 4-1）和茂木，它们是日本的主要栽培品种，还被引入中国台湾等地区广泛种植。通过杂交育种培育出了长崎早生、阳玉、凉风等一大批新品种。20 世纪 80 年代以来，中国逐步成为世界枇杷品种选育的主要国家，特别是利用丰富的种质资源开展的杂交育种目前已达世界先进水平。经过多年的栽培驯化，各主产区先后实生选育了解放钟、大五星、软条白沙、大红袍、白玉、长红 3 号、贵妃、新白 1 号等品种，杂交选育出了早钟 6 号、香钟 11 号、香妃、早红等新品种。

南亚：主要是印度和巴基斯坦。印度的主要栽培品种有 Fire Wall、Safeda、Pale Yellow、Thames Pride 等。巴基斯坦则主要种植实生树，数十年、上百年的老树比比皆是，品质差的早已被淘汰。巴基斯坦的枇杷种质往往以产地命名，如 Ikramullah-1、Ikramullah-2、Khyber-1、Saeed-1 等。

3. 美洲栽培区

南美洲：智利、阿根廷、巴西等国都有少量枇杷种植，其中智利的枇杷还有出口。智利的栽培品种主要是从美国引进的黄金块和从西班牙引进的其他品种。巴西的品种有 Ronda Brasil 和 Saval Brasil 等。

美国：历史上，美国枇杷主要分布在佛罗里达、加利福尼亚等地区，早期先后选育出黄金块、香槟（图 4-2）、先进（图 4-3）、Wolfe、Mrs Cooksey、Sabroso、Vista White 等品种，杂交选育出的 Oliver 逐步成为主要栽培品种，在佛罗里达表现得最好。美国的一些品种被许多其他国家所引种，但其本土的枇杷园则多数毁于 20 世纪 20～30 年代的果实蝇。现在，枇杷在美国主要作为庭院植物。

图 4-1　田中

图 4-2　香槟

图 4-3　先进

二、中国枇杷主产区品种概况

我国枇杷北起陕西南部，南至海南岛，东至台湾，西到西藏东部，自然分布主要在北纬 33.5°以南的 20 余个省、市、自治区。通过设施栽培，近年来的枇杷栽培逐步扩大到北方的北京、辽宁、新疆和宁夏等地区。东南沿海产区、华南沿海产区、华中产区、西南高原产区为我国的四大传统枇杷栽培区域。

从 2003 年以后，四川盆地成为我国最大的枇杷产区，品种以大五星和龙泉 1 号为主。

福建枇杷品种资源最为丰富，通过实生选种和杂交育种，培育出了早、中、晚熟系列品种，主要栽培品种均为自育品种。如早熟品种早钟 6 号，中熟品种长红 3 号、白梨、莆选 1 号，晚熟品种解放钟、香钟 11 号等。

江浙地区在 20 世纪 90 年代以前一直是我国枇杷的主要产区，种植品种以北亚热带、小叶型品种为主，其中多为白肉、晚熟品种。主要通过实生选种选育品种，传统的主栽品种有大红袍（图 4-4）、洛阳青、宝珠、单边种、软条白沙、宁海白、白玉、冠玉、富阳种等，新培育的品种有苏白 1 号、丽白、丰玉等白肉枇杷新品种，其中部分白肉品种为江浙产区的特色品种，深受江浙沿海地区消费者欢迎。

图 4-4　大红袍

三、枇杷品种结构的调整

枇杷是一种水果淡季成熟的水果，消费地域特色明显，传统消费区多集中在种植区，各种植区的消费习惯也存在着差异。随着域外优良品种的引种和设施栽培技术的发展、推广，枇杷的消费区域正在急速扩大，传统消费区域的消费习惯也在发生变化。传统上，亚洲与欧洲消费者对枇杷品质的要求存在明显的差异，亚洲枇杷消费者特别是华裔群体喜欢糖度高、汁液多、易剥皮的果实，而欧洲消费者则看重合适的糖酸比例、耐储运、香气突出等特征。我国具有绝对栽培优势的枇杷品种还比较少，各地的主栽品种还是以地方特色品种为主。未来应针对不同的市场需求开发出适销对路的优良品种。目前早钟 6 号、解放钟、大五星等枇杷的栽培比例过大，品种搭配不尽合理，缺乏特早熟、特晚熟等系列新品种，应加大力度引进、推广国外的优新品种，合理配置不同成熟期的优新品种。

经过几十年的发展，我国逐步形成了特色各异的传统枇杷主产区，这些产区的枇杷产量占我国枇杷总产量的 90％左右。应着眼于全国统一市场的要求，依据各产区的生态条件和栽培技术，按照品种差异化、特色化和简易化的要求，对我国枇杷产区进行品种结构的调整。依据生态类型条件，我国的枇杷产区可以划分为：①极早熟类型区，主要是川滇干热多日照生态区，该区以特早熟、早熟优质品种为主，可作为我国枇杷10月～翌年3月上市的基地。②早熟类型区，主要是南亚热带生态区，布局早熟枇杷品种，可作为我国早熟枇杷2月～4月上市的基地。③中晚熟类型区，主要是亚热带生态区，主要布局中、晚熟品种，可作为我国中、晚熟枇杷4月～7月上市的基地。④极晚熟类型区，主要是南温带干暖多日照生态区，主要布局晚熟品种，可形成我国极晚熟枇杷8～9月上市的基地。

枇杷生产中普遍存在栽培成本较高、种植效益较低的问题，这在中国、西班牙、日本等主产国表现得尤为突出。传统枇杷栽培品种需要疏花、疏果、套袋等劳动力消耗大的管理环节，枇杷的生产成本随着劳动力成本的升高而升高，目前我国枇杷生产的人力成本已经占经营成本的60％以上，西班牙更是达到了66％。因此，今后枇杷品种的结构调整应侧重于选育生产省力化的新品种，包括花期一致、稳产、不裂果、果皮易分离等特征。

第二节　枇杷引种

一、国外引种

四川省曾分别于1933年和1936年两次从日本引入田中、茂木枇杷嫁接苗，种植在重庆和成都。有一种未经证实的说法，是说大五星枇杷可能是田中枇杷的实生后代变异。

改革开放后，福建果树所等单位通过多渠道大量引进日本、美国、西班牙、南非、意大利、希腊、葡萄牙、新西兰等国家的枇杷新品种，引进的品种主要有森尾早生、福原早生、长崎早生（图4-5）、天草早生、瑞穗、户越、茂木、大房、田中、津云、阳玉、凉风、白茂木、香槟、先进、黄金块、Algerie、Marc、Ullera、Javierin、Pelluches、南非"四季枇杷"等

图4-5　长崎早生

71

30 多个枇杷新品种，其中从日本引进的特早熟优质枇杷森尾早生，20 世纪 80 年代被福建省农业厅及"南亚办"确定为 20 世纪末福建省重点发展的"四大枇杷良种"之一。

进入 21 世纪，华南农业大学园艺学院陆续从西班牙、意大利等国引进枇杷新品种，从西班牙引进的主要是大果型品种，并和广州市果树科学研究所从中选出 3 个大果型品种（粤引培优单果重 86.21～92.34 g，粤引马可单果重 72.3～95.0 g，粤引佳伶单果重 62.3～76.5 g），3 个品种通过了广东省农作物新品种审定。这里简单介绍一下粤引培优：2002 年从西班牙引进，2010 年通过审定，4 月中、下旬成熟。树势强健，早结。果实梨形至卵形，果特大；果皮橙黄色，易剥皮，果肉厚、橙黄色；可溶性固形物含量 8.0％～11.6％、总酸含量 0.40％～0.87％；种子较少，平均单果种子数 3.6 粒；可食率 70.2％～71.3％，品质较优；耐贮性好，适应性较强。

二、国内引种

枇杷国内引种，大多是从福建、浙江、江苏和安徽等枇杷老产区引至新栽培区。各地通过有计划地引进适应当地自然条件的品种、合理配置品种、推广配套新技术，逐步实现了品种的集约化和区域化。

福建省农业科学院果树研究所杂交选育的早钟 6 号是优质枇杷良种，也是国内引种最多的枇杷良种之一，先后在福建、广东、四川、云南、重庆、贵州、湖北等枇杷栽培区进行引种示范，取得了较好的种植效果，已经成为我国主要栽培品种之一。成都龙泉驿实生选育的大五星是大果型枇杷优良品种，已陆续在重庆、陕西、贵州、云南等产区试种推广。

近年来白肉枇杷逐步得到推广。江苏的苏白 1 号分别被引种到浙江、贵州、宁夏等地进行示范栽培，取得了较好的效果。福建省农业科学院果树研究所选育的贵妃枇杷分别被引种到福建、广东、四川、重庆、浙江等地区，取得了显著的社会经济效益。

第三节　枇杷选种

在 20 世纪 80 年代枇杷小苗嫁接技术普及之前，我国的枇杷种植长期以实生繁殖为主。通过自然杂交实现的实生繁育孕育了大量的变异后代，为各地的实生选种提供了条件。

一、黄肉系枇杷选种

通过选优和实生选种形成的较为著名的或优良性状突出的黄肉系枇杷品种主要有：解放钟、长红 3 号、太城 4 号、洛阳青、霸红、安徽大红袍、杨梅洲 4 号、龙门 1 号、泸州 6 号、东湖早、莆选 1 号、莆新本、大五星、红灯笼等。

解放钟(图 4-6)：由莆田市果农郑祖寿从"大钟"实生后代中选育的优良单株。果实倒卵形至长倒卵形；平均单果重 61 g，大的可超过 170 g；果皮橙黄，果肉厚、橙黄；可食率 71% ～ 72%，可溶性固形物含量 11.5% ～ 12.5%；平均种子 5.7 粒；在福建地区，5 月上、中旬成熟。该品种抗性强、适应性广，既可鲜食又可加工，果实耐贮运。

长红 3 号(图 4-7)：由福建省农业科学院果树研究所、云霄县农业局和莆田市霞皋果林场共同选育。果实长卵形或洋梨形；单果重 40～50 g，大的可达 80 g 以上；果色鲜艳，肉厚，核少，丰产性好。在福建地区，5 月上、中旬成熟。

图 4-6　解放钟　　　　　　　图 4-7　长红 3 号

太城 4 号：由福建省农业科学院果树研究所、莆田农业局和福清市太城农场共同选育。果实倒卵形；平均单果重 42.5 g；果面、果肉均为橙黄色；肉特厚，汁多，味浓，可食率约为 74.1%，可溶性固形物含量 10%，种子平均 1.34 粒。在福建地区，5 月上、中旬成熟。

洛阳青：浙江黄岩县主栽品种。平均单果重 32.9 g，最大果重可达 65 g；果面麦秆黄，果肉橙黄色；肉质粗且致密，汁多，甜酸适度；可溶性固形物含量 9.5%，种子平均 2.6 粒，可食率 70.8%。果实耐贮运，除鲜食外，也是加工用优良品种。浙江黄岩地区 5 月下旬成熟。

霸红(图4-8)：果实圆形；平均果重35 g，最大果重达60 g；果面橙红色，果皮厚而韧，易剥离，果肉橙红色；风味浓甜微酸，品质上；种子多，一般4粒。树势中强，丰产稳定，大小年不明显，抗寒性很强，耐贮运，罐藏性能良好，对肥水要求较高。江苏扬中成熟期在6月上旬。

杨梅洲4号(图4-9)：是江西省安义县枇杷科学研究所从当地实生树中选育出的中熟型枇杷良种。平均单果重38.8 g，最大单果重54.5 g；果皮橙黄色，果粉多，无锈斑；可溶性固形物含量11.7%，维生素含量9.4 mg/100 g；丰产稳产，抗逆性强。鲜食为主，也可用于加工。在江西地区5月中、下旬成熟。

图4-8 霸红　　　　　　　图4-9 杨梅洲4号

图4-10 东湖早

东湖早(图4-10)：由福州市农业科学研究所、连江县东湖镇农业服务中心等单位，在连江县东湖镇祠台村原耕山队枇杷园中发现的优良实生单株。单果重59.2～59.6 g；果皮橙红色，皮厚易剥离；果肉橙黄色，质细化渣，味清甜；可食率在70%以上，可溶性固形物含量10.7%；丰产性好。在福州地区，3月下旬至4月上旬成熟。

莆选1号：是由莆田县经济作物站筛选出的实生优良单株，亲本不详。果实长卵圆形；单果重平均74.1 g，为典型大果型品种；可溶性固形物含量13%，可食率69%；果皮橙黄色，易剥离；果肉橙黄色，质地细致，味甜，风味浓。中熟品种，成熟期在4月底，比解放钟提早7 d左右成熟。

莆新本：由福建省莆田市农业科学研究所从莆田市新县镇大所村的枇杷

实生变异中选出。平均单果重 58.5 g，最大达 100 g 以上；果形短椭圆形，果蒂稍歪，未成熟时果顶有棱角，成熟时果顶渐圆满、宽平，萼孔开张，呈梅花形；果皮橙黄色，果粉多，果面鲜艳、美观，果皮厚韧，易剥皮；果肉质地细致，风味较浓，酸甜适中；可溶性固形物含量 10.2%，酸含量 0.12%，品质佳；平均种子数 3.3 粒，可食率 68.8%。在莆田 5 月上、中旬成熟，比解放钟迟熟 5～7 d。

大五星(图 4-11)：由成都市龙泉驿区果树研究所和龙泉驿区果树推广站从当地农户肖久松家的实生枇杷园中选育而成。平均果重 81 g，最大达 194 g，是目前国内单果重最大的枇杷品种；果实椭圆形，花萼呈极大而深的五星状；果皮橙黄色，绒毛浅；果肉橙黄色，柔软多汁，种子2～3粒；可溶性固形物含量 14.6%，可食率78%。在成都地区 5 月上旬成熟。

图 4-11　大五星

红灯笼：又称晚五星，是由成都市龙泉驿区林业局从龙泉驿区美满村实生枇杷园中选育而成的晚熟品种。果实卵圆形或近圆形，平均单果重 63.1 g，大果超过 100 g；果皮橙红色，锈斑少或无，果皮较厚，易剥皮；果肉橙红色，肉质细嫩化渣，汁液丰富，味浓，甜酸适度；每果平均种子数 4.1 粒，可食率 74.3%；可溶性固形物含量 13.5%，总酸含量 3.46 g/kg，维生素含量 15.9 mg/100 g。在成都地区 5 月下旬～6 月上旬成熟，比大五星晚 15～20 d。

二、白肉系枇杷选种

白肉枇杷品种是枇杷中的珍品，其肉质细嫩、汁液多、风味极佳，深受消费者的欢迎。我国是白肉枇杷种质资源最为丰富的国家，通过品种选优和实生选种，各地选出的品种(系)主要有：软条白沙(图 4-12)、科研所白砂、丽白、宁海白、白梨、乌躬白、新白 1 号、贵妃(新白 3 号)、新白 8 号、白玉(图 4-13)、冠玉等。

贵妃：是由福建省农业科学院果树研究所于 1999 年从莆田市涵江区新县镇文笔村的方寿泉果园中选育出的晚熟、优质、大果的白肉枇杷新品种，2010 年通过福建省农作物审定委员会的品种认定，2014 年通过国家品种审定，是第一个通过国家品种审定的枇杷新品种。果实卵圆形或近圆形，单果重 52.3～67.9 g，最大达 115 g；果顶微凹或平，果基宽楔形，个别果柄略歪，茸毛短、较多；果皮橙黄色、较厚，锈斑少，剥皮易，不易裂果；果肉淡黄白色，果肉厚 0.91～1.07 cm，肉质细腻、化渣、浓甜；可食率 72.6％～75.2％，可溶性固形物含量高(13.8％～15.2％，最高可达 20.1％)；种子数 3.0～4.2 粒。成熟期在 4 月下旬～5 月上旬。

图 4-12　软条白沙　　　　　图 4-13　白玉

金华 1 号：是由西南大学从龙泉 1 号枇杷实生选育的优良变异单株，2014 年通过重庆市鉴定。果实长卵圆形，单果重 49.1 g；果面光滑，果点小，无锈斑，萼筒闭合；果面橙色，易剥皮；果肉厚，橙红色，甜酸适度，质地细嫩；可溶性固形物含量 11.6％，可食率 82.23％，总酸含量 0.56 g/100 ml，维生素 C 含量 3.57 mg/100 ml；果实较耐贮藏。成熟期在 5 月上、中旬。

华白 1 号：由西南大学从软条白沙枇杷实生苗中选育，2014 年通过重庆市鉴定。果实近球形或稍扁，单果重 46.3 g；果面光滑，果点小，无锈斑；果皮橙黄色，果皮薄，易剥皮；果肉乳白色，肉质细，多汁，味浓甜，较耐贮藏；可溶性固形物含量 13.4％，可食率 65.40％；总酸含量 0.36 g/100 ml，维生素 C 含量 2.56 mg/100 ml。成熟期在 5 月中、下旬。

新白 1 号：由福建省农业科学院果树研究所选育，2012 年通过福建省农作物审定委员会品种认定。果实卵圆形或近圆形，单果重 59.0～68.0 g；果皮黄色，皮厚，易剥离；果肉黄白色，质细、化渣，品质优；可溶性固形物含量 12.20％，可溶性总糖含量 9.68％，可溶性还原糖含量 9.55％，可滴定酸含量 0.30％，维生素 C 含量 22.00 mg/kg，可食率在 70.0％以上。果实成熟期在 5 月上、中旬，属晚熟品种。

丽白：由浙江省丽水市林业技术推广总站选育，2012 年通过浙江省林木良种审定委员会审定。果实倒卵圆形或近圆形，单果重 45.1g；果皮淡黄色，锈斑少，易剥皮；果肉乳白色，细腻、化渣、浓甜；可溶性固形物含量 14.2％，可食率 70％。5 月上旬成熟。

苏白 1 号：是从苏州市东山镇槎湾村白沙枇杷资源中实生选育出的新品种，2009 年通过江苏省农林厅组织的新品种鉴定。果实圆球形，单果重 41.2

g；果面淡橙黄色，绒毛少，果点多；果皮薄，易剥皮；果肉黄白色；可食率69.8％，可溶性固形物含量14.5％，可滴定酸含量0.47％；酸甜适口，汁液多，耐贮性较强，品质上等。成熟期在6月中、上旬。

丰玉：由江苏省太湖常绿果树技术推广中心选育，2008年6月通过江苏省农作物品种审定委员会审定。果实扁圆形，单果重45.5～53.4 g；果皮橙黄色，果粉多，果面美观；果皮薄，易剥皮；果肉质地细腻；可溶性固形物含量14.8％～15.3％，可食率68.7％～72.1％。果实成熟期在5月下旬末～6月初。

宁海白：由宁波市宁海县农林局选育，2004年被国家林业局认定为国家级林木推广良种。单果大；可溶性固形物含量13％～15％，可食率73.4％；皮薄汁多，酸甜适口，入口即化，风味浓郁。

坪白：是由莆田市城厢区林桥村果农从实生母树中选出的优良变异单株，2002年4月30日通过福建省农作物品种审定委员会审定。它既具有白梨的基本特征，又具有解放钟果型大、产量高的特征，当地人形象地称其为"白梨解放钟"。果实品质风味独特，又偏晚熟（比解放钟晚10 d成熟），深受消费者的欢迎。果实近圆形，平均单果重75.7 g；果色深橙黄；果皮薄，易剥离；果肉白，质地细嫩，酸甜适中；可溶性固形物含量10.5％，可食率75.7％左右。在福建莆田，5月上、中旬成熟。

冠玉（图4-14）：由江苏省太湖常绿果树技术推广中心于1983年在白沙系枇杷自然实生变异中选出，1995年通过江苏省农作物品种审定委员会审定。果实圆球形或椭圆形，单果重43.4～61.5 g；果柄长，果面乳白或乳黄色，果肉白色或乳白色；可食率66.2％～71.2％，可溶性固形物含量13.4％；肉质细而易溶，汁多，味甜较浓，微香；丰产，耐贮，抗寒性强。成熟期在6月上旬。

图4-14　冠玉

三、枇杷砧木的选种与筛选

通过实生选种途径，福建省农业科学院果树研究所选出了矮化砧木品种闽矮1号，经过砧木试验选出了可作为矮化砧木或矮化中间砧利用的枇杷近缘种大渡河枇杷、栎叶枇杷。华南农业大学近年来进行了香花枇杷、椭圆枇杷、广西枇杷、台湾枇杷、栎叶枇杷，以及以若干野生枇杷和栽培枇杷杂交种作为栽培枇杷砧木的试验，结果表明：栎叶枇杷与解放钟的杂交后代适宜作为若干枇杷品种的砧木，其根系较强大、嫁接成活率高，接穗枇杷的结果情况至少不会差于对照。砧木品种的选育工作有待进一步加强。

第四节 枇杷的遗传特点

枇杷早实性呈数量性状遗传，由多基因控制，结果早的 3 年，迟的 9 年，平均童期 5.11 年。结实早的品种间杂交，杂种后代一般结果也早；结果晚的品种间杂交，其后代结果也晚。可根据亲本品种的"营养期"长短，来预测杂种后代的早实性强弱。枇杷杂种早实性的强弱表现有母性遗传趋势，在进行早实性育种时，应优先选择早实性强的为母本。

枇杷果重和综合品质呈数量性状遗传，群体遗传水平分别为 80.8% 和 90.0%。果重的低亲遗传较为明显，但也有超高亲现象；亲本正交和反交对杂种后代果实的大小及综合品质无明显影响；果形的性状遗传也属于数量性状遗传，果形指数遗传的传递力较高，在 96.1%～108.9% 之间，故果形遗传很大程度上取决于亲本品种本身，但当果形相同时，其杂种后代的果形有偏向分离的特点。

枇杷的果皮色泽和果肉色泽的遗传表现为复杂的遗传。亲本的果肉色泽为雪白和黄白至黄色时，其后代的果肉色泽未出现分离现象，但雪白色性状对黄白至黄色性状，其后代具有明显的遗传优势；亲本果肉的色泽同为橙黄的正、反交组合，其后代果肉色泽均表现为雪白（或黄白至黄色）、橙黄、淡橙红、浓橙红 4 种色泽；亲本的果肉色泽为橙黄和淡橙红时，其后代却有雪白色或黄白至黄色果肉的表现型。

枇杷的果实成熟期呈数量性状遗传。亲本成熟期相同的，杂种后代的成熟期大多接近亲本，有晚熟的超亲遗传现象；亲本成熟期相近的，杂种后代以介于双亲范围内的个体数为多，有早熟的超亲类型；亲本成熟期相差较远的，其后代早熟性状的遗传占明显优势。

枇杷对叶斑病的抗性表现为复杂的数量性状遗传。亲本均为感病的，其后代也表现感病；以同一抗病品种为父本选配的杂交组合，其后代的感病程度取决于母本；同一高度感病的母本与不同的抗病父本杂交，其后代的感病程度取决于父本；在抗病与感病品种选配的正、反交组合中，其后代表现为母性遗传。因此，要培育抗叶斑病的枇杷新品种，应采用抗病性强的品种作为母本。

枇杷果实可溶性固形物含量的遗传属于数量性状遗传。群体组合遗传的传递力为 97.25％，亲本正、反交对杂交后代果实可溶性固形物含量无显著影响，其遗传倾向与果实的综合品质遗传倾向相似，育种选配亲本时，可溶性固形物含量在一定程度上可代替综合品质。

第五节　杂交育种

　　杂交育种是定向培育新品种的主要途径。日本的枇杷杂交育种开始于 1917 年，获得了 8 000 个杂种后代，至 1936 年已发布了津云（Tsukumo，茂木×田中）等 3 个很有希望的品种。第二次世界大战中断了日本的杂交育种研究，从 20 世纪 50 年代开始恢复。日本农林水产省果树试验场兴津支场，用楠的花粉同田中杂交育成大房（Obusa），1967 年登记注册，果实短卵圆形，果大，果皮橙黄色，果肉细密、坚实、化渣、多汁。日本长崎县果树试验场，用本田早生的花粉同茂木杂交育成长崎早生（Nakasaki-wase），1976 年登记注册，果实卵圆形，果皮橙黄色，肉质柔软而细，成熟期早，迄今已获得 20 多个杂交品种。

　　我国浙江、福建等地的科研、教学单位先后开展了大规模的枇杷杂交育种工作。福建省农业科学院果树研究所自 20 世纪 70 年代以来，持续开展枇杷杂交育种研究，取得了众多成果，以培育鲜食加工兼优为目标，该所育成了早钟 6 号、香钟 11 号、香妃、钟津 2 号、香城 9 号、钟城 23 号、城津 8 号、梅钟 12 号、钟香 25 号、78-1、89-4 等品种，其中早钟 6 号已在全国范围内大面积推广，产生了巨大的经济、社会效益，并于 2000 年荣获福建省科技进步一等奖。浙江省农科院园艺所初选出 81-3-7、81-1-10、82-6-26 三个有希望的优良单株。华南农业大学于 2004 年开始利用早钟 6 号与西班牙大果品种佳伶、培优和马可杂交，目前已获得多个"早佳"优良品种和其他杂交组合的优良后代品系。

　　早钟 6 号（图 4-15）：由福建省农业科学院果树研究所选育，是国内第一个杂交枇杷新品种，1981 年以解放钟为母本、日本良种森尾早生作父本杂交育成，1998 年通过福建省农作物品种审定。早钟 6 号兼具父母本特早熟、大果、优质、丰产性好等优良性状，比一般品种早熟 15～20 d，抗逆性强，枝梢抽花比率高。果实倒卵形至洋梨形，平均单果重 52.7 g，大的可超过 100 g；果皮橙红色，鲜艳美观，锈斑少，厚度

图 4-15　早钟 6 号

适中，易剥离；果肉橙红色，平均厚 0.89 cm，可食率 70.2%，质细、化渣，味甜，有香气，可溶性固形物含量 11.9%，酸含量 0.26%。每果平均有种子 4.6 粒。鲜食和制罐皆宜。

图 4-16　早佳 5 号

早佳 5 号(图 4-16，图中放置的白色乒乓球用来对比)：由华南农业大学枇杷课题组选育，2005 年用早钟 6 号做母本、西班牙品种佳伶(Javierin)做父本杂交培育，2017 年通过广东省农作物品种审定委员会审定。该品种果实于 2 月下旬至 3 月下旬成熟；果重中等(33.86～46.74 g)，果形圆形至近梨形；果皮颜色黄白色，易剥皮；果肉厚(9.86 mm)，果肉白色，是两个黄肉亲本杂交获得的白肉新品种；平均种子数 3.7 粒；果实质地较软，易碰伤；可溶性固形物含量 10.5%～12.4%，可食率 74.35%；总糖含量 8.13%，还原糖含量 7.95%，总酸含量 0.14%。品质优，极早熟，综合性状优良。

香钟 11 号(图 4-17)：由福建省农业科学院果树研究所选育，以香甜为母本、解放钟为父本进行人工杂交，1987 年育成，2004 年 7 月通过福建省非主要农作物品种认定。香钟 11 号果皮和果肉均呈橙红色，果面锈斑较少，茸毛密，色泽鲜艳；果较大(平均单果重 53.5 g)，果皮易剥离，肉质细、化渣，香气较浓，风味佳，酸甜适口。适宜鲜食和加工。

香妃(图 4-18)：由福建省农业科学院果树研究所以贵妃为母本、金钟为

图 4-17　香钟 11 号

图 4-18　香妃

父本杂交育成。大果，单果重 57.2 g；优质，肉质细腻、化渣、甜酸适口，可溶性固形物 13.8%～15.2%，可食率高达 71.8%～75.4%；特晚熟，5 月下旬～6 月上旬成熟，较解放钟迟 10 d 左右；抗寒，始花期 12 月下旬，可避过寒害；耐热性强，不易皱果、日灼，成熟后不落果。

　　冠红 1 号：由福建省农业科学院果树研究所选育，是早熟黄肉杂交枇杷新品系。早熟，成熟期在 4 月下旬，与早钟 6 号相当，成熟期一致，丰产性好；大果，单果重 65.0 g，果大均匀、商品率高；优质，可溶性固形物含量 12.6%，可食率 72.3%。

　　福建省农业科学院果树研究所利用已通过鉴定评价的优异枇杷资源持续进行枇杷种质创新，取得了较大的进展，以优质、白肉、成熟期为目标，选出了系列白肉枇杷优良新品种（系），包括白早钟 1 号（图 4-19）、白早钟 5 号、白早钟 10 号、白早钟 12 号和白早钟 14 号。例如，白早钟 1 号：极早熟，成熟期在 3 月下旬，最早熟品种之一，比早钟 6 号提前 15 d 以上；优质，可溶性固形物含量 13.8%，易剥皮、肉质细嫩、清甜回甘、风味佳；大果，单果重 54.1 g，大者可达 62.1 g；高可食率，可食率可达 73.6%。

图 4-19　白早钟 1 号

第六节　化学诱变和辐射诱变

　　化学诱变和辐射诱变具有比自然突变频率高、变异谱广的特点，适于某些经济性状的改良。1978 年，福建省农业科学院果树研究所利用化学诱变剂秋水仙精诱变太城 4 号枇杷种子，获得闽 3 号四倍体枇杷新品种；之后利用闽 3 号与二倍体普通枇杷进行有性杂交；获取了一批有价值的混倍体枇杷新株系，其中相当一部分优株果实表现无籽，但因果实太小，综合经济性状欠佳，未能在生产上推广应用。

　　1990 年，福建省农业科学院果树研究所利用 ^{60}Co 的 γ 射线处理解放钟枇杷枝条，获得少核、高可溶性固形物含量、细肉质、丰产型和矮枝型的有利突变类型。

参 考 文 献

[1]Caballere P，Fernandez M A. Loquat production and marketing[C]. First International Loquat Symposium On Loquat. Options Medierranees，2003：11-20.

[2]Lin S Q. World loquat at production and research with special reference to china[J]. Acta Hort(ISHS)，2007（750）：37-44.

[3]Polat A A，Caliskan O. Loquat production in Turkey[J]. Acta Hort（ISHS），2007 （750）：49-54.

[4]Soler E，Martínez-Calvo J，Llácer G，et al. Loquat in Spain：production and marketing [J]. Acta Hort(ISHS)，2007(750)：45-48.

[5]Zheng S Q. Achievement and prospect of loquat breeding in China[J]. Acta Hort(ISHS)， 2007(750)：85-92.

[6]Manuel Blasco，María del Mar Naval，Elena Zuriaga，et al. Genetic variation and diversity among loquat accessions[J]. Tree Genetics & Genomes，2014(10)：387-1398.

[7]陈贵虎，胡平正. 优质大果型枇杷品种大五星[J]. 中国种业，2003(1)：47.

[8]陈义挺，赖钟雄，陈箐瑛. 等. 枇杷品种早钟6号与解放钟、森尾早生亲缘关系鉴定 [J]. 福建农林大学学报(自然科学版)，2004，33(1)：46-50.

[9]陈振光，林顺权，林庆良. 枇杷离体培养研究进展[J]. 福建农学院学报，1991，20 (4)：422-426.

[10]丁长奎，陈其峰，孙田林. 中国枇杷种质资源与枇杷的品种改良[J]. 作物品质资源， 1993(4)：8-10.

[11]冯传余. 日本大房等枇杷品种引种初报[J]. 浙江柑橘，2003，20(4)：31-32.

[12]冯健君，王学德，刘权. 等. 优质枇杷新品种'宁海白'[J]. 园艺学报，2004，31 (2)：229.

[13]胡波. 枇杷育种应用灰色系统对果实选优的效应[J]. 福建果树，1999(2)：1-3.

[14]黄金松，许秀淡，方金强，等. 高产稳产的枇杷新品种——长红3号[J]. 中国果树， 1990(2)：26-27.

[15]黄金松，许秀淡，郑少泉，等. 特早熟大果型枇杷新品种——早种6号[J]. 中国果树，1993(4)：4-6.

[16]黄金松，许秀淡，郑少泉，等. 优质大果型枇杷新品种——香钟11号[J]. 中国果树，1999(1)：23-24.

[17]黄金松. 建国四十年来我国枇杷科技的主要成就[J]. 中国果树，1989(2)：5-8.

[18]黄金松. 枇杷栽培新技术[M]. 福州：福建科学技术出版社，2000：38-44.

[19]蒋启林. 特晚熟枇杷"红灯笼"的主要特征及栽培技术[J]. 西南园艺，2002，30 (4)：18.

[20]林国阳. 枇杷种质资源的研究与展望[J]. 福建果树，1990(4)：25-27.

[21]陆修闽,陈菁瑛,张丽梅,等. 枇杷杂交新品种'早钟6号'与亲本花粉形态观察比较[J]. 园艺学报,2002,29(3):271-273.

[22]潘新法,孟翔勋,曹广力,等. RAPD在枇杷品种鉴定中的应用[J]. 果树学报,2002,19(2):136-138.

[23]彭建平,刘国强,许国城,等. 大果优质枇杷新品种——莆新本[J]. 中国南方果树,2002,31(5):27.

[24]戚子洪,蔡健华,黄颖宏,等. 果大优质丰产的白沙枇杷新品种——丰玉[J]. 中国南方果树,2009,38(3):11.

[25]邱武陵,章恢志. 中国果树志(龙眼、枇杷)[M]. 北京:中国林业出版社,1996.

[20]宋红彦,何小龙,乔燕春,等. '早钟6号'与西班牙大果枇杷品种杂交及其后代果实品质评价[J]. 华南农业大学学报,2015,36(1):65-70.

[27]王利芬,徐春明,盛良明. 晚熟白沙枇杷新品种'苏白1号'[J]. 园艺学报,2009,36(12):1841-1842.

[28]吴安华. 抗寒优质枇杷新品种——杨梅洲四号[J]. 中国南方果树,2001,30(3):34-35.

[29]徐春明,黄福山. 果大质优的白沙枇杷新品种——冠玉[J]. 中国南方果树,2000,29(1):33-34.

[30]许家辉,郑少泉,蒋际谋,等. 枇杷果实可溶性固形物含量的遗传倾向[J]. 福建果树,1997(3):8-10.

[31]章恢志,彭抒昂,蔡礼鸿,等. 枇杷属种质资源及普通枇杷起源研究[J]. 园艺学报,1990(1):5-11.

[32]赵依杰,陈雪金,魏从梅,等. 枇杷新品种——东湖早[J]. 中国果树,2003(4):7-8.

[33]郑福舜. 枇杷新选优良品种——'莆选1号'[J]. 福建果树,1994(3):51.

[34]郑少泉,黄金松,许秀淡. 枇杷早实性遗传及其相关问题的研究[J]. 东南园艺,1991(1):1-5.

[35]郑少泉,蒋际谋,许家辉,等. 枇杷若干性状的遗传研究Ⅱ. 果实成熟期及叶片抗叶斑病的遗传倾向研究[J]. 福建省农业科学院学报,1997,12(2):36-39.

[36]郑少泉,许秀淡,黄金松,等. 枇杷若干性状的遗传研究Ⅰ. 果实性状的遗传倾向研究[J]. 福建省农科院学报,1993,8(1):19-26.

[37]郑少泉,许秀淡,许家辉,等. 枇杷辐射诱变育种研究[J]. 中国南方果树,1996,25(3):25-27.

[38]郑少泉. 枇杷品种与优质高效栽培技术原色图说[M]. 北京:中国农业出版社,2005.

[39]郑少泉. 福建枇杷良种选育与推广[J]. 中国南方果树,2001,30(6):28-29.

[40]郑少泉. 国家果树种质福州龙眼、枇杷圃的研究利用现状[J]. 亚热带植物科学,2001,30(4):10-14.

第五章 我国枇杷区域化栽培
特点与发展前景

区域化栽培是近20多年来枇杷产业提出的新命题。四川省地理地形丰富多样,在省域内枇杷可以多季节成熟。四川农科院等单位加强了对枇杷区域化栽培加强了的研究,尤其是加强了对阿坝州7月乃至8月成熟季的研究,并借鉴云南率先发现冬春结果的现象,在四川攀枝花和西昌地区实现了枇杷产业化,从而使得四川一年四季都有枇杷成熟。这些研究成果已获国家科技进步奖,并在全国推广应用。

第一节 我国栽培枇杷区域分布概况

枇杷在我国栽培历史悠久,早在2 000多年前,即在皇家园林中作为名果异树栽培。西汉司马迁所作《上林赋》最早记载了我国枇杷栽培,距今已有2 140多年的历史,而《史记》《广志》《名医别录》《齐民要术》《本草纲目》和《授时通考》等古文献对枇杷的产地、树性、品种分类、繁殖方法、药用价值等都做了详细的记载和说明,为我国枇杷的栽培发展奠定了基础。据记载,唐宋期间我国枇杷的主产区在四川、湖北、陕南和江浙地区。我国枇杷的栽培区域近几十年发生了一些变化,目前我国长江南北20多个省(市、区)均有枇杷栽培,主要分布在北纬33.5°以南,划分为四大产区:东南沿海产区,包括江苏、浙江、上海和福建内陆山区;华南沿海产区,包括福建沿海市县、台湾、广东、广西和海南;华中产区,包括安徽、湖北、湖南、江西及河南;西南产区,包括四川、重庆、贵州、云南及陕南、陇南和西藏局部地区。西南产区和华南沿海产区的栽培较多,约占我国枇杷总栽培面积的70%。

四川作为我国普通枇杷的起源中心,是目前我国枇杷栽培面积最大的地区,主要分布在川中龙泉山脉中段的双流区、龙泉驿区、仁寿县、简阳市,川南的泸州市、攀枝花市、西昌市，川西北阿坝藏族羌族自治州汶川县、茂县，川西南大渡河中游的石棉县、泸定县等地。2009 年四川的枇杷栽培面积达 5.86 万 hm²，产量 24.5 万 t，面积、产量仅次于柑橘和梨，为四川的第三大水果。重庆是我国枇杷产业发展的后起之秀，栽培区域主要集中在大足、合川、永川、江津、璧山、万州和九龙坡等区（县），已成为仅次于柑橘的第二大常绿果树，2009 年重庆枇杷栽培面积约 2.67 万 hm²，产量 10.8 万 t。福建是我国枇杷的传统产区，栽培区主要分布于莆田和漳州，福州也有一定的栽培，2010 年的栽培面积约为 3 万 hm²。浙江枇杷栽培历史悠久，早在1 380 年前杭州就曾有过大规模的经济栽培。新中国成立后，余杭塘栖的软条白沙枇杷一直是我国著名的鲜食白肉品种。20 世纪 70 年代末、80 年代初，台州市黄岩和路桥两区大力发展适合加工的洛阳青等黄肉品种，使浙江枇杷产业得到了迅猛发展。据浙江省农业厅统计，2003 年全省枇杷栽培面积为 0.95 万 hm²，产量 5.7 万 t。近年，安徽的巢湖沿岸、安庆地区和沿大别山区的太湖、龙山等地，枇杷产业在当地加工业的带动下快速发展。另外，江苏、广东、云南、贵州、江西、陕西以及台湾等地也有一定面积的枇杷栽培，部分省（市）将枇杷作为一种重要特色水果列入规划加以大力发展。据不完全统计，目前我国枇杷收获面积已达 12 万 hm²，产量超过 45.4 万 t，居世界首位。

第二节　不同生态区的气候特点

一、川滇南亚热带干热多日照生态区

该区包括四川省的攀枝花市、西昌市干热河谷地区和云南省的部分地区。集中在金沙江、安宁河、雅砻江和红河流域。主要包括四川省的米易、盐边、德昌、会东、宁南、会理等县，云南北部的永仁、元谋、永胜、华坪，云南南部的蒙自、建水、石屏、开远和滇西的瑞丽等地。该生态区年平均气温 16～19℃。1 月平均气温 10℃左右，≥10℃的年积温多在 5 000～6 000℃，无霜期 300 d 以上，≤−3℃的低温频率极低，一般 10～20 年一遇。特别是山区中有逆温效应的地带最冷时气温反比谷底为高，年日照 2 400～2 900 h，年雨量 800～1 000 mm。该生态区的气候特点是光热资源丰富，气温年较差小，日较差大，干热同季，春旱突出，雨量集中在 6～9 月，全年无冬季，只有春、夏、秋之分，无霜期长，严重霜冻少，冬季逆温效应显著，立体气候明显，具有"一山分四季，十里不同天"的特点。

二、南亚热带湿热多日照生态区

南亚热带湿热多日照生态区主要包括广东、广西、台湾及福建中南部沿海地区。该区与我国传统的农业区划中的"热区"基本吻合。这一生态区的季风气候显著，高温多雨，冬暖夏长，干湿季节比较分明，水热资源丰富，年降雨量 1 600～2 000 mm，年平均日照时数 1 600～2 400 h，年均气温 19～23℃，≥10℃的积温 6 500～8 000℃，极端最低气温－5～0℃，极端高温 39.6℃，全年无霜期达 300 d 以上。

三、南温带半干暖多日照生态区

南温带半干暖多日照生态区主要包括四川阿坝自治州的茂县、汶川县等海拔高度在 1 100～1 700 m 的干暖河谷区。该区年均气温 11～14℃，极端最高气温 31.8℃，极端最低气温－11.6℃，年降水量 500 mm 左右，年蒸发量 1 300 mm以上，年平均日照时数 1 400～1 800 h，无霜期 210～260 d。该区的气候特点是光照充足，气候温和，长冬无夏、春秋相连、雨旱分季，夏季冷凉干燥、昼夜温差大、空气湿度低。

四、中亚热带湿热生态区

1. 中亚热带湿热多日照生态区

中亚热带湿热多日照生态区为中亚热带地区的一条带状结构，东起闽浙的福州和温州之间，经闽西、赣南、粤北、湘南、桂北至贵州中部，为浙闽丘陵和两广丘陵连接起来的多山地区。年降水量多在 1 000～1 900 mm，年平均日照时数多在 1 700～2 000 h，年均气温多在 16～20℃，冬季绝大部分地域比较暖和，最冷月均温一般在 1～5℃之间，极端最低气温－9.5℃，极端最高气温 43.2℃，≥10℃的积温 6 500～7 500℃，无霜期 240～330 d。该区所处的纬度较低，受海洋影响强烈，具有明显的海洋性暖湿气候特点。

2. 中亚热带湿热少日照生态区

中亚热带湿热少日照生态区包括四川盆地的四川、重庆及贵州，是我国枇杷的主产区，属大陆性季风气候，种植区域的海拔高度多在 200～900 m，年均气温 16～18.5℃，最冷月平均气温 5.4℃，最热月平均气温 25.2℃，极端最高气温 40℃，极端最低气温－5.0℃，≥10℃的积温 5 500～6 200℃，年日照时数 1 100～1 400 h，年降雨量 800～1 400 mm，无霜期 290 d 以上。该生态区的气候特点是春季气温回升快，热量丰富，秋雨多，湿度大，光照少。

五、北亚热带湿润多日照生态区

北亚热带湿润多日照生态区主要包括江苏、浙江、上海、湖北、安徽、陕南等地，区域内年均气温 15～17℃，≥10℃的年积温 4 300～5 300℃，无霜期220～270 d，极端最低气温可达－24℃，但多年最低气温平均值为－10℃左右。年降雨量 800～1 400 mm，年日照时数 2 000 h 左右，日照充分，雨量充沛，春秋较短，冬夏较长。

第三节　不同生态区的生态反应与生态适宜性

枇杷一般秋冬开花，春夏成熟，其成花、开花、果实生长发育的时期与其他果树"春花秋实"的发育规律极为不同，而且，在不同的生态条件下具有非常特殊的生态反应和生态适宜性。

一、川滇干热多日照生态区

川滇干热多日照生态区的枇杷幼树或旺树每年可以抽生 5 次枝梢。在没有人为控制的条件下，成年树的春梢和夏梢因停长时期不一，花芽分化早晚不同，出现多次开花结果的现象。春梢的主要生长时期在 2～4 月，停长早，停长后正值春旱，在高温干旱条件下枇杷易于花芽分化，形成的第一批早花在 6～7 月开花，由于正值高温时节，花期短，花瓣难张开，柱头黏液少，不利于授粉、受精，落花严重，坐果率很低。少数经授粉受精后的幼果在 9～10 月成熟，由于果实生长发育期温度高、生育期短，形成的果实体积小，可溶性固形物含量与该地区后期成熟的果实相比较低。早花的发生会大量消耗树体的营养，严重影响第二批和第三批花的分化。8 月至 9 月中、下旬开的第二批花，果实在 12 月至翌年 2 月中、下旬成熟。10～11 月下旬开的第三批花，果实在翌年的 3～4 月上旬成熟。

在该生态区通过采取适当的技术措施，人为调节结果母枝的抽发时间，能避免自然早花，使开花期集中在 8～10 月，在冬季气温较高的条件下，花期和幼果期基本无冻害，果实生长不停滞，无其他枇杷产区所存在的"幼果滞长期"，果实在 12 月至翌年 3 月成熟，是无须设施栽培的反季节特早熟枇杷生产地区，生产的果实表面光洁、色泽好，无果锈或有很少的果锈，果大质优，商品价值高，极具市场竞争力。

海拔高度和小气候对该生态区枇杷的开花和果实发育的影响很大，生产上存在的主要问题是易大量形成枇杷早花，8～9 月适期开放的花量不足，导致产量低。

二、南亚热带湿热多日照生态区

南亚热带湿热多日照生态区气温高，最高温在 37℃ 左右，高温时间较长，秋旱持续时间长。该生态区的枇杷树体长势较旺，能抽发 4～5 次梢，抽花穗、初花和盛花期的时间比中亚热带生态区提早 1 个月以上，分别为 8 月上旬和 9 月中旬，果实成熟期一般集中在 3～4 月。

该生态区适宜枇杷的生长发育及产量和品质的形成，枇杷生产存在的主要问题是早花序干枯、早花坐果不良；冬春气温仍高，果实成熟期短，导致果实普通偏小；而枇杷果实的成熟又处于高湿绵雨季节，易导致果实味淡，并可能在连续多日雨天的条件下造成裂果。

三、南温带半干暖多日照生态区

南温带半干暖多日照生态区海拔较低的河谷地带，枇杷的物候期要比四川盆地晚 20～30 d，以夏梢为结果母枝，成熟期在 6 月上、中旬。枇杷的果面光洁，色泽好，品质优，可溶性固形物含量可以达到 15% 以上。随着海拔高度的增加，枇杷表现为年生长量逐渐减少，一般只抽 1～2 次梢，以春梢为结果母枝，开花期从 9 月至翌年 2 月上、中旬，大多以花蕾或开放的花朵越冬，由于花蕾耐低温冻害的能力强，所以一般年份都有一定数量的花蕾能安全度过低温冻害期而正常结果，果实成熟期也随海拔的升高而推迟，一般成熟期在 6 月下旬至 7 月中旬。由于果实发育期长、昼夜温差大，糖分积累高，品质特优，可溶性固形物含量可以达到 17% 以上。

在该生态区存在的主要问题是：海拔较高的地带成花困难，有的年份冻害严重，导致大幅度的减产。

四、中亚热带湿热生态区

该区的枇杷树体长势较旺，能抽发 4 次梢，以夏梢成花为主，开花期主要集中在 9～12 月，果实快速生长期在 2～4 月，集中成熟期在 4～5 月，品质中上。该区适宜枇杷的生长发育及产量和品质的形成，没有严重干旱和冰雹等灾害的影响，是枇杷生产的适宜区域。该区在枇杷生产上存在的主要问题有：花期在冬季及幼果期易遭遇低温冻害；绵雨影响果实生长；果实成熟期的高温干旱易导致日灼、裂果、缩果的发生；秋季绵雨易导致花穗腐烂；枇杷的年生长量大，树冠下部和内膛易郁闭早衰。

五、北亚热带湿润多日照生态区

北亚热带湿润多日照生态区的枇杷树体长势较旺，能抽发 4 次梢，以夏梢成花为主，开花期主要集中在 9～12 月，花期长，果实的快速生长期在 3～4 月，集中成熟期在 5～6 月，品质中上。该区域是我国枇杷生产的北缘地区，相同品种的果实成熟期比南方晚 1 个月左右，有较大的市场空间。枇杷生产上存在的主要问题有：枇杷的花及幼果在冬季易受冻害，影响产量；该区域内的白肉枇杷较多，虽然白肉枇杷通常果实品质更好、更受消费者的欢迎，但其果实的贮藏时间较红肉枇杷短，在未经处理的情况下，保鲜期 5～7 d。

第四节　不同生态区枇杷栽培关键技术

一、川滇南亚热带干热多日照生态区

该区域的枇杷生产存在易大量形成早花、造成适期（8～9 月）花花量不足等问题，花期调控是实现枇杷高效经济栽培的关键措施。花期调控技术是基于当地的气候条件和枇杷花芽分化规律，采用多种手段干预、调节花期的综合措施，其核心技术是适时短截或摘心并配合肥水控制。短截或摘心主要决定新梢的抽发时间，肥水控制可调节新梢营养生长速度和停长时间，以使新梢及时由营养生长转向生殖生长。

1. 控春梢

在川滇南亚热带干热多日照生态区内，2～3 月气温高，易大量抽生春梢，要严格控制结果树的肥水供应，以施磷、钾肥为主，以叶面喷施为宜，避免施用氮肥或大肥大水。应抹除果枝上萌发抽生的春梢。通过控肥水和抹芽减少早春梢的抽发量，以达到控发春梢的目的。

2. 促侧梢

3 月下旬果实采摘完毕后，应及时调整树体结构，疏除密生枝、下垂枝、病虫枝、干枯枝及无空间可利用的徒长枝，集中养分促发夏梢，为培养优良适时的结果母枝做准备。首先，必须对结果枝进行短截，剪去因采果后留下的较长花轴，减少养分消耗，通过短截及时刺激腋芽萌发。其次，疏除抽生过多的春梢弱枝或少叶的短枝，选留2～3个健壮的枝梢，避免这类弱短枝梢因养分竞争而致其停长早，形成花质差、坐果率低的早花。第三，田间调查结果表明，粗度在1.1 cm以上、长度在5～10 cm的中心枝和粗度在0.9～1.1 cm、长度在5～8 cm的侧生枝、果痕枝，当春梢生长停止，叶片由淡黄色完全转为绿色时，必须进行摘心处理，以促进侧梢的萌发，避免形成早花。

3. 促进抽发早夏梢

通过整形修剪摘心处理后的树体，必须在4月中旬适时重施采果肥，此次施肥应占全年总施肥量的50%～60%，以有机复合肥、腐熟农家肥为主，适当配合施用速效氮、磷、钾肥，以补充损耗，恢复树势，促进采果后重剪、摘心处理后腋芽的萌发、抽枝。同时应在6～7月出现干旱时，及时给果园灌水保湿，或树盘环状沟施高效保水剂，或用地膜、稻草、秸秆覆盖树盘等方式，防止因高温干旱导致的枝梢生长减缓或停滞而造成的早花。

4. 适时促进成花

通过控发春梢、采果后重剪摘心、强化肥水等方式管理，能有效地控制7～8月的早花，但要实现枇杷生产的反季节、特早熟、优质、丰产，必须将枇杷花期调控在9～11月上旬，因此要适时促花，适时、合理地施用花前肥。6月上旬要严格控制速效氮肥的施用，注意排水，保持果园的适宜湿度，抑制晚夏梢和早秋梢的萌发，对于长势旺的直立枝条采用拉枝或扭梢的方式削弱其生长势，促梢成花；幼旺树在6月上、中旬喷布1 000 mg/L的多效唑，间隔15 d再喷一次，以抑制生长、促进成花。在夏梢叶片转绿期，喷施2～3次0.2%的磷酸二氢钾或绿芬威1号等叶面肥，补充枝梢营养，促进花芽分化。

生产实践证明，采用花期调控措施，可以在很长时间内对枇杷的花期进行调控，使枇杷开花期推迟2～3个月，从根本上解决该区域枇杷夏季早花多、秋季花量不足的问题。

二、南亚热带湿热多日照生态区

该区域的枇杷生产存在早花序干枯、早花坐果不良的问题，解决该问题的关键技术是推迟花期，以减轻花期高温造成的低产。还有就是该区的枇杷成熟于高湿绵雨季节，果实味淡以及易烂果、裂果等是必须面对的问题。

1. 剪除早花

南亚热带生态区的枇杷易形成早花，早花序易枯萎；早花坐果率低，宜及早剪除早花序，避免其消耗养分。

2. 推迟开花

在 6～11 月，采用遮阴、树盘覆盖、生草栽培等措施可使土层温度降低 2～5℃，可推迟开花。

3. 高海拔种植

选择南亚热带高海拔、无冻害地区种植枇杷，可克服早熟品种早花、不易坐果的问题。

4. 果期避雨

枇杷在该区域成熟于高湿绵雨季节，易发生果实味淡、裂果、烂果。有条件的可采用简易避雨栽培，在果实近成熟时用塑料薄膜遮盖效果很好。没有避雨措施的，应根据中期天气预报安排采果，避免大量发生烂果或裂果。

三、南温带半干暖多日照生态区

随着海拔高度的增加，该区域的枇杷物候期推迟，全年抽梢 1～2 次，以春梢形成的中心枝和侧生枝为主要结果母枝，枝梢生长较粗、短，枝梢长度和叶片数量呈下降趋势。受低温影响，花蕾开放的进程缓慢、花期延长，正常年份花期一般在 10 月～翌年 1 月下旬，有的一直可延续到翌年 3 月上旬才陆续开放完毕，果实生长发育期长，成熟期延后，在海拔高的地方果实可推迟到 7 月下旬成熟，个别晚花形成的果实在 8 月才成熟。因此，该区域最大的问题是成花困难、产量低、冻害严重，解决这些问题的关键栽培技术包括环割、断根等促进花芽分化、培养充足的枇杷结果母枝的综合技术措施。

1. 冬剪促春梢

根据树势及开花量的情况，冬季适当剪去部分结果枝上的花穗，重点短截衰弱花枝、晚花枝、树冠外围密生侧枝及细弱枝等。通过短截刺激老熟腋芽抽生健壮春梢。疏除晚花、促春梢等冬剪措施必须在 12 月中旬～翌年 2 月上旬进行，过晚则达不到促春梢的目的。

2. 重施冬春肥

冬剪结合疏除晚花后，必须及时重施有机肥、及时灌水，并注意树盘覆盖保湿，避免因水分大量蒸发导致肥料浓度偏高而影响生长，同时灌水保湿有利于营养的吸收，有利于腋芽萌发抽生形成春梢结果母枝。施肥量为：有机肥 15 000～22 500 kg/hm²，速效肥 300～450 kg/hm²，腐熟油枯 1 500～3 000 kg/hm²。

3. 抑梢控长，平衡梢果矛盾

5 月下旬～6 月中旬控制树势旺长。地上部措施主要是叶面喷施生长抑制剂或喷磷酸二氢钾，喷施生长抑制剂有利于促进果实的膨大，因为削弱枝梢的生长势有利于果实吸收营养。对直立旺枝进行拉枝，对半木质化、生长过旺的侧生枝进行扭梢。地下部措施包括控制氮肥施用量，少量增施磷、钾肥，停止灌水，地膜覆盖保墒等，以保证有足够数量的健壮春梢转化成优良结果母枝，这是获得枇杷丰产的重要保障。

4. 促进花芽分化

促进花芽分化的主要途径是综合采用环割或环扎、"断根＋地膜覆盖"等措施，为枇杷花芽分化创造良好的条件。

(1)环割或环扎最好在6月上、中旬进行，不能延至7月下旬或8月。环割、环扎处理的对象有所差异，环割主要是针对旺树或多年不结果树，环扎则针对树势中庸而枝梢在6月中旬仍然没有停止生长的树。

(2)断根与地膜覆盖相结合，能明显提高枇杷枝梢的成花比例，为丰产提供保障。断根的时间应在7月花芽分化前，以抑制枇杷树营养生长，促进其进入花芽分化阶段。

5. 地膜覆盖

地膜覆盖可以改善土壤环境条件，避免雨水对土壤的直接冲刷，防止土壤板结、提高土壤通透性，提高地温和养分分解的程度，促进根系生长，有利于树体对营养的吸收，减轻花果冻害，具有明显的增产效果。

四、中亚热带湿热生态区

该区域枇杷生产的主要问题是花和幼果的冻害，尤其是早熟品种的果实冻害。下面所述的几项措施可以减轻低温年份的枇杷冻害。

1. 推迟花期

重视夏季修剪，促发夏梢，能有效地推迟花芽分化时期和开花期；在8月下旬～9月上旬挖开根部泥土，挖深10～15 cm，晾根15～20 d后施肥覆土，可推迟花期半个月左右；增施花前肥，以10年生树体为例，单株施人粪尿25～30 kg或尿素0.4 kg加硫酸钾1 kg，可推迟花期3～5 d。

2. 利用晚花

田间观察发现，早夏梢顶芽枝上抽出的结果枝花穗大，结的果实个大、质优，但最容易受冻，而夏梢侧芽枝抽出的结果枝花穗稍小，但开花期较晚，能有效地避开霜冻为害，因此疏花疏果时应注意对该部分花的保留。

3. 果实双层套袋

早熟品种一般花期较早，在霜冻来临时大多数已是幼果，对低温的忍耐能力差，套双层袋(单果或果穗套塑料泡沫网袋＋纸袋)可有效地保护果实。在霜冻害发生严重的地区，套双层袋可有效减少果实冻害、提高果实的外观品质。

4. 树冠覆盖

霜冻来临时，用塑料薄膜或稻草编成的薄草帘遮盖树冠，可减少花果受冻。需要注意的是，待低温过后要及时揭开覆盖物，以免影响叶片的光合作用。

5. 科学避寒

枇杷果园宜选择在坐北朝南、向南开口、冷空气不易沉积的南坡、东南坡、西南坡的中坡地段，避免在低洼地、北坡等易受霜冻的环境种植枇杷。

6. 设施栽培

设施栽培枇杷能防冻减灾，还能使果实提早成熟、增加市场竞争力。

五、北亚热带湿润多日照生态区

该区域枇杷生产的主要问题也是花和幼果的冻害，应根据当地的具体情况采用适当的抗冻栽培措施。

(1)科学布局，适地适栽。选择冬季冻害较轻或小气候条件较好的地区建园。宜在有大水体调温作用的沿江临湖地区，以及背靠(西)北部有能挡住或削弱寒流的山脉的地区建园。

(2)选择抗寒能力强的品种，如冠玉、青种等晚花品种。

(3)推广抗寒丰产稳产栽培技术，如：早施基肥，增加树体越冬前的营养储备；及时疏花疏果，减少营养消耗；根外追肥，补充营养；使用果树专用防冻剂；树干涂白；树盘覆盖薄膜；雪后摇雪；用遮阴网防霜等技术措施。

(4)推广大棚栽培。

第五节 枇杷成熟期调节技术

我国枇杷的成熟期主要集中在 4～6 月，虽然该季节正值水果淡季，但由于枇杷鲜果的耐贮运能力较差，集中上市所带来的市场问题仍日益突出。因此，利用枇杷在不同生态条件下所具有的特殊生态反应，配合园艺技术进行产期调节，日渐成为我国枇杷产业持续健康发展的重要研究课题。

一、枇杷产期调节的理论基础

传统的果树产期调节是指在同一地区利用各品种果实成熟期的不同，或同一品种在不同地区(海拔高度、纬度)果实成熟期的不同来延长鲜果供应期。广义的果树产期调节不仅涵盖上述内容,更主要的是指让果树在非正常季节开花结果,以延长鲜果供应期。

促进或抑制花芽分化是进行产期调控的关键。花芽分化是一个极其复杂的生理生化和形态发生过程,研究表明:果树的花芽分化与树体内的各种激素(如 GAs、ABA、IAA、CTK、ETH 等)、多胺类生理活性物质的含量及其比例(特别是 CTK/GAs、ABA/GAs)有关,是各种激素在时间、空间上相互作用产生的综合结果。从分子生物学角度讲,花芽分化是植株在一定条件下接受环境信号产生信号物质,输运到茎端分生组织,启动成花控制基因,并在许多基因的相互作用和许多代谢途径的制约下,最后使茎端分生组织成花的一个过程,该过程应包括成花诱导(花芽孕育)、花芽发端、花芽形态建成(花芽发育)3 个阶段。

目前,关于枇杷成花机理的研究主要集中在以下几个方面:一是花芽分化时的特点及形态解剖特征;二是花芽分化过程中的代谢变化;三是与成花有关的基因克隆和序列分析;四是外部措施对枇杷花芽分化的影响。

许多研究者发现,枇杷不同枝梢间花芽的分化有先后次序,春梢主梢最先分化,其次是春梢侧梢和夏梢主梢,夏梢侧梢分化最迟。低水平的 GA$_3$ 和低水平的 IAA 对枇杷花序原基的形成和花器官的分化起促进作用,在花芽诱导期相对较高的 ZT 水平和 ABA 水平有利于花芽分化;在形态分化期,也要求较高的 ZT 水平和 ABA 水平。枇杷的花期与品种密切相关,通常情况下,早熟品种的花期早、花期短,晚熟品种的花期晚、花期长。枇杷花期的长短受花期的温度、光照及水分等外界因子的影响较大。这些研究结果为枇杷产期调节提供了理论基础。

二、枇杷产期调节技术进展

1. 利用栽培品种特性调节枇杷产期

我国已选育和引进了一批优质丰产、熟期各异的枇杷良种,如特早熟品种森尾早生、早佳 5 号、早钟 6 号,中熟品种大五星,晚熟品种艳红等。一般情况下,在同一地区通过早、中、晚熟品种搭配,可使枇杷的成熟期前后持续 1~2 个月。因此,熟期配套是各地调节枇杷产期的主要措施之一。

另外,由于枇杷的花芽分化属于边分化边生长型,单个品种的花期持续时间较长(可长达 4~5 个月),可以利用枇杷头花、二花、三花开花时期的差异来调节枇杷产期,但此法在使用时需考虑不同时期的花对枇杷果实品质与产量的影响。

2. 利用地理纬度差异调节枇杷产期

枇杷成熟期一般随纬度的增高而推迟，同样是特早熟品种的早钟 6 号，在广西、广东、福建的成熟期为 2～4 月，在四川、浙江、安徽的成熟期为 4～6 月，成熟期相差 3 个月左右。

3. 利用垂直气候差异调节枇杷产期

随着海拔高度的增加气温将下降，海拔高度每升高 120 m 相当于纬度升高 1°。枇杷对海拔高度的适应性较强，在海拔高度近 2 000 m 还可种植。同纬度地区、同品种枇杷，成熟期随海拔高度的增加而推迟。例如，在四川阿坝州汶川县和茂县干暖河谷地区随着海拔的升高，果实可推迟到 7 月中旬成熟。

4. 利用栽培措施调节枇杷产期

(1)利用枝梢类型调节产期。枇杷的结果母枝由中心枝、扩展枝、果痕枝和副梢枝 4 种类型新梢发育而成，由于各类新梢结果母枝的萌芽、抽生时间不同，其花芽的分化期也不同。中心枝抽生时间最早，生长期长，叶片数多，枝梢发育充实，光合产物积累多，花芽分化最早，成穗率高；果痕枝和副梢枝发育的结果母枝抽生时间迟，枝梢不充实，花芽分化晚，甚至许多新梢母枝仍处于花芽未分化阶段，成穗率低。因此，可利用枝梢类型的差异，配合其他果园管理作业(如肥水调控、拉枝、修剪、疏蕾疏花疏果等)来调节产期。

(2)通过光照处理调节产期。如台湾地区台东县农改场自 1992 年 6 月 1 日至 8 月中旬对果园进行夜间灯照处理，每晚光照 11 h(18：30 至次日 5：30)，处理后大部分枝梢停止生长进入花芽分化，局部还形成花蕾，其开花率高达 97%，明显高于对照区 72%的自然开花率。另据台湾地区台中市农改场 1986 年的试验，在枇杷花芽形成前的新梢生长期用遮阴网进行覆盖，与对照比较，遮光处理可提高早花芽形成率。在台湾地区还有许多在葡萄棚中间作的枇杷，其花芽的形成时期较一般栽培的枇杷要早，并有增加早花数的效果。

(3)通过整形修剪调节产期。枇杷枝梢的生长习性与花芽分化时期有着密切的关系，一般树体内部新梢的生长势弱，花芽形成期最早，其次为生育中等枝，生长势强的枝梢的花芽形成期最晚。利用枇杷的这种生长习性，通过修剪程度、修剪量、新梢生长部位、方向的差异，使树上生成各种不同生长势的新梢，再配合其他果园管理作业，也可调整花芽形成期，调节产期。另外，通过拉枝可抑制枝梢的长势，促进花芽分化，促成提早开花结果。

(4)通过肥水调控来调节产期。在枇杷花芽的分化过程中，茎尖由营养态逐渐转变为生殖态，此间如遇阴雨、多湿、多肥的环境条件，会使茎尖逆转恢复至营养态继续生长，但若遇到干旱，又可使营养态再次转变为生殖态而形成小花原茎。利用这种生理特性，可在新梢停止营养生长时，使土壤保持适度的干燥，以利花芽提早完全分化。其次，枇杷树体的营养条件直接影响花芽形成率，叶片合成的碳水化合物与由根部吸收输运至叶片的氮素的比例合适才能形成花芽，当氮素含量不足、C/N 高于一定值时，虽可提高花芽的形成率，但花芽形成不健全或花蕊会产生缺陷。在花芽分化期叶片中的氮、钾、钙、镁等元素的含量最高，结果期硼的含量最高。因此，在采果后酌施少量速效氮，同时在花芽分化初期加强有机肥特别是磷、钙的施用量，可促进花芽分化。

(5)通过花果管理调节产期。无冻害的地区，通常在初花穗已明显、但尚未开花时进行疏摘花穗和花蕾，若要提早产期，在疏蕾疏花时可留下早花，疏果时宜选留坐果早的幼果。有冻害的地区，为了推迟成熟期应推迟疏穗时间，也可在霜冻后结合疏果进行疏果穗，去除花期较早的花(果)穗，选留晚花进行结果。

(6)利用植物生长调节剂调节产期。叶片喷施 500～1 000 mg/L 的乙烯利、25 mg/L 的萘乙酸、500～1 000 mg/L 的抑芽丹、1 000～2 000 mg/L 的矮壮素、1 000 mg/L 的多效唑等，能有效地抑制枇杷枝梢生长、促进花芽分化。也可在果实着色前用内盛吸附性的乙烯颗粒 20～30 mg 的聚乙烯袋套在果实上催熟，套袋后 2～3 d 果皮开始转色，果实的含糖量迅速增加，可较正常果提早 4～11 d 成熟。

(7)利用设施栽培调节产期。设施栽培可使枇杷提早成熟。四川双流区大棚栽培的大五星枇杷比露地栽培提早 13 d 左右成熟。在日本长崎县等地，温室栽培可使枇杷产期长达 4 个月，成熟期较露地提早近 20 d，早采的枇杷鲜果其售价提高了 2～3 倍，经济效益显著。

以上所述的枇杷产期调节措施，主要是通过改变枇杷生长发育过程中，特别是花芽分化期的温度、水分、光照、养分以及内源激素的含量等来实现枇杷产期的调节。其中纬度、海拔高度差异和设施栽培等手段关键是改变了枇杷生长的温度条件，栽培技术措施主要是通过改变枇杷成花的生态条件来达到调节开花期的目的。这些措施均未从根本上改变枇杷结果母枝的种类，因此对调节枇杷花期的作用也是有限的。在同一地点，以上技术一般只可能使枇杷的开花期提前或推后 1～4 周。

四川攀西地区采用的春梢短截或者以"短截＋肥水控制"为核心的"花期调控处理"技术，可以在很长的时间范围内对枇杷的花期进行调控，突破了传统方法调控开花期的局限，使枇杷开花期可以推迟 2～3 个月，根本上解决了当地枇杷夏季早花多、秋季花量不足的问题。这种看似简单的技术之所以能取得令人意想不到的效果，主要是得益于掌握了枇杷在该区域的生物学特性和特殊的生态反应以及枇杷花芽的分化规律，巧妙利用了川滇南亚热带干热河谷生态区的温、光、热、水条件。

5. 利用转基因技术调节枇杷产期

随着对拟南芥等模式植物成花的分子机制及其遗传控制研究的不断深入，较多与植物成花相关的基因不断被发现。在这些基因中，*LFY*（LEAFY）及其同源基因是花形成最早的标记基因之一。*LFY* 基因对于单一的花的形成是充分且必要的，该基因可能控制花发育的启动程序。刘月学等 2005 年在枇杷上成功分离出与成花相关的 *LFY* 同源基因后，对该基因在枇杷成花过程中的表达进行了研究，结果表明，这类基因的表达与枇杷成花过程密切相关。2008 年刘月学等为研究枇杷 *LFY* 同源基因的功能，构建了含枇杷 *LFY* 同源基因 *ejLFY* 的植物表达载体 pBI121-ejLFY，并转入到农杆菌 GV3101 中，利用花序侵染法将该基因导入拟南芥，经抗性筛选、PCR 检测，表明获得了 25 个转化株系，与对照相比，大部分转基因植株明显早花，成花时间可提早 1 周左右。因此，未来有可能通过转基因技术调节枇杷的产期。

三、我国枇杷鲜果的四季生产

我国枇杷栽培区域的生态类型丰富多样，栽培品种的成熟期各异。通过在不同的生态区建立枇杷生产园、合理搭配不同成熟期的栽培品种、调控成花和开花进程、设施栽培等措施的综合应用，基本可以实现我国枇杷鲜果的四季供应。不同生态区适宜发展的枇杷品种结构与成熟期大致如下：

（1）川滇南亚热带干热多日照生态区，包括四川西南的攀枝花、米易、盐边、会东、宁南、会理等县，云南北部的永仁、元谋、永胜、华坪等县，云南南部的蒙自、建水、石屏、开远以及云南西部的瑞丽等地。种植早钟 6 号、解放钟、大五星、长红 3 号、龙泉 1 号、贵妃、香钟 11 号等系列品种，枇杷成熟期为 10 月～翌年 4 月，而且该生态区生产的枇杷鲜果可溶性固形物含量高、风味独特、品质优、效益高。

（2）南亚热带湿热多日照生态区，包括福建南部及广东、广西和云南部分地区。种植早钟 6 号、大五星、长红 3 号、龙泉 1 号、贵妃、香钟 11 号、早佳系列品种，枇杷大量上市期为 2～4 月，少量上市期为 1 月。该生态区为我国最主要的枇杷生产区之一。

（3）南温带半干暖多日照生态区，包括四川阿坝自治州的茂县、汶川县等海拔 1 100～1 700 m 的干暖河谷区。种植早钟 6 号、大五星、龙泉 1 号等系列品种，枇杷的鲜果上市期为 6 月至 7 月中旬。该生态区枇杷鲜果的可溶性固形物含量高、风味独特、品质优。

（4）中亚热带湿热生态区，包括福建大部、四川盆地（包括四川、重庆和贵州的枇杷产区）。种植早钟 6 号、大五星、长红 3 号、龙泉 1 号、贵妃、香钟 11 号、早佳系列品种，枇杷鲜果的大量上市期为 3～7 月，2 月有少量鲜果上市。

(5)北亚热带湿润多日照生态区，包括江苏、浙江、上海、安徽等地区。主要栽培品种为早黄、软条白沙、照种、白玉、冠玉、青种、大红袍、安徽大红袍等，成熟期在 5 月中旬～6 月中旬，集中成熟期在 5 月下旬～6 月上旬。

此外，已发展的北方设施栽培生态区包括北京、辽宁、河南等部分地区，这些地区种植早钟 6 号、大五星等品种，枇杷鲜果的上市期为 1～4 月。该生态区的枇杷鲜果外观美、可溶性固形物含量高、风味独特、品质优、效益高。

综上所述，由于近些年川滇干热多日照生态区使枇杷鲜果的供应期提早到春节前，而南温带半干暖多日照生态区使鲜果的供应期推迟至晚夏的 7 月，整体上使得我国枇杷鲜果供应期由传统的春夏发展成为冬(12 月和 1 月)、春、夏(迟至 7 月)3 个季节，仅秋季(8～11 月)基本只有极少量枇杷上市。依靠川滇干热多日照生态区仍可使枇杷鲜果供应期进一步提早到晚秋，南温带半干暖多日照生态区也有使鲜果供应推迟至早秋的潜力。

第六节 不同生态区域的发展策略

一、川滇干热多日照生态区

该区的生态条件特殊，属于天然的无须设施条件的反季节特早熟枇杷生产地区，生产的果实品质优、商品价值高，是我国枇杷生产的优势区域。应利用好这个"天然温室"，在该区扩大生产规模，建立早熟优质枇杷生产基地。重点发展包括金沙江、雅砻江、红河流域的河谷地区，以及安宁河和大渡河流域光热条件好的区域。发展品种以早钟 6 号、大五星等为主；积极开展新品种试种工作。研究推广以控制早花为主要内容的花期调控技术，产品的市场定位为大中城市的高端市场。

二、南亚热带湿热多日照生态区

该区适宜枇杷的生长发育及产量和品质的形成，但由于枇杷生产属于劳动密集型产业，尤其是果实套袋、采收、销售和采后修剪等环节需要大量的人工，劳动力短缺制约了产业发展。生产上存在早花序易干枯、早花坐果不良等问题。今后，该区域枇杷的发展宜稳定种植面积，并对早钟 6 号、解放钟、晚钟 518 等品种进行高接更新换代。研究推广适宜的机械，提高机械化水平；研究推广轻简化生产技术，减少劳动力成本。生产优质耐贮的精品果，开拓国际市场。

三、南温带半干暖多日照生态区

该区是我国最晚熟的枇杷生产区，枇杷果实的品质好，但在海拔较高的地带成花困难、冻害严重。宜选择冬季气温相对较高的地块栽植枇杷，研究推广促进花芽分化的技术和冬季防冻害技术。提高果实采后商品化处理水平，产品市场应定位为高端超市。该区域位于成都到九寨沟、黄龙的旅游线上，精美包装的枇杷果实也可成为地方特色旅游产品。

四、中亚热带湿热生态区

中亚热带枇杷产区是我国的主要产区，针对枇杷生产中存在的问题，今后应开展以下几方面的工作。

（1）以市场为导向，加强良种的引种和选育。不断推出在市场上有竞争力的特早熟、早熟、中熟及晚熟品种，优化品种结构，改变目前以早钟 6 号和大五星为主导的局面。

（2）稳定面积，控制规模，提高种植效益。开展枇杷机械化、省力化栽培技术的研究与推广。研究主要农业气象灾害对枇杷产量和品质的影响并制定应对措施，为枇杷产业的健康稳定发展提供技术支持。研究推广枇杷园病虫害绿色综合防控技术。

（3）开展对枇杷果实的贮藏保鲜、深加工和综合利用的研究，提高果实的经济价值。开展对枇杷叶片、种子的综合利用及深加工技术研究，提高种植枇杷的附加值。

（4）努力开拓枇杷果实及加工产品的国内外市场。加强商品宣传，拓展产品的营销渠道，形成大流通的格局。支持枇杷家庭农场、枇杷现代农庄和枇杷休闲观光园的创建和发展。促进枇杷产业化经营，做到产供销一条龙，实现产销协调发展。

五、北亚热带湿润多日照生态区

该区是我国枇杷生产的北缘地区，也是枇杷的传统老产区。果实品质优、成熟期晚是其最大优势。生产上的主要问题是冬季枇杷花、幼果易受冻害，影响产量。今后的发展宜采取白肉、优质、精品、高效的策略进行科学布局，合理规划、适地适栽。宜选择小气候较好的地段建园，一般情况下选择东坡、南坡、临湖、沿江的地段建园，这些地方冬季冻害较轻；而平地、低洼地、山脚地带等冬季冷空气容易沉积的地段冬季冻害较重，不宜建园。在品种选择方面，宜重点推广抗寒能力强、品质优的白肉品种，如白玉、冠玉、照种等品种。在栽培管理方面，要以抗寒为中心，研究推广综合抗寒技术，大力推广设施栽培。以生产优质精品产品为目标，产品市场主要是东部沿海大中城市。

参 考 文 献

[1]Jiang G L，Zhang G L，Sun S X，et al. The Biological Responses of Loquat(*Eriobotrya japonica* Lindl) in Diverse Ecotypes of Sichuan [J]. Journal of Agronomy，2010，9(3)：82-86.

[2]陈栋，江国良，谢红江，等. 岷江上游干暖河谷区域不同海拔高度大五星枇杷生态反应调查[C]. 第三届全国枇杷学术研讨会论文(摘要)集，成都，2007.

[3]方梅芳，许伟东，廖剑秋，等. 枇杷"早钟6号"产期调节技术[J]. 福建农业，2004(1)：12-13.

[4]冯健君. 宁海枇杷生产现状及产业化发展对策[J]. 中国南方果树，2003，32(1)：26-28.

[5]江国良，谢红江，陈栋，等. 枇杷在四川不同生态型区的生态适宜性研究与应用[J]. 中国南方果树，2010，39(3)：40-42.

[6]江国良，林莉萍. 枇杷高产优质栽培技术[M]. 北京：金盾出版社，2000. 3.

[7]何俊涛，江国良，陈栋，等. 大五星枇杷大棚栽培技术[J]. 北方园艺，2010(19)：60-61.

[8]黄寿波，沈朝栋，李国景. 我国枇杷冻害的农业气象指标及其防御技术[J]. 湖北气象，2000(4)：17-23.

[9]李靖，孙淑霞，陈栋，等. 大五星枇杷在两种栽培模式下果实的生长发育及品质差异分析[J]. 西南农业学报，2010，23(6)：1829-1831.

[10]李靖，孙淑霞，陈国栋，等. 不同栽培条件对枇杷果实生长发育及品质的影响[J]. 北方园艺，2010(23)：59-61.

[11]林顺权，江国良，蔡斯明，等. 枇杷精细管理十二个月[M]. 北京：中国农业出版社，2008.

[12]林顺权. 日本的枇杷生产与科研[J]. 中国南方果树，1998，27(5)：30-32.

[13]林顺权. 枇杷属植物开花期的文献综述和实际观察[C]/中国园艺学会. 第四届全国枇

杷学术研讨会论文(摘要)集，苏州，2009，5：269-275.

[14]林有学. 果树产期调节技术及其在热带果树上的应用[J]. 热带农业科技，2004，27 (1)：35-40.

[15]林铮. 果树学概论(南方本)[M]. 北京：中国农业出版社，1998.

[16]刘月学，胡桂兵，林顺权，等. 枇杷 LEAFY 同源基因的克隆及序列分析[J]. 华南农 业大学学报，2005，26(2)：66-69.

[17]刘月学，林顺权，李天忠，等. 枇杷 LFY 同源基因植物表达载体构建及其功能分析 [J]. 果树学报 2008，25(5)：699-702.

[18]刘月学. 枇杷 LFY、AP1 同源基因的克隆及表达分析[D]. 广州：华南农业大学博士 论文，2005.

[19]刘加建，林瑞章，廖剑鏊，等. 枇杷'早钟 6 号'预防冻害措施[J]. 福建农业，2002，(10)：13.

[20]刘金龙，余小红. 山区枇杷冻害减防技术[J]. 中国林副特产，2009(6)：72-72.

[21]刘权，叶明儿. 枇杷，杨梅优质高产技术问答[M]. 中国农业出版社，1998.

[22]刘山蓓，罗来水，刘勇. 江西省 1991—1992 年枇杷冻害调查及防御技术探讨[J]. 江 西科学，1996，14(1)：34-39.

[23]刘宗莉，林顺权，陈厚彬. 枇杷花芽和营养芽形成过程中内源激素的变化[J]. 园艺 学报，2007，34(2)：339-344.

[24]梁平，韦波. 黔东南枇杷生产的气象条件与灾害分析[J]. 贵州农业科学，2004，32 (5)：27-29.

[25]翁志辉. 浅析福建省枇杷幼果的冻害情况及预防与补救措施[J]. 福建农业科技，2005(1)：16-18.

[26]谢钟琛，李健. 早钟 6 号枇杷幼果冻害温度界定及其栽培适宜区区划[J]. 福建果树，2006(1)：7-11.

[27]彭松兴，陈厚彬. 几种果树的产期调节技术措施[J]. 中国南方果树，1997(2)：48-50.

[28]唐自法，柯冠武. 枇杷春节前应市的产期调节试验[J]. 中国果树，1996(2)：26-27.

[29]涂美艳，陈栋，谢红江，等. 大五星枇杷花果抗冻差异的生理初探[J]. 中国南方果 树，2010，39(3)：33-36.

[30]王化坤，邱学林，徐春明，等. 2008 年低温暴雪对枇杷北缘地区生产造成的影响[J]. 安徽农业科学，2009，37(19)：9057-9060，9109.

[31]王荔，石乐娟，王惠聪，等. 枇杷早花果和晚花果大小及其生长发育期的温度[J]. 贵州农业科学，2009，37(5)：150-1510.

[32]王武，秦田伦. 重庆市枇杷生产现状及探讨[J]. 中国果业信息，2009，26(2)：11-120.

[33]汪志辉，廖明安. 多效唑对湿热少日照地区枇杷幼树生长和结果影响的研究[J]. 四 川农业大学学报，2003，21(3)：251-2530.

[34]吴汉珠，周永年. 枇杷优质高效培[M]. 北京：中国农业出版社，2001.

[35]谢红江，江国良，苏春江，等. 大五星枇杷不同生态类型生物学特性调查[J]. 山地学报，2004，22(增刊)：124-126.

[36]谢红江，江国良，陈栋. 攀西枇杷早花调控技术[J]. 柑橘与亚热带果树信息，2004，20(9)：35-36.

[37]谢红江，江国良. 不同时期修剪对攀西枇杷开花结果的调节作用[J]. 中国南方果树，2009(7)：20.

[38]谢钟琛，李健. 早钟6号枇杷幼果冻害温度界定及其栽培适宜区区划[J]. 福建果树，2006(1)：7-11.

[39]许秀淡，唐自法，郑少泉，等. 枇杷促花技术研究[J]. 福建果树，1993(1)：19-20.

[40]杨风军，李宝江，高玉刚. 果树抗寒性的研究进展[J]. 黑龙江八一农垦大学学报，2003，15(4)：23-29.

[41]杨家骊. 枇杷耐寒品种开花生物学特性与越冬性的关系[J]. 园艺学报，1963，2(1)：83-84.

[42]易明晖. 气象学与农业气象学[M]. 北京：农业出版社，1990.

[43]曾进富. 枇杷产期调节技术[J]. 中国热带农业，2007(5)：32.

[44]曾梅军，张丽娅. 福建莆田枇杷生长条件与合理布局分析[J]. 安徽农学通报，2009，15(19)：97-99.

[45]曾庆平，郭勇. 植物的逆境应答与系统性诱导[J]. 生命的化学，1997，17(3)：31-33.

[46]张春晓，郯红丽，储春荣，等. 太湖洞庭山雪灾对枇杷冻害的影响[J]. 现代农业科技，2008，15：129-131.

[47]张放，陈丹，张士良，等. 高浓度CO_2对不同水分条件下枇杷生理的影响[J]. 园艺学报，2003，30(6)：647-652.

[48]张光伦. 川滇苹果生物学特性与生态反应的研究[J]. 中国果树，1983，18(4)：6-12.

[49]张光伦. 川西横断山脉山区苹果生态调查[J]. 科技资料，1979，1：55-57.

[50]张光伦. 苹果生态适宜条件与四川阿坝州苹果生态适宜性研究[J]. 果树科学，1987，4(3)：10-16.

[51]张辉，蔡文华，张伟光，等. 低丘陵山坡地逆温趋势分析[J]. 中国生态农业学报，2007，15(4)：22-25.

[52]张夏萍，许伟东，郑诚乐. 枇杷冻害及防范研究进展[J]. 福建果树，2007(3)：28-31.

第六章　苗木繁育和建园

苗木繁育和建园在枇杷生产中具有重要的地位，直接关系到栽植成活率、生长结果、果品质量、抗逆性、经济寿命等。在枇杷生产中，必须培育品种纯正、砧木适宜、生长健壮、根系发达、无检疫对象的优质苗木，通过园地选择、规划设计、土壤改良、定植，建立高标准果园。

第一节　苗木繁育

和其他木本果树一样，枇杷生产中主要采用嫁接苗。枇杷嫁接苗主要采用 2 种育苗方式：常规嫁接育苗和容器嫁接育苗。

一、常规嫁接育苗

(一)砧木苗的培育

1. 砧木

国内外试验过的枇杷砧木有 9 属 17 种，绝大多数无推广价值。目前在枇杷生产上砧木一般采用共砧(也称本砧)，即普通枇杷的种子播种后的实生苗，有的地区也用石楠、榅桲、台湾枇杷等。石楠砧的枇杷根系发达、寿命长、耐寒耐旱，适宜丘陵地栽培，且不受天牛为害，在我国枇杷北缘产地应用较多，但初果时果实品质不佳，要经过几年后才逐渐好转。用榅桲作砧可明显矮化，结果早、丰产，唯根系浅、寿命不长，适宜低湿地栽培。台湾枇杷存在一定的亲和性问题，耐寒性差，只在我国台湾地区和广东、广西、海南等高温高湿地区有所应用。用本砧进行嫁接繁殖，嫁接亲和性好、成活率高、生长结果好，是目前各枇杷产区的主选砧木。但是，对于本砧根系的评价有两种不同意见：一种认为，本砧根系较深，易致使树体徒长，延迟结果，所以在定植时一般需剪去主根，不使其继续垂直伸入土中；但多数人的观点是，枇杷(本砧)属于浅根系植物，其根冠比只有温州蜜柑的1/3，因此，在沿海有台风的地区，易倒伏，即使在内陆，种植枇杷时挖定植穴或开定植沟是必不可少的(林顺权，2008年)。由此，研究者近年来开始研究在枇杷属野生种中寻找强根系的候选砧木材料(林顺权，2016年)。

2. 种子的采集及处理

应选用粒大、饱满的种子来培育砧木苗。首先将种子从果实中取出并洗净沥干、消毒。消毒方法可用70%的甲基托布津可湿性粉剂800倍液或50%的多菌灵可湿性粉剂500～600倍液浸种3～5 min。

枇杷的种子无休眠期，采后洗净、消毒后即可播种。如不立即播种，则应将种子阴干，切勿在阳光下曝晒，也不能使种子堆积发热，否则会降低发芽率。阴干的种子以1份种子与2份湿河沙混合，选择在阴凉干燥的地方贮藏，沙子的湿度以手捏成团而不滴水为度。贮藏的种子6个月后的发芽率仍可达60%以上。

3. 播种

(1)播种期。枇杷的种子没有休眠期，采后洗净消毒后即可播种。

(2)苗圃地的选择和准备。苗圃地应选用过去几年内没有育过枇杷苗的地块，应选择背风向阳、土层疏松、肥沃、保水性和通气性均较好的沙质土壤，且最好选在交通便利、远离污染的地区。半阴的果树行间也可用于枇杷育苗。播种前15 d施入大量腐熟厩肥或土杂肥，进行土壤翻耕，耙细整平做畦。进行土壤消毒，防治土传病害和地下害虫，方法是：用100～200倍液福尔马林按500～1 000 L/hm² 及5%的辛硫磷颗粒(或50%的辛硫磷乳剂1 000倍液)按30～45 kg/hm²，在播种前2周浇灌进行消毒杀菌、灭虫。

(3)播种方法。播种方法有直播和床播。直播的苗不需移植，省工，主根发达，须根较少，育苗一开始就需要较多土地。床播需移植一次，用工量大，但开始需要的土地少，苗木的主根浅、须根多，出苗时容易带土，栽植成活率高。直播一般畦宽1 m，畦沟0.35 m，畦面每隔20～30 cm开一条深2 cm的播种沟，在沟内每隔10～20 cm播1粒种子，用种量约为1 500 kg/hm²，播后用一层薄薄的细土将种子盖上，以看不见种子为宜，畦上盖草后浇透水。床播一般畦宽1.3～1.5 m，畦上每隔15～20 cm开一条播种沟，在沟内每隔4～5 cm播1粒种子，用种量约为3 000～3 750 kg/hm²，播后用一层薄薄的细土将种子盖上，再盖一层稻草或铺设遮阴网，并浇透水。

4. 播种后的管理

(1)保湿。枇杷种子播种至出苗正值夏季高温干旱季节，种子干燥后不易发芽，要注意经常浇水保湿。

（2）遮阴。枇杷幼苗喜欢半阴，刚出土的幼苗较嫩弱，怕烈日照射，枇杷种子适宜的萌发温度在25℃左右，播种后应搭遮阴棚遮阴，以起降温保湿的作用。

（3）肥水管理。待幼苗有2～3片真叶后开始施清肥，可以每隔2周施一次腐熟人粪尿，浓度以每100 kg水加20～30 kg清粪或0.3 kg尿素为宜。随着幼苗的长大，肥料的浓度可以逐步加大。

（4）间苗和移栽。当苗有3片真叶时就可以进行第一次间苗，长到5～6片真叶时再间苗一次。通过间苗间除过密的苗以及弱苗和病苗，以利于间后所留幼苗生长健壮。苗床播种的苗可以在9～10月移栽，应选阴天或有小雨的天气移栽，以保证移栽后不受烈日暴晒，能较快恢复生长。移栽时株行距为20～25 cm×25～30 cm，将不同高度的苗木分开种植。对弱苗和壮苗均需加强肥水管理，以使弱苗早日长成壮苗，使壮苗早日达到出圃标准。

（5）病虫防治。苗期常有地老虎、蝼蛄、蜗牛等害虫为害，可以用50%的辛硫磷乳剂1 000～1 500倍液浇灌苗圃地，每公顷用药液7 500～11 250 kg。苗期的病害主要是叶斑病和苗枯病，可用50%的多菌灵1 000倍液或50%的托布津600倍液喷雾防治。

苗木的生长高度达到50 cm左右、离地面10 cm处的茎粗达到0.8 cm左右时，即可用于嫁接。

(二)嫁接前的准备

嫁接前15 d，应给枇杷砧木苗除草、松土，并施一次追肥。如遇干旱，则应在嫁接前3～5 d灌水。这些措施有利于提高嫁接成活率。进行嫁接前，应准备好嫁接工具及用品，如枝剪、嫁接刀、薄膜条及擦布等。薄膜条的长短宽窄视砧木的粗细和嫁接方法而定。粗壮砧木及进行枝接时，薄膜条的长、宽一般为30～35 cm和1.2 cm；砧木较细和进行芽接时，薄膜条的长、宽一般为20 cm和1.0 cm即可。擦布用于去除接穗、砧木嫁接部位及刀上的脏物和茸毛。

(三)接穗的采集和处理

接穗必须选择优良品种的优良单株，要求品种纯正、树势强壮、已进入结果盛期、高产优质、无检疫性病虫害。应选择树冠外围中上部发育充实、粗细适中、叶片完整、叶色浓绿、芽眼饱满的1～2年生枝条作接穗。切忌选采内膛枝、阴蔽枝和徒长枝。内膛枝的芽眼不饱满，发育不充实，养分积累较少，嫁接后的成活率低。徒长枝虽然容易成活、生长较快，但往往结果迟，不宜用作接穗。宜在晴天上午露水干后和下午阳光较弱时采集接穗。

接穗剪下后立即摘去所有叶片，或保留一点叶柄。在杀菌液中刷洗穗条后用清水漂净，打成小捆，标明品种。

接穗宜随采随用。不马上用的接穗可用湿润的河沙贮藏于阴凉处，但切忌长时间贮藏于过湿的河沙中，以免穗条腐烂。

（四）嫁接

1. 嫁接时期

除严冬和酷暑季节外，可随时进行枇杷嫁接，但以春梢萌动前后为宜，春梢萌动前最适宜。不同地区和不同嫁接方法的嫁接时期有所不同，如南亚热带地区，冬季气温较高，春季气温回升快，适宜嫁接的时间较长，几乎全年都可嫁接，其中12月有可能遇冻害，5～6月雨季和7～9月暑期，嫁接的成活率略低；北亚热带地区枇杷嫁接时间则较短，从2月或3月至10月；单芽切接的嫁接时间在春季的2～4月为宜；剪顶留叶劈接宜在3月进行；芽腹接的嫁接时间则四季均可进行。

2. 主要嫁接方法

（1）切接。选直径0.6 cm以上、生长健壮的1～2年生砧木，在距地面10～15 cm处剪断，选平滑的一边垂直切下（稍伤木质部），切口长约3 cm。接穗长4～5 cm，带1～2个芽，于芽上3 mm处剪断。用较平直的一面做长削面，微露木质部，将接穗长削面与砧木切面的形成层对准，接穗切口高于砧木，用嫁接薄膜条在接口处捆缚2～3圈，注意封住接穗及砧木切口，微露接穗芽眼。如果接穗和砧木的粗度不同时，要使两者一边的形成层密切结合，并封严，防止雨水浸入（图6-1）。在干旱地区的干旱年份可套上大小适当的薄膜袋，外面再套上纸袋，成活后去掉。

图6-1　切接

（2）腹接。腹接可分为枝腹接和芽腹接（图6-2），二者主要是在接穗上有所不同。枝腹接的接穗可用切接法接穗的削取方法获得，但最好是将长削面

枝腹接

芽腹接

图 6-2　腹接

削透，以便其与砧木贴合得更好。砧木不剪上部，仅在其接近地面 10 cm 平滑处用嫁接刀切一个深达木质部的削面，将接穗插入，使砧木与接穗的形成层相互吻合后用薄膜条捆紧。芽腹接与枝腹接的不同之处在于芽腹接的接穗为芽片。腹接后宜摘除砧木的顶芽，控制砧木的生长，待接芽成活萌芽时再将砧木在接口处剪断头，砧木剪口最好用塑料薄膜封闭或涂上保护剂，以防止因失水干燥而影响成活率。也可于腹接成活后采用倒砧法进行管理，即在接芽对面的上方2～3 cm 处折断砧木，保留部分茎干与砧木相连，使上下部水分和养分尚有部分相通，有利于接口愈合，提高成活率和促进接芽生长，待接芽的第一次新梢生长充实后再把砧木的上部茎叶全部剪除。

(五)嫁接后的管理

(1)及时检查成活情况。枇杷嫁接后 2 周左右检查成活情况，凡是接芽的芽眼新鲜、叶柄一触即脱落的，表明已成活。如芽眼变黑，叶柄手触不落，则属于没有成活，应及时补接。

（2）抹除砧木的萌芽。对已经成活的嫁接苗，要及时抹除砧木上萌生的新芽，促进接芽快速生长，对接口上未全部剪砧的，在接芽上方 0.5 cm 处剪除砧木，使根系输送的水分和养分能集中供应接穗，以利于接芽生长。

（3）松绑与解绑。一般接后新梢长到 30 cm 时应及时松绑，否则易形成缢痕。春季切接的可在秋初解除包扎的薄膜，过早解除易导致死亡，过迟则不利于愈合和生长。

（4）遮阴。春季嫁接的，成活后枝梢尚未完全老熟即进入高温干旱的夏季，宜于晴天中午时段遮阴，以有利于嫁接苗的生长，秋季时撤除遮阴棚。

（5）水肥管理。苗圃应保持适宜的土壤水分，干旱时必须及时灌水，雨季要迅速排水，做到雨停水干。当接芽新梢长出 8~10 片叶后，应每 20 d 左右施一次肥，可用 10%~20% 的腐熟人畜粪尿加少量尿素，具体的施肥量和施肥浓度要根据苗情和温度而定，到秋季后肥料浓度应提高一些，并增施磷钾肥。苗木出圃前应适当节制水，少施氮肥，多施磷肥和钾肥，促进新梢适时老熟，提高苗木定植的成活率。

（6）病虫害防治。苗圃的主要病害是炭疽病、灰斑病、叶斑病及立枯病等，虫害主要是地老虎、蝼蛄、蚜虫及黄毛虫等，一旦发现，应及时打药或人工捕捉（详见病虫害防治部分）。

（六）苗木出圃

起苗时间与建园定植时间相匹配，一般在春、秋两季进行。春季起苗在根系未萌动、春梢未抽发以前，气温在 10℃ 左右时进行。秋季则应在秋梢充分老熟后起苗，一般以 9 月下旬至 10 月上旬进行为宜。起苗前应浇透水。

对于带土球的苗木，应剪去顶端的嫩梢和未老熟的分枝，剪去保留下来叶片的 1/2~2/3，先在距主干 10~15 cm 处用铁锹切断苗木周围侧根，在深 25 cm 处切断主根，将苗木带土掘起，去掉多余的土块，带直径 15 cm 左右的土团，再用塑料袋或稻草进行单株包装。

对于裸根苗，应剪去顶端嫩梢和未老熟的分枝，剪去保留下来叶片的 1/2~2/3，挖苗时尽量减少伤根，起苗后修平主根或大侧根伤口，按 50~100 株扎成 1 捆，蘸泥浆护根，在泥浆中加入一定浓度（通常 10~20 mg/L）的植物生长调节剂，如 IBA、IAA、NAA，或直接从市场上购买的生根剂，可以促进定植后发根，提高成活率。然后用薄膜或编织袋或稻草包扎。包扎时在根系之间填湿木屑或麦麸、稻壳，以保湿护根。为了防止品种混杂，每捆内、外各挂一个牌，注明品种（品系）砧木、等级、数量、规格等。包扎好后放在阴凉处。长途运输时要注意保湿、保温，防止风吹和日晒雨淋。如发现苗木干燥，应在根部浇水，争取尽快运到目的地，及时定植。

二、容器嫁接育苗

（1）容器的选择。容器嫁接育苗所用的容器，因育苗期限、苗木规格要求的不同而异，也与各地区的栽植技术及容器育苗的生产方法有关。目前用于育苗的容器归纳起来主要有两类：一类是将容器和苗木一起栽入定植穴，这类容器在土中可被水、植物根系所分散或被微生物分解，如中国的用营养土制作的营养钵、日本的纸质营养杯、美国的秸土营养杯、北欧的泥炭容器、加拿大的弹性塑料营养杯等；另一类是不能与苗木一起栽植入土、栽植前要取下的容器，如用聚苯乙烯、聚氯乙烯制成的塑料袋、营养杯等，如加拿大的多孔聚苯乙烯（泡沫塑料）营养砖、瑞典的多孔硬质聚苯乙烯营养杯、美国的 RL 型硬质聚乙烯营养杯等。目前，枇杷容器育苗最常用的是底部带排水孔的聚乙烯袋（钵），常用的规格是直径、高度各为 20～30 cm 或者长、宽、高分别为 12 cm、12 cm、22 cm。

（2）育苗场地。枇杷容器嫁接育苗的场地应选择地势平坦、背风向阳、水电方便、无污染、无病虫害传播的地方，苗床宽 1～1.2 m，用砖砌成，容器放置在苗床上，苗床旁边安装喷灌管道，冬季和早春采用塑料小拱棚覆盖保温，可以使幼苗的物候期提早，加速生长。有条件的地方可以采用钢结构的塑料大棚育苗。在棚内地面铺碎石，装备排、灌水及降温设备。

（3）营养土。枇杷容器嫁接育苗可采用以下多种营养土配方。

配方 1：园土、稻田表层土各占 50%，每立方米营养土加干猪粪 150 kg、三元复合肥（含氮、磷、钾各 15%）2 kg、菜籽饼 5 kg。将以上各成分充分混合后加入适量的水，以手捏时指缝见水但不渗出下滴为宜。配成后集中堆沤，上面加塑料膜密封，2 周后翻动一次盖好，1～2 月后即可使用。

配方 2：每立方米木屑加尿素 2.5～3 kg、石灰 2 kg、水 100 kg 拌匀，堆积发酵，上面用塑料膜封盖，2 周后翻动一次盖好，再 2 周后即可使用。使用时用 3/4 的木屑与 1/4 的河沙混合，混合后每立方米加菜籽饼 10 kg、过磷酸钙 2 kg、硫酸钾 1.25 kg、尿素 1 kg。

配方 3：30% 的木屑＋70% 的河沙，每立方米加过磷酸钙 1.75 kg、磷酸钙 1.00 kg、磷酸镁 2.25 kg、硝酸铵（或硫酸铵、尿素）3.00 kg、硫酸镁 48 g、硫酸铜 48 g、硫酸锌 34 g、硫酸锰 37 g、硼酸 0.75 g、钼酸铵 0.25 g。

国外容器育苗营养土的常用配制方法是：用基质加适量的长效颗粒肥料和速效肥混合而成。基质由经过发酵的木屑和河沙组成，木屑和河沙的体积比为3∶1。美国加利福尼亚大学的容器育苗营养土基质的配方为：木屑、泥炭土和细沙各1/3，在每立方米的基质中加入过磷酸钙1.7 kg、碳酸镁盐2.25 kg和碳酸钙1 kg混合而成。

营养土使用前一般要经过消毒处理，以防止苗期病害。

（4）播种。在育苗容器中装入3/4容积的营养土，选饱满、粒大发育良好的枇杷种子，直播于容器中营养土1 cm下，每一容器播2～3粒，浇透水，以后注意随时补充水分，保持湿润。

（5）播种后的管理。与常规实生苗的管理相同。

（6）嫁接及其他。与常规嫁接育苗相同。

第二节　建园

枇杷为多年生经济果树，常常一经栽植就在确定的果园环境条件下生长结果达几十年。所以，必须根据枇杷的生长发育特性及其对环境条件的要求，通过科学的园地选择、规划设计、土壤改良、定植，建立高标准果园。

一、园地选择

（1）气候。枇杷是原产于亚热带的常绿果树，喜欢温暖的气候。气候条件中以气温最为重要。枇杷花在−6℃、幼果在−3℃时就会发生冻害，冬季最低气温低于−5℃的地方不适合经济栽培。适宜枇杷生长发育的气温指标是：年均温在15℃以上，1月均温在5℃以上，极端最低温不低于−5℃。能满足以上条件的地区均可栽培枇杷。生产优质枇杷的温度条件大致是：年均温在16℃左右，≥10℃的年积温为5 000～6 000℃，气温年变化较平缓，最冷月均温在10℃左右，极端最低温在−3℃以上，最热月高温持续时间较短，昼夜温差在10℃左右。

（2）土壤。园地土壤以排水良好、土层深厚、有机质含量丰富的沙壤土为宜。枇杷的根系较浅，不耐旱，更忌涝，地下水位应在1 m以下，活土层深度最好能达1 m以上，有机质含量≥1%，盐分含量≤0.1%，微酸性土壤（pH值为5.5～6.5）上树体生长更好，中性至微碱性土壤（pH值为7.0～7.5）上的果实糖度更高、风味更浓。

（3）坡度和坡向。以坡度在20°以下的缓坡建园为宜，坡向最好选择南坡、东南坡和西南坡，其次是东坡和西坡，北坡不宜建园。

（4）海拔高度。随海拔高度的增加，温度降低，光照强度和紫外线增强，昼夜温差增大，成熟期变晚，品质变好。如在四川阿坝州茂县的河谷地带（海拔高度为1 000～1 200 m），果实成熟期较四川成都平原和川中丘陵地区晚1～2个月。在海拔高度为1 200～1 600 m的山麓地带，海拔每升高100 m，成熟期就会推迟10 d左右，最晚在9月仍然有果实陆续成熟。但是，在海拔1 600 m以上的地区，由于温度低，冬春冻害严重，已不适宜枇杷栽培（江国良等，2006年）。

二、果园地形

（1）平地。在平地建园，一般应选择土壤质地疏松、透气性好、土层深厚、肥沃、排灌方便、便于运输和机械化作业的地块。平地果园的幼树生长快且健壮，易实现早结、丰产。枇杷忌积水，平地建园应特别注意降低地下水位。地下水位高、易积水果园枇杷树生长不良，大量落叶，病虫害为害严重，影响树势，导致早衰，严重时甚至会引起大量死树（图6-3）。在地势较低、地下水位高的地方，必须采取深沟高畦栽培（图6-4）。

图 6-3　地下水位高、排水不良的果园枇杷树的表现

图 6-4　地下水位高的平地果园的深沟高畦栽培

(2)丘陵山地。丘陵山地栽培枇杷，通风透光、排水性好、病虫害为害较轻，树体健壮、寿命长、果实色泽好、糖分含量高、风味好、耐贮藏。在丘陵山地建枇杷园，应选海拔高度、坡度、坡向适宜，非冷空气沉积区域，土层深厚、肥沃，有水源的地块。缓坡山地丘陵地应修等高梯地，并挖定植穴，施足基肥，改良土壤，修建排灌系统和道路设施。山地枇杷园在建园时就要规划和建设水土保持工程，以减少水土流失，为枇杷的生长发育奠定良好的基础。

三、果园规划

(一)果园小区规划

1. 划分果园小区的原则

果园小区的划分应遵循以下原则：同一小区内的气候及土壤条件应基本一致，以保证作业区内栽培技术的一致性；能减少或防止果园中的水土流失，在丘陵山地应特别注意建设水土保持工程；有利于防止风害；便于运输和机械化管理，有利于提高劳动效率。

2. 果园小区的面积

果园小区的面积常因立地条件的不同而有所不同。一般平地类型，在土壤气候条件一致的情况下，小区面积可在 $6\sim10\ hm^2$；土壤气候条件不太一致的地区，小区面积可缩小到 $3\sim6\ hm^2$。土壤和气候条件差异较大的地区，如山区和丘陵，小区的面积可缩小到 $1\sim2\ hm^2$。

3. 小区的形状和位置

小区的形状多采用长方形，其长边与短边的比可为 2∶1～5∶1，其长边即小区走向应与防护林的走向一致，这样可减轻风害。小区的划分既要考虑方便耕作，也要注意保护生态环境。要根据当地的地形、地貌因地制宜，使小区与周围环境融为一体。不要刻意追求规模，为使小区连片而大兴土木，这样会造成水土流失。山区、丘陵宜按等高线横向划分，平地可按机械作业的要求来确定小区的形状。用滴灌方式供水的果园，小区可按管道的长短和间距划分；用机动喷雾器喷药的果园，小区可按管道的长度划分。原有的建筑物或水利设施均可作为小区的边界。

(二)道路系统规划

道路系统是果园中不可缺少的重要组成部分。道路规划设计得合理与否，直接影响着果园的运输和作业效率，因此，在建园时必须予以足够的重视。在规划各级道路时，应注意与作业区、防护林、排灌系统、输电线路以及机械管理等的相互结合。

果园的道路系统应由主路、干路、支路和小路组成。主路宽度一般为6～8 m，位于中间，贯穿全园，能双向行驶汽车，便于运送产品和农资。干路一般为小区之间的分界线，宽4～6 m，能通过小型汽车和拖拉机。支路宽度一般为2～3 m，以能通过动力机械为限。小区中可根据需要设计小路，路面宽度1～2 m，以行人为主，应与支路垂直相接。为减少非生产占地，小型果园一般不设主路和小路。

山地果园的道路应根据地形布置。顺坡道路应选坡度较缓处，根据地形特点，迂回盘绕修建。横向道路应沿等高线，按3%～5%的比降，路面内斜2°～3°，并在路面内侧修排水沟。支路应尽量等高通过果树行间，并选在小区边缘和山坡两侧沟旁，以与防护林结合为宜。修筑梯田的果园，可以利用梯田的边埂为人行小路。丘陵地果园的顺坡主路与支路应尽量选在分水岭上。

(三)排灌系统规划

1. 排水系统

(1)梯地(山地)果园。在梯地(山地)果园顶部挖防洪沟(宽1 m、深50 cm左右)，在台面内侧挖背沟(宽50 cm、深30 cm左右)，沿山沟挖纵向排水沟(宽1 m、深80 cm左右)(图6-5)。

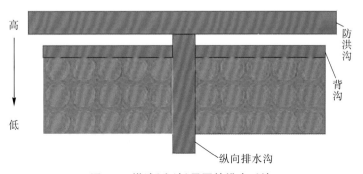

图6-5 梯地(山地)果园的排水系统

(2)平地果园。平地果园的排水系统由主排水沟(宽1 m、深80 cm左右)和畦沟(宽60 cm、深50 cm左右)构成(图6-6)。

2. 灌溉系统

(1)蓄水池。建立蓄水池是为了便于旱时灌溉，以保证枇杷的丰产稳产。灌溉系统的蓄水池可分总蓄水池和水肥池。蓄水池的数量和容积依果园面积的大小而定，大致可按每株每次25～30 kg需水量的原则计算建立蓄水池的总容积。

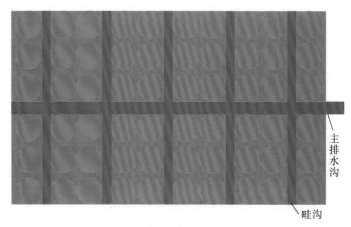

主排水沟

畦沟

图6-6　平地果园的排水系统

　　根据地形可在制高点设1个或几个蓄水池，将附近的水源引入蓄水池。利用落差，把池内的水引入园内各个水肥池，以供施肥、灌溉、喷药等的用水需要。水源较困难的果园要在各小区易蓄积雨水的地方建水肥池，利用雨天蓄水，解决果园的用水问题。

　　（2）灌溉。利用梯田落差，在地下埋设水管，每隔50 m左右安装1个露出地面约1 m的水龙头，连接塑料软管进行浇灌。条件好的果园可以利用落差安装固定式自动喷灌或滴灌设备，既可供灌溉和施肥用，还可减轻枇杷果实日灼病和冻害的发生。

（四）防护林规划

　　果园防护林起防风作用，能够提高果园春秋季平均温度0.5～1.6℃，对于减轻冬春低温冷害和霜冻有一定的作用。在山地（丘陵地）果园营造防护林，可以涵养水源、保持水土。

　　大型果园的防护林系统由主林带和副林带组成，小型果园可只营造环园林。主林带是以防护主要有害风为主，其走向应垂直于主要有害风的方向，栽植5行树。副林带则以防护来自其他方向的风为主，其走向与主林带垂直，栽植3行树。副林带的设置应与道路、排水沟和小区规划相结合。

　　防风林的树种应选择适合当地立地条件、速生快长、树冠直立高大、与枇杷没有共同病虫害、防风效果好的树种；避免使用蔷薇科树木作防护林；宜将乔木和灌木相结合，最好选用常绿阔叶树种。华南等气温较高的地区可选择桉树、银桦、木麻黄等，西南地区可选择大叶桉、杉木、桤木、松等，华东地区可选择杉木、水杉、青岗、女贞珊瑚树等。其中松、青岗、板栗、油茶、台湾相思、黄菁等适于酸性土壤，柏树、木麻黄、马桑等适于碱性土壤。

四、土壤改良

（1）平地。将定植带挖成宽 1 m、深 80 cm 左右的壕沟，挖沟时将表土和底土分开放，在沟底填入 20～30 cm 厚的秸秆、杂草和绿肥等，然后填入拌有禽畜粪、饼肥、土杂肥（45 t/hm²）和过磷酸钙（1.5 t/hm²）的表层土壤，最后填入底层土，回填后定植带土壤高出地面 20 cm 左右，以保证土壤沉陷后畦面高出 5 cm 左右。酸性较强的红、黄壤宜加石灰等加以改良，碱性较强的土壤可施入适量的硫磺粉加以改良。

（2）丘陵山地。缓坡和其他条件允许的丘陵山地果园可进行坡改梯。坡改梯的形式主要有反倾斜式梯地和复式梯地两种，梯地上定植带的土壤改良方法与平地相同。难以改成梯地的丘陵山地果园可直接挖定植穴（鱼鳞坑），并对其进行土壤改良，定植穴的大小为长宽均为 1 m、深 80 cm 左右，定植穴的土壤改良方法与上述平地果园定植带的土壤改良方法相似。

五、品种选择及授粉树配置

品种选择依据的三项原则：一是根据当地自然环境条件选择独具特色的品种，如四川攀西地区的光热资源丰富，冬暖气候独具特色，枇杷的物候期早，1～3 月鲜果上市，品种选择应突出早熟品种，适当配合中熟品种。而四川阿坝州的茂县气候冷凉，冬季气温低，霜雪冷冻天气频繁发生，开花期晚且持续时间长，幼果处于"生长停滞期"的时间和果实发育的时间较长，果实成熟很晚，具有生产晚熟优质枇杷的潜力，应发展特晚熟优质枇杷，品种选择应突出抗寒力强的晚熟和极晚熟品种。二是根据栽培目的选择相应的品种，如以鲜食市场为栽培目的的，宜选择品质优良的白肉或黄肉品种，而以供应加工为栽培目的的，则宜选择更适宜加工的黄肉品种。三是根据市场情况及社会经济条件进行不同熟期品种的搭配，合理调配花果管理等劳动力和均衡市场供应，缓解枇杷成熟期过于集中和希望销售时间长的矛盾。

大多数枇杷品种都有较好的自花结实能力，品种混栽的必要性不如苹果和梨等果树那么强，但两个或两个以上品种混栽可获得更高、更稳定的坐果率和产量，且果实品质也有一定的改善。因此，生产上宜配置 10％～20％的其他品种作授粉树，这对自花结实率低的品种尤其必要。

六、苗木选择

应高度重视苗木质量，除苗木品种必须纯正外，还应采用壮苗，因为枇杷的根系不发达，再生能力弱，是移栽成活有一定难度的果树，为了提高定植成活率，为快速生长和早果打下基础，应选择嫁接苗龄 1～2 年、根系好、苗高 50 cm 左右、无分枝或分枝少的壮苗作定植苗。最好用容器苗。

七、栽植技术

(1)栽植时间。枇杷在春、秋两季均可定植，但以秋季定植为最佳时期。而在冬季较冷、秋冬干旱又无灌溉条件、春季有较好雨水保障的地区，则以春植更好。秋植以 9 月下旬至 10 月中旬为宜，此时苗木基本老熟，天气温暖，栽后易发新根，缓苗期短，成活率高。适宜春植的地区，可以选择在春季 2 月下旬至 3 月上旬春梢萌动前定植，过迟则会影响春梢抽生。营养袋育苗及带土移植的苗木，随挖随栽，根系受伤轻，栽后要进行精细管理，只要避开恶劣天气和嫩梢盛发期，不论何时都可栽植。

(2)行向。平地果园可考虑行向问题，一般采用南北向，这样能使树体受光更均匀。

(3)栽植密度。合理的栽植密度(株行距)是充分利用土地资源和光能的前提，对枇杷稳产、丰产、优质起着重要的作用。栽植密度的确定应以树体大小为依据，而树体的大小取决于砧木和品种的组合、当地气候、地形地势、土壤肥力、栽培技术等诸多因素。栽植密度应适当大于最终的树体大小，使成龄果园的株、行间仍有 0.5 m 左右的间隙(株间间隙可小一点，行间间隙应大一点)，这样既保证了树冠有充分的光照、减少病虫害发生、提高果实品质，又便于果园的管理作业。

例如，所选用的砧木和品种组合树势强、气候温暖、土壤肥沃、肥水条件好的平地和缓坡地果园，如采用普通栽培方法，整形主枝角度大的，株行距宜宽些，可采用株行距 4 m×5～6 m；而丘陵山地果园或综合因素决定树体较小的情况下，栽植密度应稍高，可采用株行距 3.5～4 m×4～5 m(表 6-1)。此外，还可采取计划密植，建园时株行距为 3 m×3 m，若干年后调整为永久株行距 3 m×6 m。

(4)栽植技术。枇杷苗木在定植时，应剪去顶端嫩梢和未老熟的分枝，剪去每片叶片的 1/2～2/3，剪除过长根和伤残根。失水苗木应用水浸泡 4～8 h，没有带土的苗木可用生根剂(如 NAA、IBA 各 20～50 mg/L)加泥浆蘸根后再栽。

表 6-1　枇杷栽植密度

树形	丘陵、山地			平地、缓坡地		
	株距/m	行距/m	密度/(株/hm²)	株距/m	行距/m	密度/(株/hm²)
开张	3.5～4	5～6	405～495	4.5	5	435
直立	3～4	4～5	615～660	3	3～5	825～1 050

　　栽植穴应挖得大而深(最好长、宽、深均达 1 m),土壤分层堆放。穴底填入粗枝秸秆,然后填入混有腐熟人畜粪、堆肥、磷肥等改良过的熟土,在上面填一层表层疏松肥沃细土(避免苗木的根系直接接触人畜粪)。将苗木置于定植穴中心,栽植时应将根系分布均匀,填入表层疏松肥沃的细土,适当用力踩实,使其与根系紧密接触,然后填入混有腐熟人畜粪和堆肥等改良过的底土,使根颈高出周围地面 10～20 cm,以保证土壤沉陷后根颈仍高于周围地面。最后在植株周围筑土埂,在土埂内浇足、浇透定根水。待水透入土壤后,再盖一层细土,最后用稻草或黑色薄膜覆盖树盘 1 m² 的范围,以保温保湿,提高成活率。

　　(5)定植后的管理。定植后一直到发芽前这段时间主要是要管好水分,不要过湿或过干,以利于根系恢复功能。定植后要定期检查叶片,凡叶片下垂不能恢复的必须立即剪去,以防止失水过多影响成活。同时检查根部,如有悬空现象,应予以填实。不能急于施肥,否则易伤根死苗。待抽生新梢叶片展开转绿后,可施第一次肥,以稀薄腐熟农家肥为宜,以后每次抽梢前后可施一次清粪水加少许尿素。正确采用根外施肥可及时满足新栽苗对营养的需求,是大有好处的,但必须十分小心,浓度宁低勿高。对已确定死亡的植株应适时补植。

参 考 文 献

[1]蔡礼鸿. 枇杷三高栽培技术[M]. 北京:中国农业大学出版社,2000.

[2]蔡礼鸿,陈昆松,王永清. 枇杷学[M]. 北京:中国农业出版社,2013.

[3]陈其峰,丁长奎,毛伟海,等. 枇杷[M]. 福州:福建科学技术出版社,1998.

[4]黄金松. 枇杷栽培新技术[M]. 福州:福建科学技术出版社,2000.

[5]江国良,陈栋,谢红江,等. 枇杷优质栽培技术图解[M]. 成都:四川科学技术出版社,2006.

[6]江国良,林莉萍. 枇杷高产优质栽培技术[M]. 北京:金盾出版社,2000.

[7]江国良,谢红江,陈栋,等. 枇杷栽培技术[M]. 成都:天地出版社,2006.

[8]蒋际谋，陈秀萍. 枇杷优质栽培百问百答[M]. 北京：中国农业出版社，2009.

[9]蒋世高，杨应龙. 云南楒椁嫁接枇杷的矮化效应[J]. 中国南方果树，1998，27
   (1)：29.

[10]李道高. 枇杷优质丰产栽培新技术[M]. 重庆：重庆出版社，1999.

[11]林顺权. 枇杷精细管理十二个月[M]. 北京：中国农业出版社，2008.

[12]钱慧明，徐春明，黄福山，等. 枇杷容器育苗技术[J]. 中国南方果树，1999，28
   (4)：32.

[13]邱武陵，章恢志. 中国果树志(龙眼、枇杷卷)[M]. 北京：中国林业出版社，1996.

[14]王沛霖. 枇杷优质高效栽培实用技术[M]. 中国农业出版社，2008.

[15]吴汉珠，周永年. 枇杷无公害栽培技术[M]. 北京：中国农业出版社，2002.

[16]吴少华. 枇杷周年管理关键技术[M]. 北京：金盾出版社，2012.

[17]张元二. 优质枇杷栽培新技术[M]. 北京：科学技术文献出版社，2008.

[18]郑少泉，许秀淡，蒋际谋，等. 枇杷品种与优质高效栽培技术原色图说[M]. 北京：
   中国农业出版社，2005.

[19]林顺权. 利用枇杷野生种及其种间杂种作为栽培枇杷的砧木[J]. 果农之友，2016
   (5)：5-6.

第七章　矿质营养及果园土、肥、水管理

矿质营养是枇杷生长发育、产量和品质形成的物质基础。枇杷树体的营养状况与土壤的营养状况和施肥水平紧密相关，同时也受树体管理水平、生长季节等多种因素的影响。

枇杷在生长发育过程中，会受到各种生理生态因子的影响，温度、水分及环境污染等会导致其代谢活动发生改变，使生长发育受阻，对产量的形成和品质的改善有重大的影响。

第一节　矿质营养

矿质元素是指除碳(C)、氢(H)、氧(O)以外，主要由植物根系从土壤中吸收的元素，包括氮(N)、磷(P)和钾(K)等大量元素，硫(S)、钙(Ca)、镁(Mg)等中量元素，铁(Fe)、硼(B)、铜(Cu)、锌(Zn)、锰(Mn)、钼(Mo)、氯(Cl)、钠(Na)和镍(Ni)等微量元素(铁也可归为半微量元素)。矿质元素是植物生长的必需元素，缺少这些元素，植物将不能健康生长。上述大量、中量和微量三类元素，量上有明显的区别，但并不意味着某类元素重要而另一类元素不重要，无论是哪类乃至哪种元素的缺乏或过量都将对植物生长造成危害。因此，养分的平衡非常重要。

一、矿质元素的吸收与分配规律

(一)叶片矿质元素含量的季节性变化

众所周知，果树叶片的养分与树体的生长结果状况密切相关，因此，南

亚热带果树的许多研究都侧重于探讨叶片的养分含量状况，但主要集中在柑橘、龙眼、荔枝等几个树种，而对枇杷的研究尚显不足。由于外界环境条件季节性的差异，不同物候期枇杷树体对养分的吸收、积累和分配（利用）也存在明显的变化。

关于枇杷树体矿质元素的营养诊断，目前基础研究资料较少，临界值指标诊断局限于个别产区和特定品种。枇杷叶片所处的环境、树体营养生理特点及叶片的生理功能因季节而异，因此，叶片的营养元素含量必然会随季节而发生变化。谭正喜（1989 年）通过分析枇杷叶片及土壤矿质元素含量的状况，探讨将 DRIS（diagnosis and recommendation integrated system，综合诊断施肥法）应用于枇杷叶片营养诊断的可行性，进而为枇杷的营养诊断提供参考。结果表明：枇杷叶片矿质营养元素含量存在季节性变化，各元素间的不平衡性因生长发育的不同需要而随季节变化，反映在 DRIS 指数上会有差异。如果某一种元素的胁迫或过量导致了元素间的不平衡，就可用 DRIS 指数直观地表示这种不平衡的程度及元素间的相互关系，根据 DRIS 指数的大小和排列即可了解当前枇杷主要的营养问题。枇杷氮平衡指数（nitrogen balance index，NBI）从春季到冬季总体上呈现增加的趋势，即叶片中的各元素从相对平衡到最不平衡进行转变。枇杷在春季表现为氮、钾和钙供应不足，夏季磷、钙、镁和铁供应不足，秋季缺钙和缺铁进一步加剧，冬季严重缺磷、钙、铁。叶片中的钙营养周年不足，秋冬季节特别明显。这个结论可指导枇杷科学合理施肥，即先让最缺乏的元素得到及时的补充，控制过量元素的用量，再视实际情况解决次要养分的问题，以保持树体元素之间的相对平衡。

陆修闽等（2000 年）研究了早钟 6 号枇杷的春梢、第一次夏梢和第二次夏梢的 5 种主要营养元素含量的年周期变化。结果表明，不同枝梢叶片中氮、磷、钾、钙和镁含量的年周期变化趋势基本趋于一致。8 月取样的春梢和第一次夏梢叶片中的氮、磷含量比 7 月有显著的增加，而第二次夏梢叶片中氮、磷的含量显著上升分别推迟至 9～10 月和 7～9 月，这与春梢、第一次夏梢花芽分化和花穗形成早于第二次夏梢有关；三种叶片的氮、磷含量在 1～3 月均表现为先降后升的趋势，1、2 月是幼果细胞迅速分裂期和迅速生长期，需要消耗较多的氮、磷营养，3 月果实接近成熟期时有所回升。说明花芽分化、花穗形成和果实发育期间需要消耗较多的氮、磷营养。三种叶片中的磷元素含量的变化规律与氮相似，10 月早钟 6 号枇杷的开花盛期出现磷含量的低值与开花消耗了大量的磷相关。三种叶片中钾元素的含量在花穗孕育至幼果滞长期（7～11 月）先下降后回升，在幼果细胞迅速分裂期和迅速生长期呈下降趋势，并于 1～2 月降到了最低值，果实成熟期有所回升，说明果实的发育需要消耗较多的钾营养。三种叶片中钙元素含量均呈上升趋势，钙含量随叶龄的增长逐渐递增，该结果与其他学者的研究结果相反。在花穗孕育和果实发育的过程中，叶片中的磷、钾、镁含量有下降的趋势，说明花穗形成和果实发育消耗了树体大量养分，这与台湾学者张林仁等（1994 年）的研究结果相似。

冬季正值枇杷开花与幼果发育的关键时期，树体的营养状况对果实的生长发育、产量及品质将产生重要的影响。马翠兰等（2004 年）的研究表明，枇杷叶片越冬期氮、磷含量表现为先上升后下降，至 2 月降至最低，可能是由于此时果实进入迅速生长期，叶片中的氮向果实转移，果实的发育需消耗较多的磷；成熟叶及老叶的钾含量保持相对稳定；叶片中的钙、铁含量呈增加趋势，且老叶＞成熟叶＞幼叶，可见钙、铁含量与叶龄有关；枇杷成熟叶和老叶中氮、磷、钾、钙、铁含量的变化可能是其对冬季适应性的生理反应。

（二）不同部位叶片矿质元素含量

合理采样是组织营养诊断的关键，因为组织的着生部位以及成熟度对元素含量及其诊断结果的影响很大。通过分析枇杷不同部位、不同时期叶片矿质元素的含量状况以确定营养诊断的采样适期和采样方法具有重要意义。

陆修闽等（2000 年）研究发现，早钟 6 号枇杷第一次夏梢叶片中的氮、磷含量比春梢和第二次夏梢高，第一次夏梢和第二次夏梢中的钾含量显著（$P<0.05$）高于春梢，钙含量高低依次为春梢＞第一次夏梢＞第二次夏梢，镁含量则为第二次夏梢＞第一次夏梢＞春梢（同钙恰好相反），三种叶片间钙、镁的含量差异均达显著（$P<0.05$）水平。统计分析表明，春梢、第一次夏梢和第二次夏梢的两种或三种梢的氮（除 9 月、10 月、12 月、3 月外）、磷（除 7 月、9月、10 月外）、镁（除 8 月外）、钾和钙的含量在枇杷的不同发育阶段均有显著（$P<0.05$）差异。说明枇杷在不同发育阶段和不同部位叶片中主要营养元素的含量多数存在差异，这为枇杷的营养诊断和合理施肥提供了依据。

谭正喜（1989 年）比较分析了枇杷树体上部与下部、结果枝与无果枝叶片的矿质元素含量。结果表明，上部叶片中的磷、铁含量高于下部叶片，钙、锰的含量则相反，上、下部叶片各元素 DRIS 指数大小与含量的差别相吻合，这种差异性分布与元素的移动性和器官的生理活性有关，如上部枝叶片的光合作用及新陈代谢较下部枝叶片活跃。因结果枝叶片除了与无果枝叶片进行同样的养分输入、同化和自耗外，还要担负着向果实输送光合产物及养分的职能。生理功能的差异在一定程度上表现出矿质元素含量的差异，结果枝叶片磷、钾、钙的胁迫大于无果枝叶片，氮则相反；同时 DRIS 指数也正确地揭示了二者在生理功能和营养特点上的差异。结果枝叶片的 NBI 值要比无果枝叶片大得多，说明果实"库"的选择利用增加了叶片的元素不平衡性。由此可见，样品的养分含量会因采样部位的不同而存在差异，相应的 DRIS 诊断结果也不会完全一致。Beverly 等(1984 年)对 Valeneia 橙的研究得出了同样的结论。台湾地区的台东区农业改良场在茂木枇杷上的营养管理试验研究也证实了同样的结论(苏德铨，1994 年)。

(三)土壤矿质元素含量的变化状况

黄祥庆和蔡宜峰(1994 年)对台湾地区枇杷园的各类土壤进行了较为系统的全面调查。台湾地区枇杷生产区的土壤主要有红壤、黄壤、砂页岩非石灰性冲积土、片岩冲积土、片岩黏板岩冲积土及少部分黑色土等。果园的土壤大都为酸性至强酸性(除少数为中性外)，而枇杷的最适宜 pH 值为 5.6～6.8，一般土壤反应(pH 值)可影响植物生长及养分吸收，pH 值在 5.5 以下时土壤中氮、磷、钾、钙、镁、硫等的有效性减少，pH 值在 4.5 以下时则除上述养分外，锰、铜、锌的有效性也减低，造成植物养分缺乏，土壤的物理性状不良，有益微生物的活动受抑制，酸性土壤中的活性铝、铁、锰易溶于土壤溶液中而使钙、钾、镁、钠等盐基离子流失，对植物产生毒害，因此要常施用较多磷肥及石灰以减少毒害、改良土壤。

蒋瑞华等(1999 年)对福建省枇杷主产区莆田市常太镇的 14 个枇杷叶片样品养分质量分数的平均值进行了分析研究，结果表明，调查区枇杷的钙、锌、铜、铁、锰营养充足(铁、锰质量分数还有偏高的趋势)，氮、磷的质量分数虽未达到适宜指标，但从实地调查及土样分析数据看，枇杷园土壤的氮、磷供给充足，钾、硼的质量分数偏低，镁明显不足，应特别重视枇杷钾、镁、硼营养的补给。

姚宝全等(2008 年)对莆田市有代表性的枇杷园土壤的农化性状及叶片的矿质营养状况进行了分析，结果表明：土壤的 pH 值对枇杷树体的矿质营养影响最大，与叶片的磷、钾、锌、锰含量呈显著或极显著的负相关，与镁、铜的含量呈显著正相关，与氮、钙也呈较高的相关性。土壤全氮和有机质分别与叶片的含氮量呈显著和极显著的正相关；有机质与叶片的钼含量则呈显著的负相关；碱解氮也与叶片的氮含量呈正相关。土壤的有效磷和代换性钙与叶片的锌含量均呈显著的负相关。土壤的有效锌、有效铜、代换性镁分别与叶片的镁含量呈显著、显著和极显著正相关；土壤的有效锌和代换性钙分别与叶片的锰含量呈显著和极显著的负相关。土壤的有效铁与叶片的钙、硼含量分别呈极显著和显著的正相关；土壤的有效锰与叶片的锌、硼含量呈显著的正相关。除土壤的全氮、代换性镁与叶片的氮、镁含量分别呈显著和极显著正相关外，其他的土壤农化指标与枇杷叶片的矿质营养含量的相关性均不显著。说明难以利用土壤分析结果来判定枇杷的矿质营养状况，通过土壤施肥亦不易立即提高树体营养，这可能与果树营养的稀释作用、缓冲作用和分配率等原因有关。

福建丘陵山地果园的土壤缺镁较为普遍，多因土壤的交换性镁含量较低所致，但有些果园缺镁却是因土壤的交换性钾含量过高从而影响树体对镁的吸收。若土壤的磷含量过高也会抑制对锌的吸收，而氮含量过高则会对钾的吸收起抑制作用（庄伊美等，1993年）。因此，若果园土壤中的某些元素含量过高，应控制这些元素的施用。

总体看来，枇杷园土壤中的有效养分含量年周期变化不及叶片中元素含量的变化显著，且规律性不明显。相关分析表明，枇杷叶片的元素含量与土壤中有效养分含量周期变化的相关性较差，仅在特定的年份、月份，两者之间才存在一定的相关性。由此表明，由于受诸多因素的影响，枇杷叶片的元素与土壤中有效养分含量间的年周期变化的相关性较为复杂，要得出较为准确的营养诊断，在特定情况下，应以叶片分析结合必要的土壤分析。

(四)叶片矿质元素含量的品种差异

许多研究证实，由于果树树体的养分状况受基因型的制约，不同的果树品种在相同的条件下其叶片的矿质元素含量存在一定的差异。张小红等（2012年）分析比较了东湖早和早钟6号的叶片营养状况，探讨了枇杷的养分吸收特性。结果表明，东湖早枇杷春梢叶片的氮含量显著高于早钟6号，这与东湖早枇杷春梢叶片的生长较早钟6号旺盛相一致；而在夏梢、秋梢、冬梢中两个品种间均无显著性差异。叶片全磷含量在两个品种的春梢、夏梢、秋梢和冬梢之间均无显著性差异；两个品种的春梢叶片的全钾含量无显著性差异，早钟6号枇杷夏梢叶片的全钾含量显著高于东湖早，而东湖早枇杷秋梢和冬梢叶片的全钾含量却均显著高于早钟6号。两个品种氮的吸收高峰均在冬梢，磷和钾的吸收高峰均在春梢；因此在冬梢萌发前多施氮肥以促发冬梢，而春梢萌发前多施磷、钾肥以促发春梢结果母枝，并促进后期枇杷果实的发育。

目前，虽然有不同的枇杷品种在不同的条件下（即不同的气候、土壤、生态环境、树龄、树势、结果量、砧穗组合、管理水平等）其叶片矿质元素含量的分析报道，但还未见对相同条件下（不限于上述条件）的不同品种枇杷叶片矿质元素含量进行系统比较的报道。

(五)枇杷对矿质元素和有毒元素的吸收、分配规律

陆修闽等（2000年）研究认为，早钟6号枇杷叶片中较高的氮、磷营养水平有利于花芽分化；叶片中营养元素的含量次序为钙＞氮＞钾＞镁＞磷，花穗为钾＞氮＞钙＞镁＞磷，果实为钾＞氮＞钙＞磷＞镁；早钟6号枇杷属喜钙、钾果树，生产上应重视钙肥和钾肥的施用。在枇杷花穗与果实的发育过程中，氮、磷、钾、钙和镁的含量均呈下降趋势，花穗和果实中的氮、钙含

量总体上比叶片低，而磷、钾含量较叶片高，花穗中镁的含量高于叶片，果实中镁的含量比叶片低。可见，枇杷花穗的发育对磷、钾、镁及果实生长对磷、钾均有较大的需求。

李秀珍(2008 年)通过施用不同浓度的 Cd^{2+}、Pb^{2+}、Cr^{6+} 和 Cu^{2+} 处理大五星成年结果枇杷树，分析了处理后根、枝、叶和果实等器官中 4 种元素的分配与累积规律及其对果实品质的影响。结果显示：①在一定的浓度范围内(如 Cd^{2+} 为 0.1～0.5 mg/L，Cr^{6+} 为 60～180 m/L，Pb^{2+} 为 10～90 mg/L，Cu^{2+} 为 20～60 mg/L)，土壤中施入 4 种元素的浓度与枇杷根、枝、叶和果实中 4 种元素的含量呈正相关，且各处理浓度间的含量差异达显著水平。但叶和果实中 Pb^{2+} 的含量在低浓度(10～30 mg/L)的处理下与对照差异不显著，Cu^{2+} 处理浓度在 80～100 mg/L 时果实中 Cu^{2+} 的含量随土壤处理 Cu^{2+} 浓度的增加而减少。Cd^{2+}、Pb^{2+}、Cr^{6+} 和 Cu^{2+} 在枇杷不同器官中的分配累积顺序为根＞枝＞叶＞果实，但不同元素在不同器官间的含量存在显著性差异(除 Cr^{6+} 的积累在枝和叶中的差异不显著外)，4 种元素似乎存在就近积累的规律。随土壤施入 Cd^{2+}、Pb^{2+}、Cr^{6+} 和 Cu^{2+} 浓度的增加，各元素在根中的累积占各器官的比重逐渐加大，各元素在根中累积所占比例的大小依次为 Pb^{2+}＞Cr^{6+}＞Cu^{2+}＞Cd^{2+}，说明 Pb^{2+} 对地下部器官的危害性最大，Cd^{2+} 对地上部器官的危害性最大，这与陈伟建(2008 年)的研究结果一致。②4 种元素在果实中的积累速度存在差异，依次为 Cu^{2+}＞Cd^{2+}＞Cr^{6+}＞Pb^{2+}；Cu^{2+} 和 Cd^{2+} 在果实中的积累于 50 d 时达峰值(即枇杷成熟前 1 个月)，而 Pb^{2+} 和 Cr^{6+} 积累的峰值出现相对滞后(处理后 60 d，即枇杷成熟前 20 d)。③不同浓度的 Cd^{2+}、Pb^{2+}、Cr^{6+} 和 Cu^{2+} 处理对枇杷主要营养品质指标的影响：果实可溶性总糖的含量随 Cd^{2+} 处理浓度的增加而升高，而 Pb^{2+}、Cr^{6+} 和 Cu^{2+} 处理则呈先升后降的变化趋势；同时果实可滴定酸的含量均随 Cd^{2+}、Pb^{2+}、Cr^{6+} 和 Cu^{2+} 处理浓度的增加而呈下降趋势。枇杷果实中维生素 C 的含量随 Cd^{2+} 和 Pb^{2+} 处理浓度的增加而减少；在相对低浓度的 Cr^{6+}(60～120 mg/L)和 Cu^{2+}(20～60 mg/L)处理范围内，果实维生素 C 的含量随着处理浓度的增加而升高；而在相对高浓度的 Cr^{6+}(120～180 mg/L)和 Cu^{2+}(60～100 mg/L)处理范围内，果实维生素 C 的含量随处理浓度的增加而降低。果实中可溶性蛋白质的含量随 Cd^{2+}(0.l～0.5mg/L)处理浓度的增加呈缓慢上升，Cr^{6+}(60～180 mg/L)处理则呈导致可溶性蛋白质含量下降的变化趋势；低浓度的 Pb^{2+}(10～50 mg/L)和 Cu^{2+}(20～60 mg/L)处理均引起果实可溶性蛋白质含量的增加，而高浓度的 Pb^{2+}(50～90 mg/L)和 Cu^{2+}(60～100 mg/L)处理则使可溶性蛋白质的含量降低。

陈伟建(2008 年)研究了解放钟枇杷对铁、锰、铜、锌、铅、镉、汞、砷等 8 种微量元素的吸收和分配规律。结果表明，枇杷的不同器官对 8 种微量元素的富集能力存在差异，根富集元素的趋势是铅＞铜＞汞＞铁＞锌＞锰＞镉＞砷，茎是铅＞锌＞镉＞锰＞铁＞砷＞铜＞汞，叶是锰＞锌＞汞＞铁＞铜＞铅＞砷＞镉，果实则是锌＞汞＞锰＞铜＞镉＞铁＞铅＞砷。8 种微量元素在解放钟枇杷植株中分配的总量均占其生态系统总储量的 15.0％以下（铅除外，为 20.02％），最小仅为 3.65％。8 种微量元素在不同器官中的分配比例和富集系数有明显差异，分配趋势也不尽相同，铁、铅和砷在枇杷植株中的分配比例与富集系数均为根＞茎＞叶＞果，锰和锌则为叶＞茎＞根＞果，铜为根＞果＞叶＞茎，汞和镉则分别为根＞叶＞果＞茎及茎＞根＞果＞叶。枇杷叶片为锰和锌的主要富集器官，可能与锰作为许多酶的辅助成分直接参与光合作用及锌影响叶绿素的合成和稳定有关。根是枇杷富集铜的主要器官，铜又存在于叶绿体光合作用电子传递体系的质体蓝素中，因此叶片对铜也有一定的富集作用。枇杷对铁的富集作用较弱，其原因有待进一步探究。同时还发现解放钟枇杷对 8 种微量元素普遍存在不同程度的抗元素富集的"生理-生物化学障"，以阻滞或减少植株对元素过量吸收的伤害，并主要积累在对其生长影响最小的根部，这可能是植物自我保护本能的一种体现。该研究中的 8 种微量元素在枇杷植株中总体和平均富集系数均有差异，富集趋势为铅＞锰＞铜＞锌＞汞＞铁＞镉＞砷。

据王徽等（2006 年）的研究报道，不同枇杷品种之间矿质元素的生物富集系数存在明显的差异，解放钟富集氮、磷、钙、镁、铁、锰、铜、锌的能力强于早钟 6 号；而早钟 6 号富集钾、硼的能力强于解放钟。不同产区、不同品种的枇杷，果肉、果皮、果核中矿质元素含量的变化趋于一致，且果皮、果核中矿质元素含量均高于果肉。枇杷果中的营养元素氮、磷、钾、钙、镁较为富集，微量元素中硼、锌、铜的含量较高，其他元素的含量较低。有害元素氟的含量最高，次为铬，其他有害元素铅、汞、镉、砷和硒的含量则较低。不同品种的枇杷富集的元素基本一致，但含量的高低不同。

不同元素在枇杷中的富集部位各不相同，植物所需的营养元素大多在叶中富集，如早钟 6 号、解放钟枇杷中氮、钾、镁、硫、锰、锌、硼、钼、磷、铜的含量由高到低依次为叶、枝、根；根中钙、氯、铁的含量最高；有害元素铅、汞、铬、砷和硒在根中的含量较高，而叶片中的有害元素（氟除外）含量最低；根、枝、叶中矿质元素的含量均高于果（王徽等，2008 年）。

今后应该深入研究枇杷对微量元素的富集是否存在临界点；进一步探讨微量元素在枇杷植株内的迁移、富集、循环规律以及相应的植物生理学机理，进而为枇杷抗逆性品种选育、GAP 生产、重金属毒害及抗性机理、重金属降污技术等的研究提供理论依据。

二、营养诊断技术

营养诊断是运用现代矿质元素分析诊断技术，通过植株形态、叶片分析、土壤分析或对于其他生理、生化变化特征的测定，了解枇杷各生长发育阶段的营养特点，以判断树体的营养状况，确定枇杷各生长发育阶段的矿质营养现状和需求（需肥规律、土壤供肥性能和肥料效应），提出氮、磷、钾、钙、镁及微肥等的适宜用量与比例，以便采用科学合理的施肥技术，提供和补充相应的矿质营养。因此，营养诊断已成为现代枇杷栽培中的一项关键技术。

(一)营养诊断技术

目前，枇杷营养诊断主要采用叶片分析以及土壤分析、可见症状判断等方法，其中又以叶片分析的临界值法被广泛应用。

1. 外形诊断

不同的元素在枇杷树体内的功能及移动性各异，其缺素症状及部位具有一定的规律性。因此，可通过观察和分析枇杷外形特征及变化来判断其营养状况。该诊断法简单易行，无须仪器测试，是野外诊断的常用方法。但外形诊断常在植株仅缺 1 种营养元素时才有效，若缺 2 种或 2 种以上营养元素，或出现非营养因素（如病虫害或药害）而引起的症状时，则易于混淆而误诊。且当出现某些营养失调的症状时再采取措施常已为时过晚。

2. 土壤诊断

土壤诊断是测定分析某一时期土壤可给态养分的动态变化及供肥水平，并据此提出土壤养分含量丰缺指标的方法。土壤中的养分能否被枇杷吸收受到诸多因素的影响，如土壤种类、温度、水分、pH 值、通气状况、养分总量、阳离子交换量及元素间的相互作用等。故仅以土壤分析标准难以准确地反映枇杷养分吸收利用的状况，土壤分析应和其他分析诊断手段相结合，这样才能准确地诊断枇杷营养水平并制定合理的施肥方案。

3. 叶片诊断

枇杷树体当年的营养水平除受土壤供给状况的影响外，也受树体中初始贮藏养分水平的影响。因此，土壤养分测定常结合叶片元素分析作为枇杷营养诊断的依据。树体内的养分最好控制在稍高于最适浓度的范围内，并以此提出枇杷营养诊断的指标。

4. 生理诊断

当营养元素失调时，树体内一些生理生化过程就会发生相应改变而引起某些酶活性的变化。可以通过分析过氧化物酶、碳酸酐酶、硝酸还原酶和酸性磷酸酶的活性的变化情况来判断树体营养元素状况以指导施肥。

枇杷的营养诊断最好综合运用外形观察、土壤分析、叶片分析或其他生理生化指标的测定等方法，以保证诊断的准确性。在准确分析和判断植株的营养状况的前提下才能准确指导施肥，或改进管理措施。

(二)叶片矿质元素含量标准值及营养诊断

20 世纪 30 年代开始通过叶分析的方法来判断植物营养状况，分析果树叶内矿质元素的含量及比例关系，诊断果树的营养水平，并制定合理的施肥方案，使果园管理科学化。基于上述叶片分析原理，在进行营养诊断时，应先建立标准值，以便作为营养诊断指导施肥的依据。确定标准值的方法包括正常生产性果园的调查研究以及水培、沙培研究，营养失调果园的调查研究，田间施肥试验等。

福建省果树工作者注重对正常生产性果园的调查研究，对各地区的不同品种进行了广泛的采样分析，以连年表现丰产优质的果园为对象，通过多年、多点、多株的采样检测，并对所得数值进行综合分析、处理(包括排除潜在营养失调以及考虑产量、品质、树势等因素)，以确定其适宜指标。福建省亚热带植物研究所的庄伊美等(1995 年)通过采集福建枇杷的叶样和果园土样，比较研究国内外果树的叶分析值，提出了枇杷叶片矿质营养元素含量的标准值，枇杷叶片元素的质量分数的指标分别为：氮 2.24％，磷 0.19％，钾 1.54％，钙 1％，镁 0.25％；硼 $(20\sim100)\times10^{-6}$，锌 $(25\sim100)\times10^{-6}$，活性铁 50×10^{-6}，锰 $(100\sim500)\times10^{-6}$，铜 $(5\sim10)\times10^{-6}$。Emmert (1959 年)提出生长季叶片养分浓度变化最小的时期是叶分析的采样适期。陆修闽等(2000 年)的研究表明，在早钟 6 号枇杷第一次夏梢叶片中，氮在 9～11 月、磷在 1～2 月、钾在 7～10 月、钙在 8～9 月、镁在 7～9 月的含量较为稳定，且统计分析亦表明在该期内各元素的含量变化不显著($P>0.05$)，总体上看，9 月可初步确定为早钟 6 号主要营养元素叶分析的采样适期。理论上果树种或品种的遗传特性决定了叶标准值，依据叶样分析值与标准值的差异，结合土壤分析、可见症状等判断当地土壤或栽培管理中存在的问题。福建省着重开展了以叶分析结合土壤分析的营养诊断指导果园管理的试验，并取得了初步成果。

蒋瑞华等(1999 年)采用叶分析技术，通过与标准值的比较，分析了福建省莆田市常太镇枇杷园(土壤母岩系凝灰岩，成土母质以坡积物为主)的 14 个枇杷叶片样品的养分质量分数，平均值为：氮(1.47 ± 0.11)％，磷(0.123 ± 0.011)％，钾(1.24 ± 0.18)％，钙(1.75 ± 0.23)％，镁(0.200 ± 0.041)％，硼$(17.59\pm2.43)\times10^{-6}$，锌$(78.56\pm8.41)\times10^{-6}$，铜$(19.26\pm8.70)\times10^{-6}$，铁$(109.82\pm17.39)\times10^{-6}$，锰$(398.34\pm205.41)\times10^{-6}$。结果表明，

该产区枇杷的钙、锌、铜、铁、锰营养充足（铁、锰的质量分数还有偏高的趋势），氮、磷、钾、硼的质量分数偏低，镁明显不足。但土样分析数据却显示枇杷园土壤中氮、磷供给充足，因此提出该枇杷产区不宜增施氮肥，而应重视钾、镁、硼营养的补给。傅丽君等（2005 年）采用土壤和叶片分析技术评价常太镇枇杷土壤肥力和叶片营养状况，结果表明：枇杷园土壤偏酸，全氮、镁的供给不足，硼的供给严重不足。有效磷的含量不高，土壤中钾、钙、铜、铁、锰、锌的含量较丰富并有偏高的趋势。枇杷叶片中氮、磷、钾、硼、镁的质量分数未达到适宜指标，铜、锰、锌、铁的含量偏高。两组不同的研究者所得出的结论基本相同，锌、铜、铁、锰的营养充足，钾、硼、镁的质量分数偏低。后一组研究者还认为，一些微量元素的持续增高可能与施用含重金属的农药有关。据此提出了合理施药、培肥的农艺措施，为生态果园的建立提供了理论依据。

刘希蝶等（2007 年）以沈善敏编著的《中国土壤肥力》中的相关内容作为土壤肥力状况的诊断标准，分析了莆田市城厢枇杷园土壤的营养状况，发现城厢枇杷园土壤的供磷能力强，供有机质、钙、镁、钾的能力属中上水平，供氮的能力较差。土壤中的锌、铁、锰较丰富，铜、钼的含量属中上水平，硼普遍较缺乏。提出了增施有机肥和钾肥，酌施石灰，合理施用氮肥，注意补充镁、硼营养的施肥建议。傅世宗等（2004 年）也分析了莆田市枇杷园的土壤肥力状况，其结果与刘希蝶等（2007 年）的研究结果基本一致。施南芳等（2009 年）根据枇杷园土壤养分的测定结果，结合枇杷的生育特性和需肥规律，制定了相应的施肥方案，改善了土壤的结构与肥力，提高了肥料的利用率，降低了生产成本。杨勇胜（2004 年）对不同枇杷品种及土壤肥力的初果枇杷树进行了 7 种不同配方的施肥试验，结果表明：不同的配方施肥对幼龄枇杷树的开花量、树冠、枝梢量的影响较小，而对单果重、可溶性固形物含量和产量的影响明显。其中采用氮∶磷∶钾＝9∶8∶12 和氮∶磷∶钾＝9∶8∶13 两种配方施肥的效果较佳，有效地提高了单位面积的投入产出比，增加了纯收益。

果树营养诊断技术采用单一元素的临界范围法来指导施肥仍有许多实际困难，其原因在于叶片的元素含量因受果树品种、叶龄和叶片着生部位、土壤水分状况及农业栽培管理措施等多种因素的影响而有波动。随着叶分析技术的日益成熟，枇杷的营养诊断从单一元素的临界值诊断发展到综合诊断，出现了较科学的营养诊断和推荐施肥方法，其中被广泛采用的主要有 Beaufils 于 1973 年提出的 DRIS 法，它能诊断果树对营养元素的需要顺序，且诊断结果与果树品种、叶片部位等因素有关，诊断的准确性比临界范围法高。我国对这些方法仍处在试验检验阶段。谭正喜（1989 年）通过对高产枇杷园土壤和叶片矿质元素的测定，根据 Beaufils 的方法求得 DRIS 指数和营养平衡指数

（NBI），以此分别建立了酸性土壤和石灰性土壤的 DRIS 参考指标。将已建立的 DRIS 参考指标应用于低产果园、不同部位和不同季节叶片的营养诊断，并对其应用的可行性进行了讨论。结果表明，应用 DRIS 进行枇杷叶片的营养诊断，可揭示叶片组织的主要营养矛盾，确定养分的丰、缺度和可能成为限制因子元素的排列顺序，从而有效地指导施肥：先满足最需要的元素，控制过量元素，再酌情解决次要养分问题，以保障树体矿质元素的相对平衡。DRIS指数可以反映枇杷叶片养分元素之间的相互关系，定量地表示被诊断对象的总体营养状态，资料利于计算机存储处理和诊断定量化。DRIS 指数对枇杷叶片养分的含量变化反应敏感，能够反映不同部位、不同季节、不同功能叶片的营养特点和状态。另一方面，诊断结果也受到采样时间、采样位置、组织年龄的影响。

尽管仅根据 DRIS 诊断结果还不能确定施肥量，但可诊断需增施肥料的种类，结合临界值法和肥料效应方程即可确定施肥量。自 DRIS 诊断法问世以来，其已在柑橘、凤梨等多种果树上得到应用，积累了大量的资料。因此，有必要对 DRIS 诊断法所需的数据提出规范化处理和指数计算的计算机语言，以便更好地作出判断。李健等（2004 年）提出的 BDRIS 法（平衡态诊断施肥综合法），在传承 DRIS 的"作物营养平衡"思想的同时，彻底摆脱了比值诊断法的束缚，借助多维正态理论，建立了更能客观表达作物营养实际平衡状态的诊断模式。该方法不仅有效地提高了诊断准确率，而且统一了临界值诊断与平衡诊断的形式，解决了长期困扰该领域研究的难题。李健等建立的 BDRIS仅以椪柑为研究对象，其可靠性与适用范围尚需在枇杷等更多作物种类上加以验证。

三、枇杷对肥料养分的需求

（一）枇杷所需主要元素的作用

1. 氮

氮是枇杷生长需要量最多的元素之一。氮充足时可以增强树势，延迟开花期，果大、产量高，延迟果树衰老，对防冻也有一定的作用；但氮过多会导致枝梢徒长，果色、果味均淡，果肉较硬。若氮素供应不足，则会导致树势较弱，枝少且细短，叶小而薄，老叶早脱落，果小、产量低。

2. 磷

枇杷花前磷的吸收较少，花后磷的吸收增加并迅速达到吸收高峰直到生长后期。因此，磷大量存在于枇杷的繁殖器官中，施磷可提高坐果率，促进根系生长，提高果实的含糖量。磷可促钾的吸收，利于改善果实品质和提高抗寒、抗旱能力。缺磷的枇杷根系生长差，叶小、色暗绿，生长衰弱。

3. 钾

钾在花前的吸收也较少，花后迅速增加，以果实膨大到采收期吸收最多。果实发育常需较多的钾，高产园建设施钾尤其重要。钾大量存在于果实、叶片和新梢中，增施钾肥对促进枝条充实、果实膨大、提高果实品质和抗病力有明显的作用。

4. 钙

枇杷体内元素含量最多的是钙，钙可调节树体的酸碱度，含钙丰富的土壤枇杷树势健旺。缺钙时枇杷芽色变褐、枯死。

5. 镁

镁主要分布在果树的幼嫩部分，移动性强，因此幼叶比老叶镁的含量高。适量的镁素可促进果实增大，改善果实品质。常因与其他金属离子发生拮抗作用而引起镁的缺乏，酸性土壤、有机质少的土壤或施用钾肥过多的土壤易发生此类情况。

6. 硼

硼能促进花粉发芽和花粉管伸长，从而提高坐果率。硼影响碳水化合物的运输，利于糖和维生素的合成，提高蛋白质胶体的黏滞性，增强抗寒、抗旱等抗逆性，促进根系发育、提高根系的吸收能力。缺硼会使根、茎生长受到伤害，导致坐果率下降。

7. 锌

锌能增强果实的持水力。锌存在于碳酸酐酶中，能促进光合作用，参与生长素的合成，是谷氨酸脱氢酶、磷脂酶等多种酶的组成成分，是维持果树生理平衡不可缺少的元素。锌的适量供应能促进树体内的物质代谢，对树体的正常生长十分有利。

8. 铁

铁是多种氧化酶的组成成分，参与氧化还原过程。铁可促进叶绿素的合成，是维持叶绿体功能的物理性状所必需的。树体内的铁因流动性较差而不能被再利用。土壤中多种金属离子（如锰、铜、锌、钾、钙、镁）以及高 pH 值、高重碳酸盐和高磷等均会影响铁的吸收从而导致缺铁。

9. 锰

作为酶的活化剂，锰影响果树的光合作用、呼吸作用和硝酸还原作用，参与叶绿素的合成。适量的锰可提高维生素 C 的含量，维持果树正常的生理活动。土壤施石灰或施铵态氮都会减少锰的吸收量。在树体中锰多则铁少，铁多又会缺锰。

(二)枇杷不同生长发育阶段需肥特点

根据枇杷各生长发育时期需肥的不同,将枇杷的生命周期划分为幼树期、结果初期、结果盛期和衰老期等四个阶段。

1. 幼树期

枇杷定植后的前两年(即初果期前)为幼树期。枇杷幼树以营养生长为主,在南亚热带,春、夏、秋、冬四季均可抽梢,枝叶量迅速增加。因该阶段枇杷根系量少且分布范围小,施肥要薄肥勤施,年施肥 5~8 次,以施氮肥为主并结合少量的磷、钾肥;在抽梢前和抽梢后 15 d 各施一次促梢肥和壮梢肥,施肥位置要逐渐外扩。

2. 结果初期

定植后 3~5 年为结果初期。这一阶段枇杷树还要进行营养生长以扩大树冠,同时逐步开花结果,根系生长也已趋完善。此时减少施肥次数,但增加每次的施肥量,年施肥 3~4 次,调整氮、磷、钾的比例,增加磷、钾肥的施用,促进开花结果。

3. 结果盛期

定植后 6~7 年开始,枇杷树冠接近封行,是产量基本稳定的阶段。这期间枇杷树冠的扩大速度逐渐放慢,树形已经形成。根据枇杷结果的营养特点,调整肥料种类、施肥量及配比,如适当增施钾肥和钙肥。以营养生长和开花结果的适中比例,协调营养生长与生殖生长的平衡关系,从而保持树势、产量与品质。

4. 衰老期

枇杷结果 20~30 年后,枝梢生长弱,内膛空虚,产量下降,树势渐弱并趋向衰老。枇杷这一阶段常采用重剪技术促发枝梢和根系,以恢复树势,这时需要大量的营养物质。因此,应结合土壤改良,增加施肥量,并施以氮肥为主的速效肥。

(三)枇杷需肥特点

据日本长崎县果树试验场(1978 年)的试验,枇杷的果实、叶、枝、根中各元素占干物质的比例加权平均后为钙 0.71%、钾 0.53%、氮 0.39%、镁 0.1%、磷 0.06%,说明全树吸收钙最多、磷最少。印度的辛格氏也测定了枇杷果实中的元素含量,为氮 0.89%、磷(P_2O_5)0.81%、钾(K_2O)3.19%、钙(CaO)0.76%、镁(MgO)0.16%、氯 0.024%、灰分 9.2%,表明枇杷果实中含钾量最高,故结果期的枇杷树要增施钾肥以满足果实发育之所需。我国枇杷园多分布在土壤有机质及钙、镁含量低的偏酸性坡地,施肥不当更加剧了土壤肥力的衰退。因此,在增施钾肥的同时还应注意增施钙、镁和有机质肥。

枇杷结果树的施肥各要素要比例适当，并增施有机肥，这样才能改善果实的品质。若氮肥过多，则果色差、味淡，表观和内在品质差；如钾肥过多，则果酸增加，果肉粗硬，口感差。台湾中兴大学枇杷施肥试验的结果表明，山坡地枇杷园以施用氮：磷：钾比例为4：2：3的复合肥较好，并适当增加钙、镁及有机肥料的施入。

枇杷的需肥量与品种、树龄、生长结果状况等内在因素和土壤、气候、管理等外界条件密切相关。肥量过多或不足，均对果树生长发育有不良影响，据辽宁省农业科学研究所1971年报道，在一定范围内，果树的吸肥量随施肥量的增加而增加，但超过一定的范围时，施肥量增加吸收量下降。果树的生长和产量会因不同的土壤肥力而异，一般而言，果树的生长和产量会随着土壤养分的增加而增加，但当土壤养分含量超过一定的范围时，果树的生长和产量就不再增加。施南方等（2009年）研究证实，枇杷需肥期与物候期密切相关，养分供应首先满足生命活动最旺盛的器官，养分分配中心随物候期的变化而发生转移，且枇杷对氮、磷、钾三要素的吸收也随物候期不同而变化。枇杷在不同的生育阶段的需肥量不同，一般幼树、旺树的需肥量较少，可适当少施，大树、结果多的树应适当多施。不同枇杷品种的物候期可能不同，需肥也就不同；即使同一品种也因不同砧木及其吸肥和供肥情况不同，树体养分的含量和生长发育也不一样。因此，应根据不同的砧木来适当地增减施肥量。

(四)枇杷需肥量的确定

我国枇杷栽培历史悠久，在生产实践中积累了宝贵的施肥经验。综合分析不同树势、产量和品质的果园施肥的种类和数量，总结施肥经验，并结合树体生长结果的反应，通过田间试验而不断加以调整，使之更符合枇杷的要求，最终确定枇杷适宜的施肥量。这是一种简单易行、行之有效的方法。如福建省地方标准规定（2009年），在莆田枇杷原产地地理标志产品的栽培中，根据施肥经验和田间肥料试验制定了施肥方法：以有机肥为主，适当配施化肥。每株年施纯氮0.4~0.8 kg，有机肥用量占50%以上，氮：磷：钾的比例为1.0：0.6：1.0~1.2，分别于采后、抽穗期、幼果期施用，其中采后肥占40%、花穗肥占40%、幼果壮果肥占20%。叶片分析能较及时、准确地反映树体的营养状况，分析出各种营养元素的不足、适宜或过剩，以确定施入适宜的肥料种类和数量。因该方法比较可靠而备受推崇。

利用叶分析技术对果树进行营养诊断，目的不仅仅是提出适宜的施肥量，而且还要通过调节施肥来解决树体营养不平衡的问题。然而不当的栽培管理往往是树体营养不平衡的重要原因，因此，通过营养诊断发现栽培管理中存在的限制因子，并采取适当的措施来调节果树对营养元素的吸收、利用、分配和积累，从而实现营养的平衡。

（五）施肥量计算（理论施肥量计算）

目前，学界公认的操作性较强的理论施肥量计算方法是：计算施肥量前应先测出枇杷植株各器官每年从土壤中吸收的各种营养元素量，扣除土壤中可供给量，再考虑肥料的损失，其差额即为理论施肥量。施肥量的计算公式为：

理论施肥量＝（枇杷植株吸收肥料元素量－土壤供给量）/肥料利用率

式中的"土壤供给量"一般可按氮为吸收量的 33.3%、磷为 30%、钾为 40% 考虑；施液肥和灌水施肥法可显著提高肥料的利用率，计算施肥量时，可适当提高其中的"肥料利用率"。

四、缺素症状及矫正技术

果树缺素症又叫果树生理性病害或非侵染性病害，是由于生长环境中缺乏某种营养元素或营养物质不能被果树根系吸收利用而引起的。在生产中，由于土壤质量差和管理不善等原因，果树常常出现缺素症状，影响产量和质量，进而影响经济效益。了解各种元素缺少或过多时的表现症状，并及时采取相应的防治措施，有利于果树的正常生长发育。缺素症可通过补充相应的元素肥料得到矫正。几十年来，枇杷科技工作者越来越重视用营养诊断来指导合理施肥的研究与实践，根据缺素症状与产生的原因采取相应的矫正技术，在枇杷生产中取得了显著的效益。

（一）主要缺素症状与补救措施

果树缺乏某种元素时，常在形态上表现出特有的症状，如失绿、现斑、畸形等。缺乏不同的元素时所表现的症状常有不同，下面介绍一些常见的枇杷缺素症及其预防与补救措施。

1. 缺钾症

据印度辛格（M. P. Sing）1952 年的报道，枇杷果实的钾含量为氮、磷的 3 倍多。有人称钾为枇杷的"壮果元素"。枇杷缺钾时，新梢细弱，叶失绿，叶尖或叶缘出现黄褐色枯斑，叶片易脱落，结果率低；并表现出果形小且着色差、糖分少等症状。当极度缺钾时，叶缘先呈淡绿色后渐变成焦枯色。

土壤干旱或过湿时易缺钾。

预防与补救措施：幼果期（套袋前）可用 0.2%～0.3% 的磷酸二氢钾或 0.3%～0.5% 的硫酸钾结合喷药作根外追肥 3～5 次；在花芽分化及果实膨大

期，沟施硫酸钾、草木灰等钾肥。

2. 缺硼症

枇杷要求土壤能提供有效硼的浓度是 $0.1 \sim 0.5$ mg/kg，要求叶片的含硼量不得少于 15 mg/kg。因硼在树体内多呈不溶状态，多雨土壤中的硼易流失，干旱时枇杷吸收硼困难；再则土壤中的钙与可溶性硼容易结合成极难溶的偏硼酸钙，所以枇杷常缺硼。姚宝全等（2008 年）对莆田枇杷主产区土壤的研究结果证实了上述观点。枇杷缺硼的主要表现为：茎顶端生长受阻；根生长不良或尖端坏死；叶片增厚变脆或出现失绿坏死斑点；花丝、花药萎缩，花粉异常，花粉的萌发和花粉管的伸长受阻并影响受精，对枇杷的开花结果有明显的抑制作用。

预防与补救措施：①园地覆盖能够保肥、保土、保温、保湿，对预防缺硼的效果最好。②干旱时期要及时灌水、浇水或喷灌抗旱。③在花期前后用 0.1% 的硼砂加 0.2% 的尿素连喷 4 次（即 9 月上旬、9 月中旬、10 月下旬、12 月下旬各喷一次）。④增施有机肥以改良土壤，可以克服缺硼症。

3. 缺钙症

枇杷缺钙时，根尖伸长停止，根毛畸变；叶片顶端或边缘生长受阻直至枯萎；枯花较严重。枇杷的果实缺钙症较多见，果实缺钙（特别是在高氮低钙的情况下）可引发多种生理失调症，并降低果实的贮藏性能，如木栓病、心腐病、水心病、裂果等；而钙过量将因离子间的竞争而并发锰、锌、铁、硼缺素症。枇杷成熟果实的缺钙有两种症状表现：一是果实黑脐病，俗称"黑肚脐、黑筒、黑顶"，表现为萼筒周围的皮部发僵，萼筒附近的果肉软绵；果实近成熟时呈皮硬肉松的青僵症状；果实成熟后因腐败菌侵入软绵果肉而引发黑色腐烂，外果皮仍青僵且透露黑晕。发病果实有臭味和苦味，不能食用。二是果实干缩病，俗称"硬头、树头干、鬼哮果"，是因枇杷缺钙而使果肉软绵的生理性病害所致，此类果实成熟时如遇高温烈日，则会干瘪而不能食用。

预防与补救措施：①在 pH 值 5.0 以下或土壤沙性较重的园地施生石灰（约1 500 kg/hm²）。②合理疏除花果，有条件的可增设避雨和防晒（遮阴网）设施。③于花后 $2 \sim 4$ 周及采前 3 周，每隔 15 d 树冠喷布 $0.3\% \sim 0.5\%$ 的硝酸钙一次，连喷 $3 \sim 4$ 次。④在采果后到孕蕾前，喷洒波尔多液、石硫合剂等农药，既防病又补钙。

4. 缺铜症

枇杷缺铜在叶片、枝梢上无明显的症状表现，果实出现硬皮症。果实成熟时病部的果皮仍呈不匀的深绿斑，皮与肉粘连而不易分离；因去果皮时皮脆易断，故称"脆皮果"。除新垦山地易缺铜以外，常因果园山地的坡度大、土壤沙性重、结果量多而易发缺铜症。

预防与补救措施：结合防病，喷布波尔多液等适用药剂。

5. 缺镁症

酸性和沙性较重的土壤常缺镁。枇杷缺镁时叶片失绿，叶脉间叶肉呈黄绿相间的斑块，叶片很快变黄脱落。但镁过量将减少枇杷对钙的吸收。

预防与补救措施：①选择以钙镁磷肥作为补镁肥料并注重土壤改良；土壤 pH 值在 6.0 以上时可施用硝酸镁和硫酸镁；而 pH 值在 4.5～5.0 的土壤可施用碳酸镁和部分硫酸镁。②因土壤中的镁易于流失，枇杷结果树应结合基肥混合株施硫酸镁约 0.5 kg，并于盛花后 4 周采用 0.3％的硫酸镁溶液喷布树体。

(二)其他缺素症状与补救措施

目前尚无实证性的文献对枇杷的缺素症状进行全面的描述，在除上述元素外的其他缺素症的资料方面，牟水元(2006 年)和王艳君(2007 年)等对一般果树缺素症状的描述可供参考。

1. 缺氮症

树体缺氮时表现为叶小、薄、淡绿色，老叶早脱落，新梢细、短，花芽、花和果均少，根系不发达，树体衰弱，植株矮小。树体中氮素过多时营养生长旺盛，新梢徒长，不利于花芽的分化，从而导致结果少。氮素过多还会导致幼树的抗寒性差，果实品质下降。

预防与补救措施：一是按每年 0.05～0.06 kg/株纯氮，或每 100 kg 果 0.7～1 kg 纯氮的指标要求，于采后至花芽分化前，将碳铵、尿素等氮肥开沟施入地下 60 cm 处。二是在果树生长季采用 0.3％～0.5％的尿素结合喷药进行根外追肥 3～5 次。

2. 缺磷症

树体缺磷时细胞生长受阻，花芽分化不良，萌芽率降低，萌芽期、展叶和开花延迟，树体生长迟缓，叶小且带有暗铜绿色至淡紫色，叶缘出现不规则的坏死斑，叶片脱落早；新梢和根系生长减弱，发枝少、叶稀、果小，果实品质差。磷过量时，将造成锌的不足并影响氮、钾的吸收，使叶片黄化，产量降低，出现缺铁症状。

预防与补救措施：在花后 15 d 至采果前 40 d，将过磷酸钙或钙镁磷肥等磷肥与有机肥料混合沟施；生长季可用 1％～3％的过磷酸钙液结合喷药作根外追肥 2～3 次。施肥时应重视氮、磷、钾的比例适宜。

3. 缺锌症

缺锌表现为抽芽迟，新梢节间变短，叶片变小、变窄，叶质脆硬且呈浓淡不匀的黄绿色。病枝花果小、少、畸形。称为小叶病。灌水过多、伤根多、重修剪易出现缺锌症。

预防与补救措施：结果树结合施基肥混施硫酸锌或硝酸锌 0.5～1 kg/株；于盛花后 3 周采用 0.2% 的硫酸锌混合 0.3%～0.5% 的尿素喷洒，提高叶片中锌的含量。降低磷锌比的防病效果更显著。

4. 缺铁症

树体缺铁时会抑制叶绿素的合成而使幼叶显失绿现象，叶肉变黄，严重时叶脉也变黄，叶片出现褐色枯斑或枯边、易脱落，称为黄叶病。铁在树体内的移动性差，缺铁先表现在幼叶上。

预防与补救措施：栽培上通过多施有机肥以调整土壤的 pH 值来加以克服。发病树在基肥中混施 500～1 000 g 硫酸亚铁，效果可维持 1～2 年；或树干高压注射 0.1% 的柠檬酸铁 10 mL。发芽期和新梢生长初期每隔 15 d 喷 0.3%～0.5% 的硫酸亚铁一次，共喷 3～4 次。

5. 缺锰症

缺锰树体的叶绿素含量低，褪绿现象从主脉向叶缘发展，叶脉间和叶脉发生焦枯的斑点，叶子脱落早。叶片由绿变黄，出现灰色或褐色斑点，最后导致焦枯。缺锰严重时会影响生长和结果。

预防与补救措施：缺锰时每隔 15 d 在树冠喷布 0.3% 的硫酸锰一次，共喷 3 次。当土壤中的锰含量极少时才可将硫酸锰混合在有机肥中进行撒施补充锰。

(三)缺素症状辨别

有些矿质营养元素的缺乏症状很相似，易于混淆。如缺锌、缺锰、缺铁和缺镁均表现脉间失绿症状，但又不尽相同，可依据叶片的大小和形状、失绿部位和反差强弱加以辨别。

1. 叶片大小和形状

缺锌时叶片小而窄，在枝顶向上直立呈簇生状；缺乏其他微量元素时，叶片大小正常而无小叶出现。

2. 失绿的部位

缺锌、缺锰和缺镁的叶片仅脉间失绿，叶脉及叶脉附近仍为绿色。而缺铁叶片仅叶脉为绿色，脉间及叶脉附近均失绿，严重缺铁时较细的侧脉也失绿。缺镁时叶片有时在叶尖和叶基仍为绿色，这与缺乏微量元素有明显的不同。

3. 反差强弱

缺锌、缺镁时，失绿部分呈浅绿、黄绿以至于灰绿，中脉或叶脉附近仍保持原有的绿色。绿色与失绿相比色差大。缺铁叶片几乎成灰白色，反差更大。而缺锰时的反差较小，是深绿或浅绿色的差异，有时要迎着阳光仔细观察才能发现，与缺乏其他元素有明显的不同。

(四)缺素症起因分析

1. 土壤贫瘠

有些由于受成土母质和有机质含量等的影响，土壤中某些种类营养元素的含量偏低。

2. 土壤 pH 值

pH 值是影响土壤营养元素有效性的重要因素。酸性土壤中铁、锰、锌、铜、硼等元素的溶解度较大，有效性较高；中性或碱性土壤中则因易发生沉淀或吸附作用而降低它们的有效性。中性(pH 值 6.5～7.5)土壤中磷的有效性较高，但酸性或石灰性土壤中则易与铁、铝或钙发生化学变化而沉淀，有效性明显下降。在偏酸性和偏碱性土壤中生长的植物易发生缺素症，如石灰性土壤中常缺锰、缺铁、缺锌，酸性土壤中常缺镁或缺锌。

3. 营养失衡

大量施用氮肥会使植物的生长量急剧增加，对其他营养元素的需要量也相应提高，如不能同时提高其他营养元素的供应量，就可能导致营养元素的比例失调，发生生理障碍。因土壤中某种营养元素过量而引发元素间的拮抗作用，也会促使另一种元素的吸收、利用被抑制而发生缺素症。如大量施用钾肥会诱发缺镁症，大量施用磷肥会诱发缺锌症，等等。

4. 土壤性质

结构不良的土壤将阻碍根系的发育与呼吸，使根的养分吸收面过狭而导致缺素症。

5. 气候条件

低温既影响土壤养分的释放速度，又影响根系对多数营养元素的吸收速度，尤以对磷、钾的吸收最为敏感。中国南方酸性土壤的缺硼、缺镁，与雨水过多造成的硼、镁淋失有关，严重干旱也会促使某些养分被固定和抑制土壤微生物的分解作用，从而降低养分的有效性，导致缺素症发生。

(五)土壤矫正技术

黄祥庆和蔡宜峰(1994 年)对枇杷园各类土壤的缺素症提出了有针对性的措施。

1. 红壤

红壤为洪积层土壤，土壤结构优良，排水良好，但因受强烈淋洗而使土壤中的钙、镁、钾等盐基物质大量流失，土壤中的铁、锰、铝含量高，使枇杷的根部易于受害，磷等元素易被固定而降低有效性，土壤肥力中下，pH 值在 3.2～5.5 之间，土壤较黏重而透气性差，有黏聚层形成硬盘，枇杷根难以吸收土壤深层的养分。广东和福建北部及贵州、四川、浙江、安徽、江苏等部分地区有此类土壤。

应加强增进土壤肥力，打破黏粒淀积层，改善土壤酸性，多施有机质肥料及磷钾肥，并补充微量元素。设置灌溉系统，以利于干旱施肥及灌溉。

2. 黄壤

为黄红色灰化土，由砂岩、页岩及黏板岩等母质所形成，土壤呈屑粒及块状结构，排水良好，钙、镁、钾等盐基离子浓度在中上程度，肥力中等，微量元素常缺乏，无石灰结核，有部分铁、锰结核，土壤养分比红壤为高，渗透性中等，但也有黏聚层，pH 值 5.0～6.0，土壤质地黏、粗，底土比表土黏重。除参照红壤的改良方法外，须注意加强水土保持措施，如构筑梯田、平台阶段及种植百喜草和绿肥等覆盖作物，以防止表土流失及增进土壤肥力。

3. 砂页岩非石灰性冲积土

为砂页岩母质所形成，pH 值为 4.0～5.5，含沙量高，透水性良好，土壤盐基物质大部分淋失，硅量低，锌、铜、硼、钼等微量元素缺乏，土壤质地黏、粗，肥沃度低。可参照红壤的改良方法，以多施有机肥料及石灰改良土壤酸性，并注意土壤肥培管理以增进土壤肥力。

4. 片岩冲积土

为片岩母质所形成，无石灰结核，在酸性土壤中有铁、锰沉积层，土壤结构不明显，质地多为坋质壤土，砾石土多且肥力低，常缺乏微量元素，土壤的透气性中上，排水良好。须多施有机肥，适时补充微量元素及进行肥培管理，以增进地力。

5. 片岩黏板岩混合冲积土

为片岩、黏板岩母质混合所形成，常有微量元素缺乏迹象，有铁、锰结核，土壤结构不明显，呈酸性至微碱性，pH 值 5.0～7.0，土壤透气性中上程度，质地以坋质壤土为多，肥力中等，排水良好。与片岩冲积土相同，以加强土壤肥培管理、适时补充微量元素为主要改良措施。

6. 紫色土

紫色土发育于亚热带地区石灰性紫色砂页岩母质土壤，水土流失快，土层浅薄，钙、磷和钾等矿质营养元素的含量丰富，呈中性或微碱性反应，有机质含量低。多施有机肥以增加土壤有机质和氮的含量，是提高其生产力的重要措施。以我国四川盆地分布最广。

第二节　果园土、肥、水管理

一、土壤管理

土壤是枇杷根系的生长环境，改良土壤可为根系生长发育提供一个良好的环境，为枇杷优质高产奠定基础。土壤的透气性、含水量、温度、养分含量及酸碱度等因素都会影响根系的生长发育。土壤透气性是根系生长和功能发挥的限制因子，改善透气性是土壤改良的首要任务。土壤中氧气含量小于5％时根系生长缓慢甚至停止，大于10％时根系才可正常生长，大于15％时新根才能发生。土壤的透气性与土壤的质地、土壤的含水量等有关，枇杷生长要求的含水量以40％～50％为宜，过高或过低均不利于枇杷的正常生长。枇杷根系在土温5～6℃时开始活动，9～12℃时生长缓慢，18～22℃时生长最旺盛，30℃以上时基本停止生长(赖钟雄，2006年)。

土壤管理是枇杷最基本的栽培措施之一，但也易被人所忽视。种植前选择适宜枇杷栽培的土壤条件，一般以土质疏松、排水和透气良好的壤土或沙质壤土，土层深厚，有机质含量在1.2％以上，土壤的pH值以5.5～6.5为佳。通过实行生草栽培、逐年深翻改土、增施有机肥等土壤管理措施，可以改良枇杷园土壤的结构和理化性质，增强保水、保肥能力，加深活土层，达到使土壤的透气性、土壤的含水量和土壤的养分等相互协调的目的，使枇杷根系在适宜的水、气、温度条件下较好地生长发育，有利于提高枇杷的产量和品质。

1. 清耕制

清耕制是我国果园的传统土壤管理办法。通常果园每年中耕除草5～6次，耕翻深度一般为15～20 cm，使土壤保持疏松、无杂草的状态，减少杂草与枇杷争夺养分，利于土壤升温、保墒和通气，促进土壤中的有机质和施入的有机肥的矿化，适时满足枇杷对各种养分的需求。但清耕不利于土壤积累有机质，频繁耕作对土壤的团粒结构具有破坏作用，土壤胶性降低，湿易散、干易结，保水、保肥性差，坡地果园易发生水土流失和风蚀。在劳动力成本不断上涨的情况下，对山地沙性较强的果园，清耕制弊多利少。

2. 覆草法

覆草是防止坡地果园水土流失、滋生杂草，提高土壤的隔热和保温能力，增加土壤有机质的有效措施之一，同时也是无灌溉条件下果园保水的有力措施。利用秸秆、绿肥、杂草等有机物质(15～20 cm 厚)覆盖果园的地面,方式有树盘覆盖、行内覆盖和全园覆盖。覆盖时在树干基部四周要留出 10～15 cm 的空隙,以防止根颈部感染白羽纹病等。为防止覆草被风刮走,覆盖物上应适当压土。秋冬季干旱时要注意防火。覆草具有良好的生态效应,能起到冬季升温、夏季降温、减少水分蒸发、防止水土流失、有效提高土壤中速效氮、磷、钾含量等作用,对提高能量的利用效率、维护果园的生态平衡具有显著的效果(邱良妙等,2004 年)。日本科技人员对人工除草、除草剂和覆草对杂草的控制效果进行过比较,认为覆草的除草效果最好,其次是除草剂,最差的是人工除草(刘成先,2005 年)。但是覆草也会使某些病虫害增多,低洼地雨季易产生涝害。因而,排水不良的果园不宜覆草。

3. 铺反光膜

在枇杷园地面铺设反光膜,夏天高温季节能阴蔽土壤,防止土温的剧烈变化,并抑制杂草的生长,防止水土流失和保持土壤水分,利于根系的生长与吸收;而在寒冷冬季利于土壤保温。铺设反光膜可增加地面反射光,改善树体的光照条件,增强叶片的光合作用,促进光合产物的积累,提高果实品质和促进提早成熟(蔡宗启等,2004 年)。李靖等(2011 年)研究发现,在设施栽培条件下铺设银灰色反光膜可有效地改善枇杷叶幕下的光环境,提高枇杷果实的产量和品质。铺反光膜前要做好平整园地、松土、施肥和除草等工作,在园地四周挖通排水沟,在枇杷树冠下及株行间地面铺反光膜。铺膜时,将反光膜紧贴地面,但不要拉得太紧,铺膜后,用石头或泥土将边缘压住。

4. 果园生草

果园生草是指除树盘外果园地面保留自然生草或人工生草,适时收割就地覆盖地面的一种土壤管理方法。据徐明岗等(2001 年)报道,在新垦或幼龄果园套种牧草,因增加了园地的植被覆盖度而使雨水的地面径流量明显减少,提高了土壤的水分含量。果园生草可改善山地果园的生态小气候,降低地表温度 3.9～7.6℃(李苹等,2009 年)。果园生草能提高土壤的有机质含量,培肥土壤。20 世纪 80 年代辽宁省果树科学研究所的研究表明,果园生草 3 年,0～40 cm 处土层的有机质含量,生长红三叶的为 1.69%,生长野麦草的为 1.80%,而清耕的只有 1.44%(刘成先,2005 年)。生草果园土壤中的全氮、磷、钾的含量比清耕对照分别提高了 38.03%、7.10% 和 2.40%,碱解氮、速效磷和速效钾的含量比清耕对照分别提高了 16.29% 和 18.98% 和 9.76%(蒋瑞华等,1999 年)。广东省农科院土壤肥料研究所也进行了果园间种白花草、三叶草、芒萁并压青的定位测定试验,结果表明,间种这 3 种草与无覆盖处理相比,pH 值提高了 0.5～0.7,有机质含量提高了 1.1～3.3 mg/kg,土壤中的碱解氮、速效磷和速效钾分别提高了 2.5～7.1 mg/kg、0.8～2.1

mg/kg 和 5.8~12.2 mg/kg(李苹等，2009 年)。以上研究充分说明了生草培肥土壤的作用，而且果园生草还能减少施肥费用，并免除了土壤耕作的繁重劳动及用工费用。

曾日秋等(2010 年)发现，在枇杷园套种圆叶决明(*Chamaecrista rotundifolia*)能使果实的总酸含量下降，可溶性固形物含量增加，可提高枇杷产量和果品质量。果园生草可为天敌及多种中性昆虫提供良好的栖息环境，能够有效增加昆虫天敌、中性昆虫、蜘蛛类群的种类和数量，充分发挥其对害虫的自然控制作用，减少害虫的发生量，从而可以减少农药用量，减轻果品的农药污染，牧草还能减少越冬病虫源的滋长，减轻病虫害的发生(邱良妙等，2004 年；占志雄等，2005 年；刘国强等，2009 年)。

果园生草是值得推广的一项土壤管理技术。为了充分发挥果园生草的效应，必须强化生草的科学管理。人工生草可套种印度豇豆(*Vigna sesquipedalis*)、圆叶决明和羽叶决明(*Cassia nict itans*)等豆科作物(这些作物可兼作饲料)，或百喜草(*Paspalum natatu*)、黑麦草(*Lolium perenne*)等绿肥，发展种养结合的经营模式，提高单位面积的综合效益(刘国强等，2009 年)。播前施足肥料，整好地。播种量取决于草的种类，一般禾本科草 7.5~37.5 kg/hm²，豆科草 15~75 kg/hm²，豆科和禾本科混播时 7.5~37.5 kg/hm²。播草种时或苗期要加强肥水管理以提高绿肥产量，避免其与果树争夺养分而影响枇杷生长。规范生草范围和收割高度，幼龄枇杷园行内保留 1 m 左右的清耕带或覆草带，实行行间生草；投产期枇杷园行内清耕带或覆草带增至 1.5~2.0 m。适时收割生草，收割高度以 50 cm 为限，以免妨碍果树的正常生长；收割后留草高 20~30 cm。播种前和生草期间应彻底清除恶性杂草如芦苇(*Phragmites australis*)、白茅(*Imperata cylindrica*)、芒萁骨(*Dicranopteris pedata*)等，并及时翻埋，杜绝其蔓延(刘国强等，2009 年)。

5. 果园改土

枇杷根系分布浅，细根不发达，"根冠比"小(为温州蜜柑的 1/3)。深翻与扩穴结合翻埋有机肥改土，可改善果园土壤的理化性质以促进根系向深处生长。一些果农错误地认为，枇杷园一旦建成，土壤管理就可有可无。不少果园为省工省钱将枇杷的定植穴挖得太小，建园后若不深翻与扩穴，将严重制约根系的生长。有些枇杷园虽进行深翻与扩穴改土，但因操作不当而大量伤根，导致树势衰退、产量逐年减少。因此，枇杷在定植时需挖大穴或定植沟，在幼龄期还要深翻，深翻时结合翻埋有机肥改土。深翻改土对土壤起熟化作用，为果树提供营养物质，增进土壤中的微生物活动，改善土壤的团粒结构，增强土壤的缓冲性和自控能力，为枇杷根系的发育创造良好的土壤环境。深翻改土是促进枇杷树速生早果的重要土壤管理措施。

扩穴结合施用有机肥改土通常是在枇杷定植 2～3 年后进行的，此时根系已布满定植穴，树冠初步形成并开始开花结果。如不进行扩穴改土，根系向外拓展困难，将直接影响枇杷树的生长发育，对土壤贫瘠的果园尤其如此。随着树龄的增加根系逐年向外扩展，且根系的延伸速度快于树冠，过晚扩穴会造成伤根增多，这正是一些枇杷园在深翻扩穴后树势变弱的原因。扩穴改土常在两三年内逐年完成，避免集中用工、用肥。每次改土的范围控制在基本能满足根系生长对养分的需求，且改土范围之外很少有根系深入，来年改土时不会或很少伤根，以更好地满足枇杷生长对土壤养分的需求（黄金松，2000 年；林顺权等，2008 年）。

深翻与扩穴改土宜结合秋施基肥同时进行，此时气温高有利于根系的发育和改土后伤根的恢复。一般在幼树树冠外的土壤进行深翻 15～20 cm，结合翻埋堆肥、草木灰、过磷酸钙等。2～3 年生的枇杷幼树在定植穴挖深宽各约 40 cm 的环形沟，分层填入秸秆、石灰、有机肥和磷钾肥等。3～4 年以上的幼树多采用在定植穴外一边或对应两边开长 1.5 m，深、宽各 50 cm 的条状沟，秸秆和绿肥垫底并撒入适量石灰和钙镁磷肥，待回填表土 10 cm 后，再把腐熟的畜禽粪便、垃圾土、底土分层回填，底土压在表层，让其逐渐风化。下一年再在另外两边开沟扩穴，两三年轮流扩穴一圈；之后成年盛产期的枇杷树还可再向外扩穴一圈。深翻与扩穴改土后要及时灌透水，促使根系与土壤密切接触，以利于根系的发育和伤根的恢复（黄金松，2000 年；林顺权等，2008 年）。

6. 调整 pH 值

pH 值是土壤的重要化学性质，它影响到土壤的吸附-解吸、氧化-还原、络合-解离以及溶解-沉淀等一系列的化学平衡，进而直接影响土壤中钙、镁、磷等大量元素和铁、锰、铜、锌、钼等微量元素的离子形态和有效度（王徽，2008 年）；土壤的 pH 值还影响土壤中微生物种类的分布及其活动，特别是与土壤中有机质的分解、氯和硫等营养元素及其化合物的转化关系尤为密切（关连珠，2000 年）。土壤的 pH 值与土壤碱解氮、速效磷、速效钾的含量均呈显著的负相关；不合理地使用化肥将会导致土壤酸化、肥力下降的负面效应（黄国勤等，2004 年）。

土壤酸化已成为土壤退化的主要因素之一，我国果园出现了不同程度的酸化现象，尤其是南方酸性土壤果园的酸化较重（曾希柏，2000 年）。庄绍东等（2002 年）在调查时也发现，福建的大部分果园土壤的 pH 值＜5.5，如莆田市常太、新县枇杷产区土壤的 pH 值分别为 4.50 和 4.81，属于酸性土壤，富含铁、锰、铝（王徽，2008 年）。土壤的酸化不仅使土壤进一步贫瘠化，大量营养元素淋失，造成土壤肥力下降，更是会引起某些重金属元素的淋出而毒害植物根系，对土壤的基本属性及果树生长和产量等产生一系列的影响(姚晓芹等，2006年)。不同的果树种类要求不同的土壤酸碱条件，枇杷适宜在pH值5.5~8.0的土壤上生长，但以pH值6.0为最好(吴少华等，2004年)。当土壤的pH值>8.0或<5.5时，果树的生长会受到抑制甚至死亡(仝月澳等，1982年)。下面是调整pH值的几种方法。

(1)生草栽培。采用生草栽培不但能缓解降雨对土壤的冲刷造成的水土流失，而且还降低了土壤中碱性盐基的淋溶，防止土壤酸化(黄建昌等，2010年)。蒋瑞华等(1999年)在莆田市常太镇库区研究了橄榄园、枇杷园进行牧草覆盖对土壤pH值的影响，发现牧草覆盖果园土壤的pH值比对照(清耕)提高了0.419。广东省农科院土壤肥料研究所的李苹等(2009年)在果园间种了白花草(*Ageratum conyzoides*)、三叶草(*Trifolium repens*)、芒草(*Miscanthus sinesis*)等，发现生草栽培果园的土壤pH值比无生草覆盖的提高了0.5~0.7。果园采用生草栽培方式可以有效地防止土壤酸化，改善土壤环境，利于枇杷的生长。

(2)适施石灰。利用石灰可中和酸性的特性来提高土壤的pH值，是防止土壤酸化与酸性土壤改良简便而实用的方法(黄建昌等，2010年)。王桂华等(2005年)于2003—2004年施用生石灰改良苹果园土壤，结果表明，施用生石灰(300 g/m²)能明显提高土壤的pH值，随着施用量的增加土壤的pH值逐渐上升，果实品质也得到了改善。石灰的施用量依土壤和果树的生长状况而定，枇杷园土壤的pH值在5.0以下时为900 kg/hm²，pH值在5.0~5.5时为600 kg/hm²，pH值在5.5~6.0时为375 kg/hm²，随着枇杷园土壤熟化度的提高和pH值的上升，石灰的施用量要相应减少。

(3)选用碱性肥。酸性土壤在进行施肥时，选择施用生理碱性肥料可提高土壤的pH值，如施用硝酸钾等生理碱性肥料，因其所含的氮素为硝态氮形态，有利于果树对养分的吸收利用，很适于在酸性土壤上施用。草木灰富含钙和钾，在酸性土壤中施用不仅能降低土壤的酸度，还可补充钾、磷、钙、镁和一些微量元素(宁建美等，2009年)。针对果农的施肥习惯和果园的土壤特性，要增加钙镁磷肥的施用，避免施用铵态氮肥、过磷酸钙等酸性肥料，特别是碳酸氢铵、氯化铵等的大量施用，以减少铵态氮对土壤酸化的影响。

(4)增施有机肥。土壤中有机质的增加既可改善土壤结构、提高土壤肥力，又能有效提高土壤对酸碱的缓冲性，使土壤不因施肥所引起氢离子的增加而强烈地改变土壤的pH值，保持土壤pH值的相对温和，防止土壤酸化。因此，增施有机肥是防止果园土壤酸化、培肥地力的有效途径。人畜粪尿、鸡鸭粪、杂草等有机肥或商品有机肥不仅肥力持久，也含有较丰富的钙、镁、钠、钾等中、微量元素，可以补充由于土壤酸化而造成的盐基离子淋失，使土壤的 pH 值在自然条件下不会因外界条件的改变而剧烈地变化。有机肥料必须经高温堆沤无害化处理后再施用，以防止有机肥发酵伤根以及有机肥在土壤中腐解分泌有机酸，加剧土壤的酸化。

二、合理施肥

土壤养分是保证枇杷生长结实的必要条件。施肥就是根据土壤供给营养元素的能力进行养分补充与调节，增加土壤缺乏的营养元素，改变土壤原有的养分比例，使土壤养分建立新的平衡，从而有利于树体的生长和开花结实。然而，在枇杷生产中盲目施肥的现象比较普遍。据调查，大多数果农片面追求产量，以施单质化肥与 1∶1∶1 的复合肥为主，这样不仅造成了肥料的浪费，而且还使营养元素的搭配不平衡，开花、结实率和果实品质下降，树体的抗病、抗寒能力降低，特别是在幼果期易受冻而减产。施肥不合理还容易诱发缺素症，如枇杷果实紫斑病可能与缺钙相关，缺硼时易出现异形果等，这将会大大降低果实的商品价值。因此，不合理的施肥直接影响到了枇杷生产的效益，还会对农业生态环境带来一定的危害。

不同果树对营养的吸收与分配差异较大，施肥效果因施肥时期、施肥量、施肥种类和施肥方式的不同而异。矿质元素主要来源于土壤，元素的有效性与果园有效土层的深度、理化性状、施肥制度等有关。掌握枇杷树不同生育期的需肥规律并结合植株营养诊断与土壤诊断结果，本着"用地与养地"相结合的原则，制定需肥标准与施肥方案以科学指导施肥，不仅能提高肥料的利用率、节约生产成本，还能改善果品品质和增加产量，提高枇杷的种植效益。

枇杷幼树应多施氮肥，以在投产前迅速形成树冠；结果期枇杷树需增施磷钾肥以改善果品品质和增加产量；衰老枇杷树往往出现开花结果过度的现象，需增施氮肥以恢复树势。据日本长崎县果树试验场（1978 年）的报道，枇杷吸收的养分以钙为最多，磷最少；另据印度的报道，枇杷果实中钾的含量最高。我国枇杷果园多分布在土壤贫瘠、偏酸性的坡地，土壤中的有机质及钙、镁的含量普遍较低。因此，施肥应以有机肥为主，有机肥和无机肥相结合，在增施钾肥的同时也要注意增施钙、镁肥。加强果园土壤有机质的培育，对提高枇杷果业的发展水平具有重要的意义。

1. 施肥时期

枇杷幼年树应采用"薄肥勤施"的施肥方式，每 2～3 个月施一次，全年施肥 5～6 次；每株施腐熟人粪尿 15～20 kg，或复合肥 0.2～0.3 kg。成年结果树应根据枇杷的需肥特点和物候期每年施 3 次肥，即采后肥、花前肥和壮果肥。施肥量以品种特性、树势、土壤条件、产量等方面因素来确定，一般每生产 100 kg 枇杷需追施纯氮 1.0 kg、纯磷(P_2O_5)0.5 kg、纯钾(K_2O)1.0 kg。根据果园土壤类型可适当补充钙、硼、锌等微量元素。

采后肥于采果后尽早施入，特迟熟品种甚至可在采果前施入。此次施肥主要是补充因结果而消耗的养分，以恢复树势，促发健壮夏梢，促进根系生长和花芽分化。此次施肥以施用速效肥为主，氮、磷、钾的比例为 3∶2∶2，施肥量约占全年施肥量的 40%～50%。

花前肥（即基肥）在 8 月、9 月至 10 月上、中旬施入，以满足开花结果及抽发营养性秋梢的营养需求，提高植株的抗寒力。花前肥以农家肥或生物有机肥为主，混合少量的化肥。氮、磷、钾的比例为 5∶4∶5。施肥量约占全年施肥量的 30%～40%。如，株施鸡粪 15～20 kg，或株施生物有机肥 20～25 kg。

壮果肥在坐果稳定时即应施下，以满足幼果膨大所需的营养，同时满足促发春梢及根系生长的需要。壮果肥可用速效肥料配合复合肥，氮、磷、钾的比例为 3∶3∶4。施肥量约占全年施肥量的 20%，每株施腐熟的稀人粪尿 30～40 kg、复合肥 0.3～0.5 kg、钾肥 0.25～0.5 kg。2 月是全年根系生长量最大的时期，施肥深度宜浅，以免伤根。

2. 施肥方法

在挖定植穴、扩穴措施到位、土壤管理得好的枇杷园，枇杷树的吸收根系主要分布在树冠滴水线外围的土层中，利用根系的向肥性，将肥料施在树冠滴水线外围或稍隔开的地方，引导根系向深、外方向扩展，培养发达的根系。此外，磷肥的移动性差且易被红壤所固定，深施磷肥于根际，可以提高磷肥的吸收利用率。施肥方式影响施肥效果，枇杷常用的施肥方式有环状施肥、放射沟施肥、条状沟施肥和叶面喷肥。

（1）环状施肥。环状施肥又称轮状施肥，是在树冠滴水线稍外处挖宽 30～40 cm、深 20～30 cm 的环状沟，肥料施入后覆土。该方法具有施肥方便、用肥经济等优点，较适于幼树施用基肥，但存在伤根较多和施用范围较小的弊病。

（2）放射沟施肥。放射沟施肥是在距树干 60～80 cm 处向外挖深 20～30 cm 放射状条沟 6～8 条，施肥于沟中。该施肥方法具有伤根较少、施用范围大、施肥效果好等特点。

（3）条状沟施肥。条状沟施肥是在树冠滴水线两侧开沟或在行间或株间开 40～50 cm 深的条沟施基肥，若为追肥则沟深 15～30 cm，肥料施于条沟内后覆土。盛果期果园以各种不同的施肥方法逐年轮流使用为好。

（4）叶面喷肥。枇杷主要通过根系吸收养分，但通过叶片也能够迅速、直接地吸收各种养分。叶面喷肥通常作为土壤施肥的补充，具有用量小、简便易行、起效快的特点。因根外施肥时吸收肥料不经过根系，不受树体内养分分配中心的影响，也可以避免某些元素在土壤中被固定，因此，能快速地满足枇杷生长发育的营养需求，对保果壮果、改善果实品质、矫治缺素症、减少秋冬季落叶、增强树体的抗逆性等均有明显的作用。对根系吸肥能力退化的老弱树，或在植株急需补充某种缺乏元素时，叶面喷肥特别有效。枇杷萌芽后喷施1~2次0.2%的尿素溶液，可促进新梢生长；花期前后喷施1~2次0.2%的硼砂和0.2%的尿素混合液，可提高坐果率；果实膨大期喷施2~3次0.2%~0.3%的磷酸二氢钾溶液，有利于提高果实的产量和品质；采果后喷施1~2次0.2%~0.3%的磷酸二氢钾和0.3%的尿素混合液，可提高叶片的功能与寿命，充实枝芽和贮藏养分，为来年的丰产奠定基础。叶面喷肥可结合病虫害防治喷药同时进行，但一定要注意肥料种类和药剂种类的酸碱性，酸性和碱性的肥料或药剂不能混用（黄金松，2000年）。

三、生育期调亏灌溉

我国水资源短缺的矛盾十分突出，而果农为果园浇水仍多采用粗放的漫灌方式，不仅浪费水，还造成了土壤养分的流失，增加了施肥成本，也污染了土壤、地下水等环境。发展节水灌溉势在必行。近年我国大力发展节水灌溉技术，如管灌、喷灌、微灌等技术已经在一些果园得到了应用。生育期调亏灌溉（RDI）是一种以节水增产为目的的灌溉新技术，它根据果树各生育期的需水规律进行适时、适量的灌溉，在满足果树生长需求的同时提高了水的利用效率。

1. 不同生育期的需水特点

枇杷的根系不发达且分布浅、"根冠比"小，对水分较为敏感，最适宜生长的土壤含水量为65%。秋冬季缺乏灌溉设施的果园土壤水分往往不足，会影响树体对水分的需求及对养分的吸收，尤其是耕作层浅、底土理化性状差的山坡地枇杷园，低温缺水易引起大量落叶而影响树势。春季和夏初缺水，果实易发生日烧、紫斑、皱缩、果肉变硬等生理障碍病害（沈朝贵等，2007年）。枇杷树的灌水时间，应根据枇杷树各生育期的需水特点及土壤含水量而定。据张志其等（2004年）对华宝2号枇杷果实和春梢生长发育规律的观察研究，枇杷果实的生长曲线呈S形，可分为幼果发育期（1月上旬至3月上旬）、种子发育盛期（3月上旬至4月中旬）和果肉迅速膨大与果实成熟期（4月中旬至5月上、中旬）3个时期，枇杷幼树营养枝上的春梢与结果枝上的果实发育进程是一致的。3月上旬前的幼果发育期气温低，果实和种子的生长缓慢，春梢开始萌芽展叶，生长量少，这时期枇杷的需水量小，应严格控制灌溉次数及灌溉量。3 月上旬至 4 月中旬气温升高，种子进入快速发育期，种子日增长 45.4 mg/粒，约 86％的种子重量是在这个时期内增加的，果肉细胞分裂，果实稍有加大；新梢也进入迅速生长期，叶片迅速扩大、转绿，枇杷树有较大的水分需求。但我国南方多个省份此时正处于"春雨绵绵"的季节，湿度很高，广东和广西等地，此时常遇"回南天"，空气中的水分饱和，完全不必灌溉。对于一些湿度低或缺水的枇杷产区，则必须考虑增加灌溉次数及增大灌溉量。4 月中旬以后气温进一步升高，枇杷进入果肉迅速膨大和成熟期，果肉细胞迅速膨大，日增长 794 mg/果，61％的果实重量和 72％的果肉重量是在这个时期增加的；此期果实的水分含量增多，比重最大，新梢和种子都停止生长，叶片稳定，叶幕面积大，光合作用和蒸腾作用增强，为了保证果实养分的充足供给，促使果肉迅速膨大并进入成熟期，枇杷此期的需水量大，在干旱和缺水的情况下，果实膨大受阻，会造成大量的萎蔫果，应恢复对枇杷的充分灌溉。在果肉迅速膨大后果实进入成熟期，成熟期的果实果肉增长缓慢，枇杷此时需水量小；若水分过多会引起裂果和影响果实的风味、品质，枇杷果实的成熟期应严格控制灌溉次数及灌溉量。

枇杷的灌溉量应根据树龄、长势以及枝梢和根系的生长期、果实生长发育期、结果量等因素来确定，要因地制宜，适地、适时、适浇。枇杷树不耐水渍，土壤的含水量超过 75％即停止生长，雨季积水易烂根，使树势衰弱甚至死亡。土壤过湿也易引起树头附近发生病害，造成缺株；成熟期土壤水分过多，还会引起裂果和影响果实的风味、品质。

2. 果园灌溉用水

要求果园灌溉水清洁无毒，符合国家《农田灌溉水质量标准》(GB5084—1992)，其主要指标是：pH 值 5.5～8.5，总汞≤0.001 mg/L，总镉≤0.005 mg/L，总砷≤0.1 mg/L，总铅≤0.1 mg/L，铬（六价）≤0.1 mg/L，氟化物≤2.0 mg/L，氰化物≤0.5 mg/L。除此以外，还有细菌总数、大肠菌群、化学耗氧量、生化耗氧量等项指标。水质的污染物指数分为 3 个等级：1 级（污染指数≤0.5）为未污染；2 级（0.5～1）为尚清洁（标准限量内）；3 级（≥1）为污染（超出警戒水平）。只有符合 1～2 级标准的灌溉水才能生产无公害果品。

3. 现代灌溉方式

(1) 微灌。微灌是一种新型的高效用水灌溉措施，属局部灌溉、精细灌溉，水的有效利用程度高，比地面灌溉节水约 70％～80％，有些情况下增产 30％～40％。微灌工程的投资很高，一般只用于蔬菜、花卉等产值高、收益高的经济作物。有人认为微灌不适合枇杷园灌溉（林金忠，2008 年），但微灌完全可以应用于近年来逐渐增多的设施枇杷栽培。

(2)喷灌。喷灌适应性广、易于机械化作业，是目前世界上广泛应用的节水灌溉技术。根据实现方式的不同，喷灌系统分为管道式喷灌系统和机组式喷灌系统。管道式喷灌系统根据管道的移动情况又分为固定式和移动式。一个完整的喷灌系统一般由水源、首部枢纽、管网和喷头等组成。首部枢纽从水源取水，并对水进行水质处理、肥料注入、加压和系统控制；管网是将压力水输送并分配到所需灌溉的果园区域；喷头用于将水分散成水滴，并均匀地喷洒在树冠或地面(林金忠，2008年)。树冠喷灌还具有调节果园空气的温度和湿度的作用，有利于在果园中形成良好的局部小气候，从而促进果树的生长发育、改善果实品质，防止夏秋高温及干热风天气对果树带来的危害(沈朝贵，2007年)。喷灌有显著的节水、省工、少占耕地、不受地形限制、灌水均匀和增产等效果。与明渠输水的地面灌溉相比，喷灌节水30%～50%，省工50%，可使枇杷增产20%～30%(吴少华等，2004年)。

(3)PLC控制精确灌溉喷灌(简称PLC控制精灌)。PLC控制精灌通过选择适度的灌水强度和适量的灌水定额对园区进行勤浇浅灌，其灌水强度小于土壤的入渗强度，水分缓慢均匀地渗入土壤中，不会形成地面径流渗漏和大面积的积水，避免了沟灌对土壤表面的冲刷及压实板结作用，更不会出现表层硬土和龟裂现象，表层土壤基本保持疏松状态，使土壤保持其团粒结构，所以土壤的密度相对减小，孔隙度相对增加，透气性能得到明显的改善，且容蓄水分能力增大。同时，良好的透气性加快了土壤中养料的分解，有利于果树吸收，给果树根系生长发育创造了良好的环境。运用PLC控制精灌的果园，土壤中的有机质、全氮、水解氮、速效磷、速效钾比管道灌溉和沟灌分别提高了18%、27%、27%、31%、15%，果树的新梢生长量、叶片面积和树冠内小于1 mm须根的生长量分别比管道灌溉和沟灌增加12%、3%、14%。另外，从小于1 mm须根的分布可以看出，运用PLC控制精灌的果园，新生须根主要分布在0～40 cm的土层中，占总根量的85%，而沟灌占75%。这说明PLC控制精灌使果树的根系分布较浅，更易促进果树吸收肥料，从而促进果实的快速生长，使枇杷单果重增加、含糖量提高、总产量增加(林金忠，2008年)。

(4)渗灌。渗灌是指使用包括陶罐、陶管等渗水器皿所进行的渗水灌溉，又称皿灌。用陶罐进行渗灌，是巴基斯坦和突尼斯等国传统的农业节水技术，其优点是材料易得、管理方便、不择地形、不择土壤，可利用零星水源，省水、省工、省时，适于山区丘陵坡地水资源欠缺的地区采用。

(5)其他灌溉方法。作为渗灌之一的管渗灌，是在枇杷树两侧1 m处挖深50 cm的条沟，水平埋入渗灌管进行灌溉的技术。渗灌管分隔成数节，每节长40 cm，内径约20 cm，管壁厚3～5 mm。每节有9个斜孔，孔径2 mm，分

3 行均匀地分布在管壁上。管的一端露出地上口，灌溉时以纱网滤水，过滤后的水注入渗灌管中，灌水后盖严地上口。一般 1 年渗灌 3～5 次，每次的灌水量为 60～75 m³/hm²。

山东省青州市的赵锦忠等研制了一种陶罐，口径 20 cm，胸径 35 cm，底径 20 cm，可容水 20 L；三层器壁厚 0.8～1.0 cm，坚固耐用，渗水良好，不易堵塞。将该器埋入土中，器口略低于地面。往器内注水 15 L 后，以塑料膜封口并用土压住膜边。在当地气温 22℃、土壤的含水量为 11％的情况下，器内水分约 7 d 基本外渗完毕，渗水半径在 1.0 m 左右，比穴道 15 L 水的渗水半径 0.5 m 大 1 倍。埋罐的水平距离为 2 m。每年于 4 月上旬、5 月上旬、5 月底至 6 月初和 7 月底至 8 月初，各灌水 1 次，每次灌水 15 L，可增产 24％。皿灌器的制作原料以当地红黏土为主料，配适量的褐、黄、黑土和部分耐高温的特异土为辅料。将配料晒干，粉碎拌匀，加水渗透，经反复碾压，制坯、晾坯、煅烧而成。他们研制的这种陶罐，于 1994 年通过技术鉴定，并申请了国家发明专利(专利号为 92106627.9)。各地可利用本地材料进行试制。皿灌的不足之处是要求较高的烧制技术和一定的成本(吴少华等，2004 年)。

四、展望

在资源逐渐匮乏和环境不断恶化的背景下，如何协调节约资源、保护环境、持续高效发展之间的关系，是枇杷产业发展必须面对的问题。在致力于枇杷营养诊断指导合理施肥研究的同时，枇杷科技工作者还开展了有关营养生理的基础性研究并取得了进展，为实现枇杷的高产、优质、高效生产奠定了基础。在今后相当长的时间内，我们仍要对营养元素的吸收、运输和再利用机理及营养元素的生理作用等基本问题进行深入研究，完善枇杷叶片分析和土壤分析的基础性研究，制定枇杷主栽品种营养诊断标准与高效施肥方案，为指导生产提供直接的依据，这也是今后枇杷丰产优质栽培研究的重点。

参 考 文 献

[1]Beverty R B. Nutrient diagnosis of Valencia oranges by DRIS[J]. Amer Soc Hort Sci, 1984，109(5)：649-654.

[2]蔡宗启，曾进富. 铺反光膜对枇杷枝梢生长和果实品质的影响[J]. 中国果树，2004 (5)：28-31.

[3]陈伟建. 土壤-枇杷系统中 8 种微量元素的吸收、分配和富集[J]. 西北农林科技大学学

报(自然科学版)，2008，36(7)：105-110.

[4]Emmert F H. Chemical analysis of tissue as an means of determining nut rient require-
ments of deciduous fruit plant[J]. Proc. Amer. Soc. Hort. Soc，1959，73：521-547.

[5]傅丽君，杨文金，林文梆，等. 莆田市常太枇杷园土壤肥力与果树营养状况测定[J].
莆田学院学报，2005，12(5)：37-39.

[6]傅世亲，庄绍东. 莆田枇杷园土壤肥力状况分析[J]. 中国农技推广，2004(6)：42-43.

[7]葛晓光，张恩平，张昕，等. 长期施肥条件下菜田-蔬菜生态系统变化的研究·土壤有
机质的变化[J]. 园艺学报，2004，31(1)：34-38.

[8]关连珠. 土壤肥料学[M]. 北京：中国农业出版社，2000.

[9]韩风朋，张兴昌，郑纪勇. 黄河中游土壤有机质与氮磷相关性分析[J]. 人民黄河，
2007，29(4)：58-59.

[10]黄国勤，王兴祥，钱海燕，等. 施用化肥对农业生态环境的负面影响及对策[J]. 生
态环境，2004，13(4)：656-660.

[11]黄建昌，肖艳，赵春香，等. 广东果园土壤酸化原因及综合治理[J]. 中国园艺文摘，
2010(11)：168-174.

[12]黄金松. 枇杷栽培新技术[M]. 福州：福建科学技术出版社，2000.

[13]黄祥庆，蔡宜峰. 椪柑园施用石灰之研究[J]. 台中区农业改良场研究报告，1998
(20)：23-31.

[14]蒋瑞华，毛艳玲，陈铁山，等. 常太果园土壤肥力及果树营养状况[J]. 福建农业大
学学报，1999，28(4)：466-470.

[15]蒋瑞华，郑国华，陈铁山. 果园种草对区域生态及树体生长的影响[J]. 福建农业科
技，1999(6)：15-17.

[16]赖钟雄，陈义挺，刘国强，等. 枇杷良种及栽培关键技术[M]. 北京：中国三峡出版
社农业科教出版中心，2006.

[17]李健，李美桂. DRIS 理论缺陷与方法重建[J]. 中国农业科学，2004，37(7)：
1000-1007.

[18]李靖，孙淑霞，陈栋，等. 不同覆盖材料对设施大五星枇杷果实品质的影响[J]. 西
南农业学报，2011，24(2)：695-698.

[19]李苹，徐培智，解开治，等. 坡地果园间种不同绿肥的效应研究[J]. 广东农业科学，
2009(10)：90-92.

[20]李秀珍. 重金属在枇杷中的分配累积规律及其对枇杷品质影响研究[D]. 雅安：四川
农业大学，2008.

[21]林金忠. 水库枇杷园区精确灌溉控制系统的研究[D]. 厦门：厦门大学，2008.

[22]林顺权，江国良，蔡斯明，等. 枇杷精细管理十二个月[M]. 北京：中国农业出版
社，2008.

[23]林铮. 果树学概论(南方本)[M]. 北京：中国农业出版社，1998.

[24]刘成先. 果园土壤管理与施肥[J]. 北方果树，2005(2)：43-46.

[25]刘希蝶，郑福舜，蔡开地. 莆田城厢枇杷树体营养状况调查与合理施肥[J]. 福建热

作科技，2007，32(4)：8-9，4.

[26]刘慧，王为木，杨晓华，等. 我国苹果矿质营养研究现状[J]. 山东农业大学学报(自然科学版)，2001，32(2)：245-250.

[27]陆修闽，郑少泉，蒋际谋，等. '早钟6号'枇杷主要营养元素含量的年周期变化[J]. 园艺学报，2000，27(4)：240-244.

[28]路克国，朱树华，张连忠. 有机肥对土壤理化性质和红富士苹果果实品质的影响[J]. 石河子大学学报，2003，7(3)：205-208.

[29]马成泽. 有机质含量对土壤几项物理性质的影响[J]. 土壤通报，1994，25(2)：65-67.

[30]马翠兰，李舒婕，郝涌泉，等. 枇杷叶片越冬期光合色素及矿质营养含量的变化[J]. 福建农林大学学报(自然科学版)，2004，33(3)：326-329.

[31]牟水元. 果树缺素症表现及防治方法[J]. 农业新技术，2006(1)：14-15.

[32]宁建美，李贵松，吴林土. 松阳县茶园土壤酸化的现状及改良措施[J]. 茶叶，2009，35(3)：169-171.

[33]邱良妙，占志雄，陈元洪. 果园绿肥覆盖对天敌及害虫群落的调控作用[J]. 福建果树，2004(2)：1-2.

[34]邱良妙，占志雄，郑琼华，等. 枇杷园生态系统节肢动物群落特征研究[J]. 江西农业大学学报，2004，26(3)：458-460.

[35]沈朝贵，刘建平，林建新. 灌溉方式对枇杷生长及果园生态环境的影响[J]. 福建农业科技，2007(5)：47-49.

[36]施南芳. 枇杷园测土配方施肥技术[J]. 农技服务，2009，26(6)：34.

[37]苏德铨. 枇杷园之营养管理[J]. 枇杷生产技术，1994，135-148.

[38]谭正喜. 诊断与施肥建议综合法(DRIS)用于枇杷树体营养诊断[J]. 南京农业大学学报，1989，12(4)：109-113.

[39]仝月澳，周厚基. 果树营养诊断法[M]. 北京：农业出版社，1982.

[40]王桂华，于树增，陈浪波，等. 施用生石灰改良苹果园酸化土壤试验[J]. 中国果树，2005(4)：11-12.

[41]王徽，范辉，张勤. 枇杷的不同器官中元素地球化学特征[J]. 物探与化探，2006，30(4)：354-360.

[42]王徽，张勤，范辉，李智玲. 莆田优质枇杷产地生态地球化学特征[J]. 物探与化探，2008，32(1)：79-82.

[43]王徽. 莆田枇杷产区土壤-枇杷生态系统的主要影响因素[J]. 物探与化探，2008，32(5)：564-570.

[44]王艳君，戴春红，韩建华. 果树缺素症状及其诊治[J]. 现代化农业，2007(1)：15.

[45]吴锦程，陈建琴，梁杰，等. 外源一氧化氮对低温胁迫下枇杷叶片 AsA-GSH 循环的影响[J]. 应用生态学报，2009，20(6)：1395-1400.

[46]吴少华，刘礼仕，罗应贵. 枇杷无公害高效栽培[M]. 北京：金盾出版社，2004.

[47]徐明岗，文石林，高菊生. 红壤丘陵区不同种草模式的水土保持效果与生态环境效应

［J］. 水土保持学报，2001，15(1)：77-80.

[48] 杨世琦，张爱平，杨淑静，等. 典型区域果园土壤有机质变化特征研究［J］. 中国生态农业学报，2009，17(6)：1124-1127.

[49] 鄢新民，葛元华，刘建库. 果树缺素症状及防治［J］. 现代农村科技，2012(1)：26-27.

[50] 姚宝全，黄梅卿，郑福籴，等. 福建莆田枇杷营养状况的调查与评价初探［J］. 江西农业学报，2008，20(3)：33-35.

[51] 姚晓芹，马文奇，楚建周. 不同酸性物质对石灰性土壤的酸化效果研究［J］. 中国生态农业学报，2006，14(4)：68-71.

[52] 曾日秋，黄毅斌，洪建基，等. 枇杷园套种豆科牧草的生态效应［J］. 福建农业学报，2010，25(4)：517-519.

[53] 占志雄，邱良妙，傅建炜，等. 不同牧草覆盖枇杷园节肢动物群落的结构和动态［J］. 福建农林大学学报(自然科学版)，2005，34(2)：162-167.

[54] 曾希柏. 红壤酸化及其防治［J］. 土壤通报，2000，31(3)：111-113.

[55] 郑国华，潘东明，牛先前，等. 冰核细菌对低温胁迫下枇杷光合参数和叶绿素荧光参数的影响［J］. 中国生态农业学报，2010，18(6)：1251-1255.

[56] 郑国华，张贺英. 低温胁迫下解放钟枇杷幼果细胞超微结构的变化［J］. 莆田学院学报，2008，15(2)：52-55.

[57] 张林仁，林嘉兴. 枇杷之生理与产期调节［J］. 兴农杂志，1994(308)：15-22.

[58] 张强，魏钦平，刘旭东，等. 北京昌平苹果园土壤养分、pH 与果实矿质营养的多元分析［J］. 果树学报，2011，28(3)：7-13.

[59] 张志其，李炎平，罗永琼. 枇杷果实与春梢的发育规律研究［J］. 中国果蔬，2004(5)：18.

第八章　整形修剪革新与高接换种

枇杷树冠的生长较有规律，层次分明，一般能形成整齐的圆锥形，结果后逐渐变成圆头形。但自然生长的树形有许多不足：往往树冠过高，管理不便；树冠的受光面积小，内膛容易郁闭，内膛与下部枝条易早衰，失去结果能力；造成严重的表面结果现象，产量降低，品质下降；树冠表面的花果易遭受冻害和日灼；密闭的内膛病虫害容易发生。

本章除了介绍整形与修剪，还将介绍近年实施较多的高接换种。

第一节　整形修剪的目的和原则

一、枇杷树整形修剪的目的

整形修剪再配合其他措施，可以达到下述目的。

1. 提早结果，延长经济结果寿命

枇杷是多年生果树，一般投产期和进入丰产期需要 4～5 年。在整形修剪时，可以利用枇杷一年多次生长的特性，加速树冠的形成。对幼树进行轻剪疏除或多用轻短截，促使多发枝，扩大树冠，加厚绿叶层；或对辅养枝施行环剥、环割、拉枝、扭枝等促花措施，这些措施可以促进幼树提早结果。通过合理整形，培养牢固的树冠骨架，以及对老树即时更新复壮，都可延长经济结果寿命。

2. 提高产量，克服大小年现象

通过合理的整形，构成枇杷树的立体结果基础，这也是提高产量的基础。通过合理修剪，调节生长和结果之间的矛盾，保持生长与结果的平衡，以达到稳产、高产的目的。

153

3. 提高品质

不修剪的枇杷树其结果部位往往外移，产量低，这些树的内膛因未修剪光照不足，几乎无果或果实质量极差。通过合理修剪，树冠内膛的通风透光条件得到了改善，全树立体结果，果形、果色及品质都得到提高。

4. 提高工效、降低成本

如不进行修剪，枇杷树可以长到10多米高，操作管理极不方便，作业工效低、生产成本高。通过修剪可以控制树高，以便于疏花、疏果、套袋、采收等作业，提高工效、降低成本。此外，合理修剪的枇杷树还可以抗御灾害和不良条件，如合理修剪的树冠积雪量少、大枝劈裂折断少，不修剪的树则受害严重。

总之，通过整形修剪，可以调节生长与结果的关系，使树冠整齐、骨架牢固、主从分明、枝条均匀、冠内冠外均匀结果，大小年现象较轻，结果年限长。而任其自然生长不修剪的树，则枝条紊乱、主从不明，树冠的内膛易空虚，大小年结果现象严重，结果年限短，寿命也短。

二、枇杷树整形修剪的原则

1. 应符合枇杷的生长发育特性

只有了解了枇杷树的枝梢生长特性，才能合理地进行整形修剪，枇杷与其他果树相比有以下不同之处：

（1）冠幅大。枇杷为常绿乔木，经济寿命可达50～60年，100年生以上的树甚多。50～60年生树，冠幅达10～15 m，树高7～8 m。因此应根据栽培密度，培养相适应的树冠。

（2）中心枝短。一般落叶果树，上一年顶芽所生的新梢往往较强，离开先端越远的芽抽枝能力越弱，而枇杷则相反，枇杷顶芽所抽生的枝粗而短，侧芽所抽的枝长而强，3～4年生的幼树往往以顶芽所抽生的粗短的延长枝先开花，故不能利用顶芽所抽生的枝作主枝及侧枝，这和其他果树是不同的。

（3）弓形曲枝多，轮生枝多。枇杷顶芽抽生的枝短，侧芽抽生的枝长而强，随着树冠的扩大，经多年分枝抽生后，侧芽不断向外延伸，形成了弓形曲枝。弓形曲枝容易造成结果部位外移，产量和果实品质下降。

由于侧芽所抽的枝长而强，而且侧芽多集中于顶端，因此造成轮生枝较多，主干上常有3～4个，甚至是5～6个轮生枝，使中心干或主枝延长枝条细弱，这对树冠骨架的建构极为不利，因此在幼树整形时就要理清。但也可以对轮生枝加以利用，以其抑制中心干的生长，从而形成矮树冠。矮冠树形适用于经常遭受台风侵袭的地区。

（4）枝条组织的愈合能力差，重修剪后常易导致树势衰弱。枇杷树剪口新细胞产生愈伤组织的能力较其他果树差，常自剪口以下枯死或腐烂，因此对修剪伤口要进行保护。

常绿果树的贮藏营养大多在枝叶中，进行重剪后伤口愈合困难，很容易造成树势衰弱，甚至引起根部纹羽病的发生，所以对重剪要十分慎重。

2. 应有利于结果

整形修剪的目的是促进幼树提早结果，尽早进入丰产期，延长经济结果寿命，实现高产、优质、高效栽培。

3. 要适合于具体条件

要根据品种、砧木、环境条件、栽培条件、肥水管理水平、树龄、树势等具体条件来决定树形和修剪方法、修剪的轻重等。

第二节　枇杷的主要树形及整形方法

1. 主干分层形（疏散分层形）

可分为 2 层或 3 层，干高 40～60 cm，第 1 层与第 2 层之间的层间距为 1 m，第 2 层与第 3 层之间的层间距为 80 cm 左右。第 1 层留 3～4 个大主枝，第 2 层留 2～3 个大主枝，第 3 层留 1～2 个大主枝。3 层以上中心主干要落头开心，控制树高，主枝上要配备相应的侧枝，侧枝上着生结果枝组。这样的树形结构有利于通风透光，产量高、品质好。然而，要培养成这种树形，需要 3～4 年的时间。

栽植后第 1 年：高约 60 cm 的 2 年生苗栽植后，不可剪去先端，春季顶芽抽生后，用竹竿扶直，使其继续向上生长。自顶芽以下各侧芽所抽生的枝条选留 3 个，向四周平均斜生，如方向不理想，可用绳子牵引。认为无用的其余萌芽应及早去除，以节省养分。

第 2 年：继续让主干顶芽向上延伸，自顶芽附近所生的 3～4 个枝条和上一年一样选留 3 个作第 2 层主枝，让其自然伸展，但切不可和第 1 层主枝互相重叠，以免彼此阴蔽。第 1 层主枝除保留主枝的延长枝外，在其上所生的 3～4 个枝条中选留 1～2 个作侧枝，余下的及早除去。同级侧枝要求在同一方向选留，以免互相交叉。

第 3 年：同上一年处理。使第 3 层发生 3 个主枝，第 2 层主枝春季萌芽后，除留先端延长枝外，再选留侧方新梢 1～2 个为侧枝，其余新梢均除去。第 1 层主枝除保留主枝延长枝外，其下所发的新梢应选留第 2 个侧枝，其余则抹除。在预定为侧枝的先端上一年所生春梢中如有花蕾，应立即摘除，以利于继续延伸。

第 4 年以后，每年按照上述方法继续培养主枝和侧枝，直至树冠有 3～4 层时，树形基本形成。

2. 变则主干形

无论是生长强势的还是生长弱势的枇杷品种，变则主干形均是适宜树形。变则主干形树形的整个树冠较之主干形的为低，较之疏散分层形的为高。

该树形的整形方法有两种。第一种方法是在定植后定干高 30～40 cm，每年留 1 个主枝，将主干上萌生的其余枝条及时去除，或摘心短截使其成为枝组。具体操作如下：

第 1 年：苗木栽植后，当年春季定干高 35 cm 左右，使顶芽所抽生之枝继续向上抽生为中央主干之延长枝，在其下选角度适宜而生长较旺的侧芽枝为第 1 主枝，其他侧枝则及早摘心或除去，以保证中央主干的延长枝及第 1 主枝的强势生长。

第 2 年：仍继续任由中央主干的顶芽向上延伸，在其下抽生的数个新梢中选留 1 个作为第 2 主枝，与第 1 主枝在主干上相距 30～40 cm，而方向与第 1 主枝相反，使其在同一直线上。上一年所留的第 1 主枝除其顶芽所抽生之枝继续向前延伸外，在第 1 主枝离开中央主干约 60～70 cm 处，选留 1 个侧芽枝作为第 1 副主枝，其余进行摘心或及早抹除。

第 3 年：仍同上一年一样，距第 2 主枝上约 30～40 cm 处留第 3 主枝。俯视时，第 3 主枝在第 1 及第 2 主枝之间。仍使中央主干继续向前延伸，对发生的其余枝条进行摘心，使之成为枝组，过密处及早抹芽。此外，于当年在第 2 主枝上选留第 1 副主枝，同时注意方向和位置，使其与第 1 主枝上的第 1 副主枝相距 70 cm，仍对其他侧芽所发生之枝进行摘心，对无用者早日除去。

第 4 年：同上一年一样选留第 4 主枝，第 4 主枝在第 3 主枝的相反方向。俯视时，4 个主枝正好形成一个"十"字，各据一方，其光照、通风互不妨碍。自第 3～4 年以后，幼树已开始结果，若在主枝、副主枝及中央主干的先端有花穗发生，应尽早摘去，以保证这些骨干枝及中央主干继续向前延伸。在其余各主枝上继续选留副主枝及培养枝组。

第 5 年：如果以留 4 个主枝为限，第 4 年的主枝数已经足够了，变则主干形基本造成，整形告一阶段。如此时树势旺盛，可于其上相距 35 cm 处再留第 5 主枝。俯视时，第 5 主枝与第 1 主枝相重叠，它也可在第 1 与第 2 主枝之间，但上下之间距离已在 1 m 以上，不影响通风透光。每个主枝上可留 2～4 个副主枝，基本树形已经形成。

第 6～8 年：栽植 4～5 年后形成基本树形，主枝有 4～5 个，副主枝有 8 个以上，而中央主干仍可继续向前延伸，直到 7～8 年后开始去顶。去顶的操作应根据下部各枝条的生长情况而定，对于下部生长较弱的可以早一点去顶，对于下部生长较强的可至 10 年左右或以后自上而下去顶，分年或隔数年除去 1 层，最后留 4～6 个主枝，每个主枝上留 2～4 个副主枝；则骨干枝数已经足够，且较之主干形为少，所以树冠内腔不存在通风透光的问题。

变则主干形的第二种造形方法大体上与以上所介绍的主干分层形相同。在定植后的 7～8 年内，每年每层选留主枝及候补主枝 2～3 个，但在选配时应注意不要使上、下各层的主枝及候补主枝重叠，以免相互遮阴。在每个主枝上选留副主枝 2～3 个，同时考虑在每层留永久性主枝 1 个，其余逐年短截改造成枝组，以不妨碍主枝的发展为原则。如每层选 2 个永久性主枝，要注意上、下错开。成形过程中仍任由中央主干每年向上延伸，在其上选留主枝及副主枝和候补主枝。7～8 年后生长势较弱，转入盛果期即可剪除中央主干，连同主枝及中央主干向下疏去，其方法如前所述，可隔年或 2～3 年除去 1 个，最后留主枝 4～6 个，每个主枝上配副主枝 1～3 个，这些骨干枝上直接着生结果枝组，变则主干形基本完成。

3. 小冠主干分层形

小冠主干分层形由主干分层形演变而来，该树形产量高、负荷大。该树形的适宜株行距为 2m×3m(1665 株/hm²)的枇杷密植园。主干高 30～40 cm，第 1 层的 3～4 个主枝与中心干成 60°～70°角，第 2 层的 2～3 个主枝与中心干成 45°角，第 3 层的 2 个主枝与中心干成 30°角。层间距为 80～100 cm。3～4 年完成整形，成形后树高 2.5 m 左右，以后随着树龄的增大应落头开心，减少主枝的层数。其整形方法为：选择 30～40 cm 高的苗木定植，栽后不做任何修剪，待其抽生顶芽和侧芽(腋芽)，顶芽任由其自然向上生长，选留 3～4 个腋芽枝为第 1 层主枝，均匀分布，使之与中心干成 70°夹角(可用竹竿、绳索固定)，其余枝梢在 7 月上、中旬枝梢停止生长时扭梢、环割、拉平，以促进成花。中心干第 2 次萌发的侧枝，若与第 1 层相距在 100 cm 以下则进行扭梢；若分枝距第 1 层达 100 cm 时，则选作第 2 层主枝(2～3 个)，与中心干成 50°～60°夹角，按同法选留第 3 层主枝，与第 2 层的层间距为 70～80 cm(与中心成 30°～45°夹角)。留好第 3 层主枝后剪除中心干。除主枝顶芽任由其生长外，其他侧枝及其背上枝均在 7 月中旬扭梢、环割、拉平促花。各层主枝应保持较强的生长优势，树形未培养成功之前，各层主枝的顶芽不能让其开花结果；各层内，除主枝以外的枝条暂时不宜去掉，应先行促花挂果后再回缩修剪，这是获得幼树早期产量的关键；各层主枝在中心干上，应保持相互错落有致的分布，以利于通风透光和促进枇杷树冠内外的立体挂果。

4. 杯状低冠形

枇杷低冠树形的优点：易于进行修剪、套袋、采果、防虫治病等作业，省工节时；结果早，品质优；增产增收；减轻冻害、风(台风)灾等自然灾害；适于温室栽培，有利于提早上市。

杯状低冠形树冠分为一段杯状形和两段杯状形。一段杯状形是在树干低位 3~4 个分枝出现后即切除主干，形成一个杯状段。一段杯状形的整形技术关键是主干切口要修光滑，并及时对伤口进行保护，否则由于伤口愈合能力差，将导致树体干枯。两段杯状形是在主干离地面 30~60 cm 处选留分布均匀的 3 个主枝，在以上 1~1.5 m 处再选留 3 个主枝。幼树在两层中间增加一层临时枝，以后逐步疏除。对于土壤肥力高、树势旺的可再留一层成为三段杯状形，以免过多地抽生徒长枝。待产量增加、树势稳定后逐步疏除，最后落头。层间距为 30 cm 左右。这一树形适宜于干性较弱、树姿较开张的品种，如塘栖大红袍、田中、太城 4 号等。

另一种新型树形是"桌面形"，即在一段杯状形的基础上，通过用绳子把枝条拉向四周并固定，中心部位则培养一些副枝，形成桌面状。这种整形的枇杷产量略低于一段杯状形，但疏花、疏果、套袋和采果都更方便，节省劳力，在多风地区还能减小风害。

5. 层间辅养枝的利用

幼树期枇杷由于树体骨架较小、枝叶相对较少，不易出现互相阴蔽，可以相应地多留一些枝条，也可以相应多些层次，层间距也可以暂时小些，只要上下层不相互阴蔽即可。这样做可以使幼树获得充足的营养。在 7~8 月花芽分化季节对层间的辅养枝采用拉枝、扭枝等促花措施，配合肥水管理，可以实现早产丰产，使幼树在迅速扩大树冠的同时获得前期产量。随着树龄和树冠的逐渐增大，应逐渐去掉层间的密生枝和阴蔽枝，也应该逐渐去掉树冠内过密的层次，以便加大层间的距离，使树冠内部透光良好，避免内膛空虚和外围结果现象，提高产量和质量。

第三节　枇杷树的修剪

一、枇杷树修剪的时期

枇杷树的修剪时期因地区、树龄、树势等的不同而不同。对于未结果的幼树，无须考虑着花及冻果问题，可以在每次树梢停长后、下次树梢未抽生前修剪。对已开花结果的成年树，多在采收后、夏梢抽生前进行修剪。有时因结果过多春梢抽生很少，所以春季春梢抽生前的修剪是辅助修剪。

采收后的夏季修剪，是枇杷树最重要的一次修剪，此次修剪宜早不宜迟。配合修剪希望抽生大量的更新枝时，采后就要施重肥。如果是晚熟品种，可以提前在采收前1周施肥。夏梢是枇杷树一年中最重要的一次枝梢，在成年树上希望早抽生、早停梢、早形成花芽，这就要早修剪，适当重修剪，并配合施采后肥，以恢复树势。如果是大年树，在早春疏果前就应施重肥。

二、修剪方法

1. 抹芽

枇杷树修剪中的抹芽很重要，在未结果的幼年树的整形阶段，为了使主枝、副主枝、枝组有目的地合理配置，抽芽时就选留方向、位置适宜的芽，抹除多余的芽，以便集中养分培养强壮的主枝、副主枝等。成年树通过抹芽可以减少枝梢数，使结果枝组充实健壮，有利于优质、丰产。

2. 疏剪

枇杷树的层性明显，具有抽生形似轮生枝的特性，且分层距离较密，形成树冠枝梢上多下少、外多内少，光照不足。要疏除树冠内的密枝、弱枝、重叠枝、交叉枝、徒长枝和无空间发展的多余枝组或衰弱大枝。疏除结果枝时，要疏弱留强、疏向内枝留向外枝；做到每个基枝上3枝结果枝疏去1枝、5枝疏去2枝，使所留结果枝在基枝上朝外和两侧分布。疏剪程度要做到树冠上重下轻、外重内轻。

3. 疏除结果枝

在无冻害的地区，为调节大小年，保证连年丰产、稳产，在盛果期，对大年的结果枝进行疏除，通常全树所留结果枝与生长枝的比例为3：2。如果发育枝过少，就要剪去一部分结果枝上的花穗，使其次年再成为结果枝。母枝上或结果枝上只有不足3片大叶的均属于弱枝，可以自基部剪除。如有一定空间或剪去后较空，可以留1～2个叶回缩。初结果或刚进入盛果期的树，树冠外围生长枝与结果枝之比是2：1，而树冠内膛为1：2或1：3～4。在有冻害的地区，春梢抽生前受冻与否已经能识别时，可以先剪去其顶部花穗。

4. 短剪

这里的短剪主要指短剪结果枝。视位置、空间和强旺程度，一般结果枝留5～30 cm进行短剪，顶夏梢结果枝留5～10 cm短剪，以防枝梢外移和基部光秃；侧夏梢结果枝向外的短剪要留长些，向两侧的短剪要留短些，一般以剪留10～20 cm为好，这样在抽梢后新梢排列才会主从分明、分布合理。短剪时还要做到：树冠外围、上部轻剪长留，下部、内部重剪短留；强枝长留、弱枝短留。在剪口数量上做到树冠外围和上部多留、内部和下部少留。

5. 回缩

对基部已开始光秃、枝梢已下垂、长势衰弱的结果枝组要进行不同程度的回缩。回缩的标准以回缩到能抽发健壮夏梢为准，切忌过重，否则易抽发徒长枝而扰乱树冠。

6. 对徒长枝的修剪

幼年树或改造树形树、高接换种树在改造或高接换种时极易发生徒长枝。对徒长枝首先要充分利用，其次是改造，再就是自基部剪除。如徒长枝附近缺少骨干枝及大型结果枝组，可充分利用其空间改造徒长枝。若作大型结果枝组，首先要拉平或拉斜，以缓和其生长势，待达到一定长度后进行摘心，促其分枝从而形成良好的骨干枝或大型结果枝组。这类枝条如不早日拉平、拉斜或摘心使其分枝，待其下次抽梢时也能分枝，第2、第3年也能结果，但往往直立，基部光秃，远离骨干枝，故最后仍然要更新回缩，不如早日短截，便于以后更新。

7. 剪后伤口的保护

枇杷树整形修剪后，直径在1.5 cm以上的大伤口很难愈合，会影响树势，甚至导致整个骨干枝死亡并影响全树，所以必须进行伤口保护。首先，要把伤口削平、削光滑，然后用0.1%的升汞水消毒，再涂上由生石灰8份、动物油（猪油等）1份、食盐1份和水40份配制而成的保护剂。

三、不同树龄枇杷树的修剪

1. 幼树

对1～3年生的幼树，应让其多发枝梢，少疏枝。同一层内，除让主枝保持预定的角度生长外，对其余枝梢均在7月停止生长时对其进行拉平、扭梢，对个别旺枝施行环割。所有从中心干上发出的、未达选留层间距的过渡枝，也应拉平和扭枝，促使其早成花。对过密枝在第2、第3年要及时疏除。

2. 成年树

成年树主要在春季和夏季进行两次修剪。春季修剪在2～3月结合疏果进行，主要是疏除衰弱枝、密生枝和徒长枝，锯掉影响树冠光照条件的大枝，对过高的植株回缩中心干、落头开心等，修剪后可以增加春梢的发生量、减少大小年现象，培养良好的树冠结构。应将树冠内的密枝、弱枝、重叠枝、交叉枝、徒长枝和无发展空间的多余枝组或衰弱大枝疏除。

夏梢是枇杷树一年中最重要的一次枝梢，在成年树上早抽生、早停梢才能形成花芽，所以采收后的夏季修剪是枇杷树最重要的一次修剪，宜早不宜迟。如果希望抽生大量的更新枝，在夏季修剪的同时要重施肥。如果是晚熟品种，可以提前在采收前 1 周施肥。夏季修剪主要是删除密生枝、纤弱枝、病虫枝等小枝，以利改善光照条件，对部分外移的枝进行回缩，使株间不过分交叉、行间也保持一定的作业操作距离，疏除果桩或结果枝的果轴，以促发夏梢，利于消除大小年现象，保证年年丰产。

3. 密闭园或衰老树

密植枇杷园封行后要及时进行回缩修剪，密闭程度越严重，回缩修剪量就越大。回缩修剪量越大，回缩后的树体越矮化。回缩时间应根据品种的不同而灵活掌握，一般易成花的品种如大五星、早钟 6 号等宜在 5 月上旬或采果后立即进行。枝梢直立、成花较难的品种如解放钟等应在 2 月进行。回缩的对象主要是株间和行间的交叉枝，使株间不过分交叉、行间也保持一定的作业距离。回缩后创造了良好的通风透光条件，可减少病虫害的发生，便于田间操作，提高劳动效率。

对远离主枝的结果枝，采取更新修剪方法，留基部的 10 cm 进行回缩。为避免结果枝外移，对抽生过长的春梢和强壮的结果枝短截并只留基部的 5～6 片叶，促进腋芽抽生夏梢成为结果枝。

对树体趋于衰弱、老化、大小年结果现象严重、内膛空虚的树，可采用"开天窗"的办法改善光照，增强树势。方法是：在树冠中上部剪去 2～3 个直立枝序，保证光线能照到树冠中下部；对树冠外围的衰弱枝、密生枝、病虫枝视情况进行疏除或回缩复壮；对于重度衰退树，可在主枝、副主枝上分次重短截，在 2～3 年内达到全树更新。

第四节　枇杷高接换种技术

对定植多年的枇杷实生树或低劣品种，可以进行高接换种。一般高接后的第 2 年即可形成新的树冠、开花结果，高接换种是枇杷改良种性、提高产量和品质的有效途径。

1. 高接换种的时间

一般在气温适宜嫁接的春季和秋季进行，春季高接的较多。

2. 接穗的选择

选用良种结果树上的健壮枝条，可以是 1 年生枝也可用多年生枝，但枝条上的芽要饱满，且无病虫害。为了嫁接时便于操作且利于接口的愈合，最好选用比较平直的枝条。

3. 高接方法

(1)枝切接。春季 2～4 月一般采用此法。先将要高接的大主枝及中心主干去头，在切口处用嫁接刀将枝条纵削一刀，削过皮层深达木质部即可，由于枇杷枝条的皮层较厚，削皮时不可过轻，否则露不出木质部外边的形成层，接后不能成活。削皮过深则又会削下木质部、损伤形成层，以刚剥到木质部为宜。然后挑起皮层，去掉这部分皮层的2/3，再选用芽眼饱满的接穗，在芽的同侧接穗下段削一个45°的短斜面，在芽眼对侧比较平直的一面削一刀，同样其深度要刚好达到木质部，削口长约3～4 cm，剪下此段接穗，并将此接穗插入高接枝条的切口，用1～2 cm宽的塑料薄膜包扎，使两者贴紧封严，同时需将枝条上的切口封住，只露出芽眼，以免失水干枯，影响成活。

（2）枝腹接。一般在秋季用此法进行高接换种。此法与枝切接的不同点就是枝条不去头，其他操作法与枝切接相同。方法是先将主干上除各层主枝及中心主干以外的过多枝条剪去，嫁接只在各层主枝及中心主干上进行，树体空间较多时也可以在辅养枝上进行。同时当主枝较粗较长时可按30～50 cm的距离交错嫁接，以适当增加嫁接成活后的发枝数目，便于树冠恢复。接穗成活后，再行断砧。秋季高接未成活者，可在翌年春季用枝切接法进行补接。

4. 高接数量

高接数量依树龄和树冠结构而定。一般幼龄树高接15～20个接穗，壮年树接25～30个接穗，成年树接40个左右的接穗。

5. 高接后的管理

（1）保留"去水枝"。由于枇杷枝条容易失水干枯，所以不论切接还是腹接，都必须注意保留"去水枝"（也称"拔水枝"）。采用枝切接者待枝条上的芽萌发时在接穗对面留1个"去水枝"以减少伤流对接口愈合的影响。待接穗萌发的新梢老熟后方可除去"去水枝"。

（2）及时抹除萌芽。接后管理的重点是保护接穗，促其萌发成梢。对接口下部萌发的砧芽要及时抹除，同时去除"去水枝"上的新梢和果穗，减少营养损耗。采用腹接的也要抑制顶部生长，待接穗新梢老熟后在接口上方1 cm处断砧。

（3）处理好捆缚的塑料物。嫁接后需用塑料带绑缚砧木和接穗，在嫁接部上方套塑料袋或用塑料片遮盖锯口保护锯口切面，以防止日晒雨淋。切忌随便解除这些保护措施，锯口面较大的切接最好在1年后解缚。当新芽长至米粒大小时，应在塑料袋的上方剪一个小口以利通气练芽（勿解缚换气）；芽梢逐步长大，缺口也应逐渐剪大，应使芽梢能及时伸出缺口。新梢有被风吹折危险的，要用竹片捆缚防护。

（4）保护树干，处理好"去水枝"。嫁接时锯去了枝干，树头易受烈日暴晒，暴晒严重的会引起裂皮，不利于嫁接成活。所以通常保留一些小枝条，一方面作为"去水枝"，另一方面用于遮阴，高温季节要用麦秆捆扎树干，以防太阳直射裸露的树干。对"去水枝"应逐渐锯掉，高温季节过后，"去水枝"应全部锯掉。

（5）及时防治病虫害。枇杷的主要害虫是枇杷黄毛虫、舟形毛虫、蚜虫和天牛。枇杷黄毛虫、舟形毛虫采用人工捕杀即可；蚜虫用10%的吡虫啉2 500～3 000倍液喷雾防治；树干上如发现天牛虫孔，可用棉花蘸80%的敌敌畏10倍液塞入虫孔后用湿泥封堵，毒杀幼虫。新梢抽生至生长期用70%的甲基托布津800倍液或绿得宝400倍液，或石灰倍量式0.5%的波尔多液喷雾，防治枇杷叶斑病，每次梢期喷2～3次，间隔10 d左右喷1次。

（6）注意整形修剪。无论嫁接几个接穗，都应以树干为中心，各层尽量保留3个各间隔120°左右较充实的枝条作为主枝，当主枝长达50 cm左右时即可剪顶，夏秋季就会抽生2个以上分枝，第2年春留2个不同方向的充实枝条作为副主枝，多余的剪掉。在副主枝长达40 cm左右时再剪顶，以促发三级分枝。树冠未形成之前不要急于投产，投产后也不可挂果太多，否则会引起早衰。通常第1年嫁接，第2年培养树冠，第3年投产。

参 考 文 献

［1］仇少英. 枇杷的栽培与加工［M］. 上海：上海科学技术出版社，1988.

［2］江国良，林莉萍. 枇杷高产优质栽培技术［M］. 北京：金盾出版社，2000.

［3］黄金松. 枇杷栽培新技术［M］. 福州：福建科学技术出版社，2000.

［4］赖钟雄，陈义挺，刘国强，等. 枇杷良种及栽培关键技术［M］. 北京：中国三峡出版社，2006.

［5］林顺权. 日本的枇杷生产与科研［J］. 中国南方果树，1998，27(5)：30-32.

［6］林顺权，江国良，蔡斯明，等. 枇杷精细管理十二个月［M］. 北京：中国农业出版社，2008.

［7］林铮. 果树学概论(南方本)［M］. 北京：中国农业出版社，1998.

［8］刘权，叶明儿. 枇杷、杨梅优质高产技术问答［M］. 北京：中国农业出版社，1998.

［9］村松久雄，刘权. 日本枇杷参考资料：日本枇杷栽培技术的现况及研究方向(二)［J］. 福建果树，1984(1)：56-66.

［10］吴汉珠，周永年. 枇杷优质高效培［M］. 北京：中国农业出版社，2001.

［11］谢红江，江国良，陈栋. 不同时期修剪对攀西枇杷开花结果的调节作用［J］. 中国南方果树，2009，38(4)：39-40.

［12］谢红江，江国良，陈栋. 攀西枇杷早花调控技术［J］. 柑橘与亚热带果树信息，2004，20(9)：35-36.

第九章　花果发育与调控

现代枇杷生产的目标是获得优质、高产的商品果实。加强枇杷的花果管理对提高果品的商品性状和价值、增加经济收益具有重要意义，是实现优质、丰产、稳产和高额经济效益的重要技术环节。

第一节　花芽分化

枇杷花芽分化是从叶芽向花芽转化的质变过程，是决定花量和花质进而决定产量和品质的重要环节。认识和掌握枇杷花芽的分化规律，是调控花芽分化和果实发育，进而实现枇杷高品质、高产量和高效益栽培的基础。

一、花芽分化过程

1. 生理分化期

枇杷的花芽由新梢的顶芽分化而成。花芽分化时期分为生理分化期和形态分化期。

生理分化期是在形态分化之前生长点内部由叶芽的生理状态转向形成花芽的生理状态的花芽分化临界期。此时期生长点处于极不稳定的状态，对内外因素具有高度敏感性，代谢方向也易于改变，是调控花芽分化的关键时期。大体说来，6~7月是枇杷的生理分化期。

枇杷花芽分化的基本生理和营养条件与其他果树类似，大致包括以下6个方面：

一是需要丰富的结构物质，包括光合产物、矿质盐类以及由它们转化合成的各种碳水化合物、氨基酸和蛋白质等。

二是需要丰富的能量贮藏和转化物质，如淀粉、糖类等。

三是需要有利于芽原基向成花方向发展的激素代谢，包括赤霉素类激素数量下降、活力降低，脱落酸数量增加、活力加强，细胞分裂素和生长素维持适当的数量及活动水平。

四是需要丰富的与花芽形态建成有关的遗传物质。

五是需要适宜的芽生长点细胞活动状态，即芽生长点细胞只进行细胞分裂而不伸长的微弱活动状态。

六是需要适宜的温、光、水等外界条件。

2. 形态分化期

枇杷的圆锥花序由很多小花组成，其花芽分化是一个连续的过程，枇杷花芽的形态分化期，因品种、枝类和外界环境不同有一定的差异。一般来说，早熟品种分化早，晚熟品种分化迟；主梢分化早，侧梢分化迟；早夏梢分化早，晚夏梢分化迟；温度较高的地区分化早，温度较低的地区分化迟。根据枇杷花芽形态发生的特点及顺序，可将其分为以下时期(图9-1)：

未分化期：未分化期芽体苞片内的生长点狭小，由等径、形状相似和排列整齐的原分生组织细胞组成，光滑而不突出(图9-1的1)。

花序分化期：花序分化期包括花序总轴原基分化期和花序分轴原基分化期，花序总轴原基分化期的形态标志是苞片内的生长点明显突起，整个生长锥呈半圆形，进而变宽平，同时芽体明显上升，原形成层由半圆形变成"八"字形，即进入花序总轴原基分化(图9-1的2)。而分轴原基分化期是在总轴周围的苞片腋间由下而上陆续出现分生组织突起，这些突起进一步发育成为将来圆锥花序的分轴。

花蕾分化期：其标志是肥大隆起的生长点变得不圆滑，并出现凸起的形状。

萼片分化期：花萼原基分化期顶端的生长点扁平加宽，两端隆起即转入花萼原基分化(图9-1的3)。

花瓣分化期：花瓣分化期的标志是花萼原基增大、伸长，与此同时，在花萼原基的内侧发生花瓣原基的突起，即花瓣原始体。花瓣原基生长得很快，不久就成为曲瓣状(图9-1的4)。

雄蕊原基分化期：此时期花瓣原基进一步增大，在花瓣原基的内方基部出现雄蕊原基的突起，多排列为上下两层，标志着进入雄蕊分化期(图9-1的5)。

雌蕊原基分化期：此期雄蕊原基突起的芽内生长锥中心也渐渐隆起，随后逐渐形成5个体积较大的突起，即雌蕊原基(图9-1的6)。

枇杷花芽的形态分化过程并不是都在芽内完成的。从花序总轴原基出现到分轴原基分化是在花芽萌动前的芽内进行的，而分轴延伸至小花分化是在开始展穗后进行的，也就是一边生长、一边分化的。

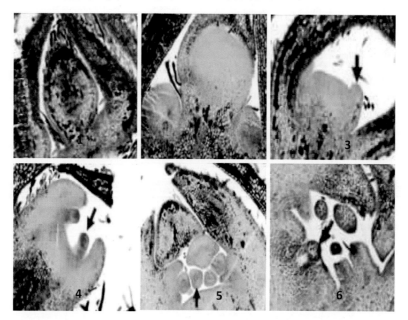

1. 未分化期；2. 花序原基分化期；3. 花萼原基分化期；4. 花瓣分化期；
5. 雄蕊原基分化期；6. 雌蕊原基分化期

图9-1　枇杷花芽形态分化过程（陶炼等，2012年）

二、影响花芽分化的因素

(一)内在因素

1. 树体的营养状况

树体的营养条件是影响花芽分化的重要因素，其中最重要的是碳氮比（C/N）及树体的营养水平。碳素是叶片制造的碳水化合物的主要成分，碳、氮两种成分的平衡是影响花芽形成的重要因素，碳氮比高，花芽容易形成。但如果仅是碳氮比高而整体的营养水平低，也不能形成健壮的花芽。因此，树体在花芽分化期既要保持高的碳氮比，又要有较高的氮素水平。花芽分化前一段时间的树体营养水平及其碳氮比与当年结果量的多少、上半年管理水平及采果前后的肥水条件有关。上一年进行适当的疏穗、疏蕾，幼果期适当疏果以控制结果量，保持结果枝和营养枝的一定比例，及时施用采果肥等都对形成花芽有利。

2. 激素

枇杷花芽分化是一个高度复杂的生理生化和形态发生过程。现代研究和生产实践证明，果树花芽分化与体内各种激素如 GA、ABA、IAA、CTK、ETH、多胺等的生理活性物质及比例，特别是与 CTK/GA、ABA/GA 有关，是各种激素在时间、空间上相互作用产生的综合结果。刘宗莉等(2007 年)研究了花芽分化期叶芽与花芽内源激素水平的变化以及激素平衡比值的作用，结果表明：低水平的 GA₃ 和低水平的 IAA 对枇杷花序原基的形成和花器官的分化起促进作用，在花芽诱导期相对较高水平的 ZT 和 ABA 有利于花芽的生理分化，在形态分化期也要求较高水平的 ZT 和 ABA。

(二)环境因素

1. 光照

光照是枇杷花芽形成的必要条件，是枇杷光合作用能量的来源，它影响有机物和内源激素的合成。适度的强光照，光合能力强，有机物质合成得就较多，且可以抑制新梢内生长素的合成，较强的紫外光可钝化和分解生长素，从而使促花激素占优势，促进花芽的形成。

2. 温度

温度对枇杷的光合、呼吸、激素形成等都会产生影响，是调节花芽分化的重要因素之一。枇杷花芽是在夏秋季较高的温度下孕育而成的，为夏秋花芽分化型。温度较高的地区花芽分化早，温度较低的地区花芽分化晚。枇杷花芽分化期必须保证适当的高温，2014 年 6～8 月，四川的枇杷产区普遍发生持续低温、阴雨天气，严重影响了花芽分化，造成了 2015 年全省范围的大减产。

3. 水分

水分对枇杷的花芽分化和开花也有很大的影响。和其他果树一样，枇杷花芽分化期适度的水分胁迫可以促进花芽分化，而连续阴雨天气、空气湿度较大、白天温度较低和光照不足等都会严重影响花芽分化。在花芽分化临界期，适度干旱可抑制新梢生长，有利于光合产物的积累，抑制 GA 的生物合成并抑制淀粉酶的产生，促进淀粉的积累，提高碳氮比和细胞液浓度，增加树体内的氨基酸，特别是精氨酸的水平，有利于花芽分化。

三、枇杷成花机理研究

张玲(2016 年)利用若干栽培枇杷以及野生种枇杷进行成花研究。对两种不同花期的野生枇杷台湾枇杷(*E. deflexa* Nakai)和台湾枇杷恒春变型(*E. deflexa f. koshunensis* Nakai)的茎顶端进行切片观察，结果显示台湾枇杷恒春变型在 9 月底至 10 月初就已经开始花芽分化，而台湾枇杷 11 月才开始，表明不同的枇杷种或变型之间花期不同是因为它们花芽分化开始的时间就有不同。同时对普通枇杷开花时间不同的两个品种早钟 6 号和解放钟的茎顶端在不同发育阶段进行了观察，发现早钟 6 号和解放钟开花时间的差异则不是因为花芽分化起始时间的不同，而主要是因为它们花序发育快慢的不同。

从台湾枇杷恒春变型中成功得到 *FT*、*CO*、*GI*、*SOC1* 和 *PIF4* 同源基因各 1 个，以及 *FD* 和 *SVP* 同源基因各 2 个（见第三章），分别命名为 *EdFT*、*EdCO*、*EdGI*、*EdSOC1*、*EdPIF4*、*EdFD1*、*EdFD2*、*EdSVP1* 和 *EdSVP2*。对这些基因预测的氨基酸序列进行生物信息学分析，表明它们都具有各基因所特有的保守氨基酸残基或结构域。亚细胞定位显示，*EdFT*、*EdSVP1* 和 *EdSVP2* 在细胞核和细胞质中均有分布，而 *EdFD1*、*EdFD2*、*EdCO*、*EdGI*、*EdSOC1* 和 *EdPIF4* 只定位于细胞核。在拟南芥中过表达 *EdFT*、*EdFD1*、*EdFD2*、*EdCO*、*EdGI* 和 *EdSOC1* 均表现出早花表型，说明它们具有保守的促进开花的功能。昼夜节律表达分析表明，*EdGI*、*EdCO* 和 *EdFT* 的表达均随昼夜变化而变化，受光周期的影响。BiFC 实验证明 *EdFT* 可以和 *EdFD1/2* 在体内发生蛋白水平上的互作。这些都进一步证明这些基因是拟南芥相应基因的同源基因，可能具有类似的功能。

时空表达分析发现，*EdFD1*、*EdFD2* 和 *EdSOC1* 可能对台湾枇杷恒春变型花芽分化起正调控作用，*EdSVP1* 起负调控作用；而在普通枇杷解放钟和早钟 6 号中，除了 *EdFD1* 和 *EdSOC1*，*EdCO* 和 *EdFT* 可能也对花芽分化起正调控作用，而 *EdFD2* 却没有明显的影响。

枇杷的成花机理十分复杂，有关机构在努力研究探索，期望能获得突破性的进展。

第二节　果实发育

枇杷是最需要进行果实精细化管理的果树之一。认识和掌握枇杷果实的发育规律，是实施精细的果实管理技术、实现高品质、高产量和高效益栽培的基础。

一、花器的构造

枇杷花为雌雄同体的两性花，由花萼、花瓣、雄蕊和雌蕊构成。枇杷花在植物学上属于典型的 5 轮花，萼片和花瓣都是 5 个，雄蕊每 10 枚 1 轮，共 2 轮 20 枚，花柱 5 枚，子房 5 室，胚珠 10 粒(图 9-2)。

　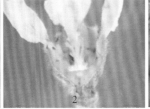　

| 花器全貌 | 花柱构造 | 心室和胚珠构造 |
| 1 | 2 | 3 |

图 9-2　枇杷花器构造

二、开花物候期

枇杷的开花持续时间比其他果树长得多。一般枇杷产区的开花期多在 9 月至翌年 1 月，主要集中在 10～11 月，温度在 15℃左右开花最多。

一般开花早的品种全花期短，开花迟的品种全花期长。单个花穗的开花期一般持续 40～50 d，短的 20～25 d，长的 70～80 d。单花花期（从花瓣打开到谢花）一般为 8～14 d。

花期的迟早与品种、花穗抽生的早晚和结果母枝类型有关。在浙江余杭，开花先后的品种顺序是小果黄肉品种类型（宝珠、细叶杨墩）、大果黄肉品种类型（大红袍）、白肉品种类型（软条白沙），但福建的白梨却比解放钟早开 15～20 d。根据枇杷的开花过程，大致上可以将枇杷品种分成早花类型和晚花类型。早花类型品种的初花期早，开花速度快，花期集中，盛花高峰期的顶峰高而尖突。晚花类型品种的初花期迟，开花速度慢，花期长，盛花高峰期的顶峰低而平缓。早抽生的花穗开花早，晚抽生的花穗开花迟。以顶生的春梢母枝最早，侧生的春梢母枝稍晚，再次为顶生夏梢，侧生夏梢母枝最晚。

枇杷花的开放顺序因花穗类型不同而有差异。花穗挺直的，花穗总轴顶部的花开放最早，随后是花穗中部支轴的花，最后是花穗基部的花；下垂的花穗，以弯曲部为中心，向上向下依次开放。而每一小穗则是顶端的花先开，两侧后开。

整株枇杷树从初花到末花是一个连续的过程，江浙等中北亚热带地区习惯上把盛花期前开的花称为头花，盛花期开的花称为二花，盛花期后开的花称为三花。开花过早的头花，果实成熟期早、果形变长、种子较少，坐果率较低，在冬季寒冷地区，头花幼果容易受冻害，幼果期遇长时间阴雨天气容易发生果锈（麻皮），果实转色期如遇高温、强光、干风天气容易发生日灼和皱缩。二花开花量多，坐果率高，果实成熟期比头花果稍晚，果形正（品种固有果形），不易发生日灼和皱缩，果实大，品质好。三花开花迟，幼果发育期短，果实较小，果形变短（扁圆），但不容易受冻害，也不易发生日灼和皱缩。因此，一般情况下，以二花为宜；在无冻害地区欲提早上市，可选留头花果；而在高频率冻害地区，则宜以三花为主。

三、配子体发育

雄蕊原基逐渐发育并增大，分化成花丝、花药、药隔和药室等，随后，雄蕊原基发育为2个药室的成熟花粉囊（图9-3左），花粉囊内的造孢细胞形成花粉母细胞，每一个花粉母细胞经过减数分裂形成4个花粉粒，随后花粉粒继续发育，形成1个由营养核和生殖核组成的成熟双核花粉粒。花粉在柱头上萌发，内壁从发芽孔伸出长成花粉管，营养核及生殖核进入花粉管内，生殖核再分裂形成2个精细胞。

雌蕊原基继续分化首先表现为子房胎座上形成突起，珠心增大，外部形成2层珠皮，心皮原基基部膨大形成子房；子房内表皮细胞分化出胚珠原基，进而发育为胚珠。同时，珠心内孢原细胞形成胚囊母细胞，它经减数分裂形成四分体，但只有最里面的1个细胞发育成单核胚囊，此核连续3次分裂最终形成成熟胚囊（图9-3右）。成熟胚囊为8核胚囊，卵细胞和2个助细胞成为卵器，2个极核可融合为中央细胞，另一端的3个反足细胞成为反足器。

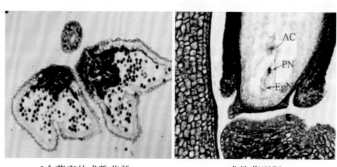

2个药室的成熟花粉　　　　　　成熟蓼型胚

AC：反足细胞；EgN：卵细胞；PN：极核

图9-3　花芽的继续发育

四、授粉与受精

1. 授粉受精过程

杨苓等（2008年）研究发现，大五星枇杷的花粉落到柱头上后，花粉管即从萌发孔萌发，自然状态下，在开花当天就可在少量柱头上观察到萌发的花粉，随着花的发育，柱头上有原位萌发花粉的花柱比率逐渐升高，到开花后的第 5 d，可以观察到约 90％花柱的柱头上有萌发的花粉，且从这之后柱头上有花粉萌发的花柱比率趋于稳定。花粉管萌发进入花柱后诱发一系列生理反应，如花柱中的生长素合成增加，呼吸强度提高，消耗大量糖类等能源物质。

枇杷从授粉至受精只需 48～72 h，卵细胞与精核融合后发育成胚。极核（中央细胞）与另一精核融合形成 3× 的胚乳。

2. 影响授粉受精的因素

枇杷既能进行自花授粉，又能进行异花授粉，但优先选择不同品种的外来花粉完成受精。

花粉的萌发具有群体效应，一般越密集萌发力越强，花粉管伸长也越快。花粉间的相互作用是由于萌发初期钙从花粉扩散出来造成的，钙具有避免有害气体和拮抗各种抑制物的作用。适宜浓度的硼类化合物也有利于花粉萌发，硼在花粉萌发中对果胶质的合成有重要作用，可防止花粉管尖端破裂。维生素、氨基酸、激素及其他微量元素都能促进花粉的萌发和伸长。

凡直接或间接不利树体贮藏营养和氮素营养的因素都不利于授粉受精。对衰弱的树，花期喷施尿素可提高坐果率，可能是弥补了氮素营养的不足，延长了花的寿命。上一年秋季施用氮肥也会提高光合作用，增加碳水化合物的积累，从而有利于授粉受精。

温度可影响枇杷花粉萌发及花粉管生长。黄金松（2000 年）报道，枇杷花粉在 10℃以上开始发芽，20℃左右为发芽最适温度，发芽率可达 70％以上，5℃以下完全不发芽，35℃以上发芽率也低。刘星辉等（1998 年）的研究也得到了相似的结果，发现温度对枇杷花粉萌发率的影响极大，当温度低于 15℃时枇杷花粉的萌发不足 10％，20～25℃是枇杷花粉萌发的最适温度，在该温度下，枇杷花粉萌发得既快又长，当温度达到 30℃时，枇杷花粉的萌发率虽然可达到 90％以上、枇杷花粉萌发得既快又长，但此时花粉管的破裂现象很普遍。短时间的适宜温度即可满足花粉发芽的需要。在栽培的北缘地区，花期的温度虽然较低，但晴天中午的气温常可在 15℃以上，不会影响授粉受精和结实。

杨芩（2013 年）进行了大五星枇杷离体花枝在不同温度条件下的培养，授粉后不同时间胚珠退化情况的研究表明，随着温度的升高，胚珠退化的速率逐渐加快，同时退化胚珠的比率也逐渐增加。在 5℃条件下培养 120 h 后退化胚珠的比率仍仅为 6％左右，而当温度升高至 25℃和 30℃时仅培养 12 h 后退化胚珠的比率均为 85％以上，这表明一定的高温可以加速枇杷胚珠的退化。

降雨对枇杷的授粉受精也有明显的影响，表现为降雨能够减少或抑制黏液的分泌，从而降低花粉和柱头的附着效率（Eisikowitch 等，1991 年），同时降雨也能推迟花期及花药散粉，使得花粉与柱头的可授期不同步（Corbet，1990年）。杨岑等（2011年）对大五星枇杷进行授粉前0 h、2 h与4 h模拟降雨，以及授粉后立即模拟降雨，发现不管是授粉前还是授粉后降雨，柱头表面萌发的花粉粒均显著地少于对照，降雨后立即授粉和授粉后立即模拟降雨两个处理的坐果率均显著地低于对照，推测可能是由于黏液被模拟降雨稀释，甚至冲洗掉部分黏液所致。

五、果实的发育

受精后，子房和花托共同发育成假果。枇杷的坐果率较高且较稳定，在自然状态下，大果型品种每穗可坐果3～8个，中果型品种5～15个，小果型、较原始的品种15～30个。枇杷品种间的坐果率存在明显差异，长红3号、解放钟高于太城4号和车本。花期对坐果率也有影响，二花或中花（盛花期开的花）的坐果率约为12%，头花（盛花前开的花）和三花（盛花后开的花）的坐果率为8%～10%。

Hirai（1980年）将枇杷果实的发育分为两个阶段：第一阶段是以种子发育为代表的生长期；第二阶段是以酸含量下降、色泽发育和果肉软化为代表的成熟期，糖也在这一时期积累。丁长奎和章恢志（1988年）将果实的发育阶段进一步分为4个时期（图9-4）：

（1）幼果滞长期。一般将谢花后2～3个月时间内的果实发育期称为幼果滞长期，幼果滞长期幼果的发育基本处于停滞状态，细胞分裂少。南亚热带地区的幼果滞长期相对较短，不太可能超过2.5个月。

（2）细胞迅速分裂期。由于气温转暖，果实进入细胞迅速分裂期，但果形增大缓慢，此时的营养条件对果实的生长发育非常重要。

（3）果实迅速膨大期。此时气温继续升高，细胞分裂已基本停止，细胞开始迅速增大，幼果外形开始加速膨大，此期种子的重量也迅速增长到最大值。

（4）成熟期。果实充分成熟前的大约15 d时间为果实成熟期。此时期果皮开始由黄绿色转为该品种固有的果皮颜色。果肉组织软化，糖量提高，酸度

幼果滞长期　　　　细胞迅速分裂期　　　　果实迅速膨大期　　　　成熟期

图9-4　枇杷果实发育时期

降低。其中果实继续迅速增大和糖分迅速增加这两个特点有别于其他果树，其他果树在成熟期的果实增重一般不明显，因此枇杷的适宜采收时期比其他果树狭窄得多。

枇杷果实发育期在 140 d 左右，温度高的产区果实的发育期缩短、成熟期提前，温度低的产区果实的发育期延长、成熟期推迟。

六、果实生长发育生物学

1. 果实生长的组成要素

从开花到果实成熟，果实的体积和重量均增大了许多倍。果实的细胞数目和细胞体积决定了果实的大小，果实的大小还和细胞的密度及细胞间隙有关，所以细胞数目、细胞体积、细胞密度和细胞间隙是果实生长的组成要素。果实在收获时的细胞数目是果实在其形成过程中进行细胞分裂的结果，而细胞以后增大的程度则决定着细胞最后的大小，细胞的密度是由细胞在增大过程中有机贮藏物和水分的相对增加量决定的，细胞间隙则与果实成熟时细胞的离散程度有关。一个果实在成熟时的大小和重量，同时取决于这 4 个组成要素。这 4 个组成要素的变化既与果树本身的遗传特性有关，也受许多内外因子的影响。苏文炳(2017 年)建立了枇杷果实生长的细胞发育模式图。

2. 果实的生长曲线

枇杷果实的生长曲线既不像一般仁果类的单 S 形，也不像一般核果类的双 S 形，而是指数曲线形(像 S 形曲线的一部分)。枇杷果实在生长发育初期主要是细胞分裂，体积(或重量)增长缓慢，以后转入细胞不断加速膨大时期，导致果实体积(或重量)的增长不断加快，直至成熟期(Blumenfeld，1980 年)。

3. 叶果比与果实生长

果实生长需要大量有机物，这些有机物均来自植株的同化器官，即果实附近的叶片。因此，要维持一个果实的生长，需要有最低限度的叶片数。枇杷的适宜叶果比约为 20～25：1。如果叶果比过小，即每果叶数过少，往往会影响果实生长，使果实变小，影响果实质量。在栽培上常采用疏花疏果来保持一定的叶果比。

4. 激素与果实生长

枇杷果实的发育与内源激素含量的变化关系密切。激素的活跃变化主要发生在胚珠中，尤其在胚珠发育的早期，果肉中激素的含量相对较低。胚珠发育早期 ABA、ZR 和 GA 的含量最高。ABA 和 ZR 的含量有两个高峰，一个出现在花后 10 d，另一个比较大的高峰出现在花后 34 d。而 GA 的含量在花后 18 d 达到最高。

　　自从 20 世纪 30 年代发现生长素能诱导单性结实之后，人们便认为子房的发育以及以后的果实生长与生长素有密切的关系，并提出天然单性结实的生长素学说。这一学说认为能单性结实的植物在花蕾期就含有较高的生长素，其刺激子房发育成为果实，即使是在未受精或种子未发育的情况下，果实也能继续发育。

　　施用外源生长调节物质可干预果实的生长。Singh(1959 年)最早对枇杷进行了无核诱导试验，主要采用在枇杷开花前用 300～1 000 mg/L 的 GA_3 喷施花蕾，诱导出无籽果实。众多学者研究了利用植物生长调节剂诱导枇杷单性结实。丁长奎等(1988 年)的研究结果表明，花前经赤霉素处理所诱导的无核果实不能长大是由于果实在细胞分裂期缺少细胞分裂素和生长素所致，所诱导的无核果实偏小。盛宝龙等(1998 年)、张谷雄等(1999 年)在不同时期用不同浓度的赤霉素进行处理，并在花后用 CPPU＋GA 处理后可获得商品果大小的无核果。Cuevas 等(2004 年)在 Algerie 枇杷开花末期施用 30～60 mg/L 的 NAAm 可使刚形成的极幼嫩幼果停止生长发育而脱落，Agusti 等(2003 年)在 Algerie 枇杷幼果迅速膨大的初始期喷施 25 mg/L 的 2,4-DP 可促进果实的生长，增大果实，并提早成熟。

七、品质的形成

　　果实色泽是果实外观品质的重要表现，果实的色泽因种类、品种而异，主要由遗传决定。色泽的浓淡则受环境的影响较大。决定果实色泽的主要是叶绿素、类胡萝卜素和黄酮类色素(主要有花青素、黄酮素和黄酮醇)这三大色素物质。枇杷果皮的色泽形成于果实成熟前的 15 d 左右，这个时期果皮开始转色，由黄绿色转为黄色，最后转为橙黄色、橙红色或乳白色(依品种而异)。熊作明等(2007 年)以大红袍、青种分别代表红沙和白沙两类不同的枇杷品种进行研究，发现果实成熟前的 1～2 周是枇杷果实果肉类胡萝卜素积累的关键时期，其中 β-胡萝卜素含量的高低是影响类胡萝卜素总量积累多少的主要因子，也是造成这两个品种果肉色泽深浅的主要因素。杨向晖课题组近年来开展了对果实色泽的一系列研究(杨向晖等，2017 年)。

　　树体营养和环境条件对果实着色有一定的影响。通常情况下，糖的积累、温度和光照条件是三个重要因子。

　　果实的内在品质包括的项目很多，主要有风味、硬度和营养物质成分。风味受许多物质含量的综合影响，其中最重要的是糖酸比。各种物质综合形成了果实的独特风味，这种风味只有在果实成熟时才能被充分表现出来。

　　决定果实硬度的内因是细胞间的结合力、细胞构成物质的机械强度和细胞膨压。果实细胞间的结合力受果胶的影响。枇杷果实在成熟过程中，可溶性果胶增多，原果胶减少，果实细胞间失去结合力，果肉变软。果实硬度与其耐贮运特性密切相关，西班牙由于出口枇杷较多，因此十分注重果实硬度问题。

在成熟期以前，枇杷果实的营养成分含量很低，主要是增大果实体积和种子重量，而在近果实成熟的 15 d 左右的时间内，果肉成分会发生显著的变化，主要是糖和酸的变化。成熟果实的糖分 90% 左右是在成熟期内迅速积累起来的。而且糖的增长一直延续到果皮充分着色后才停止增加。

枇杷果实发育过程中山梨醇的含量逐渐降低；蔗糖的含量先迅速升高，至果实成熟前开始下降；葡萄糖和果糖的含量则一直增加。说明枇杷的光合产物可能主要以山梨醇的形式经韧皮部运输至发育中的果实，然后在山梨醇代谢酶的作用下生成蔗糖、葡萄糖和果糖。至成熟之前，蔗糖含量下降，而可溶性糖的含量则持续上升，可能是由于部分蔗糖分解为葡萄糖和果糖所致。

枇杷果实生长发育过程中通常有机酸的含量逐渐增高，生长停止转入成熟阶段后下降。不同枇杷品种成熟果实中的有机酸组成差异较大，同一品种栽培在不同地方其酸度也有差异。对多数枇杷品种而言，成熟果实中的有机酸主要为苹果酸，其次为奎尼酸，柠檬酸在品种间的差异较大。此外，多数枇杷品种果实中还含有异柠檬酸、α-酮戊二酸、富马酸、草酰乙酸、酒石酸、乳酸等。在枇杷果实发育前期，有机酸的含量随着果实的生长发育而增加，而在果实发育后期有机酸含量降低，到成熟时有机酸的含量降至最低。

第三节 花果管理技术

在认识和掌握枇杷花芽分化和果实生长发育规律的基础上，实施精细的花果管理，是实现枇杷高品质、高产量和高效益栽培的直接技术途径。以下介绍几项主要花果管理技术，对病虫害和鸟害的防控技术另述。

一、促进花芽分化

1. 培养健壮的结果母枝

结果母枝是花芽的母体，培养健壮的结果母枝是调控枇杷花芽分化的一项基础性工作。为了培养健壮（不旺也不弱）的结果母枝，应加强综合栽培措施，尤其应加强采果后的肥水管理和修剪，及时促发夏梢并使其成为健壮优良的结果母枝。

2. 培养高光效树形

树冠郁闭的果园，要改造为高光效树形，如自然开心形、单层或双层杯状形。通过修剪，对徒长枝、轮生枝、背上密生枝和密集的辅养枝等及时清除，减少枝量，改善树冠内的光照条件，提高光合效率，增加树体同化物质的积累，提高碳氮比，促进花芽分化。

3. 科学管理水肥

在花芽诱导期控制灌水和合理施肥均能有效地增加花芽的数量。通过合理的促进营养生长的措施，可使枇杷在幼树前期生长良好、树势健壮、达到成花的树相指标，在顺利渡过营养生长期后，应控制其营养生长，促使其及时转向生殖生长。如果树体在花芽分化的夏季仍旺盛生长，会导致枝条的顶芽始终保持在营养生长状态，无法停长，不能完成由叶芽向花芽的转变。因此，在施肥上应控施速效性氮肥，增施磷钾肥。若偏施氮肥，缺乏磷钾肥和必需的微量元素，就会导致枇杷树旺长，花芽分化困难。

土壤适度干旱可以迫使地上部的枝条停长，增加芽生长点细胞液的浓度，促进花芽分化。若枇杷花芽生理分化期（6～7月）遭遇大雨天气，要特别注意开沟排水，或采用树盘地膜覆盖的措施尽量降低土壤的湿度。

4. 拉枝和扭枝

拉枝和扭枝（图9-5）是促进花芽分化的常用措施，通过拉枝、扭枝可缓和生长势、促进成花。如6～7月枇杷花芽分化期，在树冠第1层的轮生枝中选择3个分布均匀的枝条作3大主枝，将其向下拉开，形成与主干成45°～55°角，使其继续向上倾斜生长，作继续扩大树冠之用。其余的枝全部作为幼树前期的辅养枝，拉成水平或下垂状。然后将这些辅养枝上的小枝全部进行扭枝处理，将枝向下扭曲或将其基部旋转扭伤，既扭伤木质部和皮层，又改变枝条的生长方向。拉枝和扭伤都可缓和生长，阻碍养分外运，增加处理枝条的光合产物积累，促进花芽形成的效果显著。

拉枝　　　　　　　　　扭枝

图9-5　拉枝和扭枝

5. 环割和环剥

环割(图 9-6)和环剥也是枇杷生产中常用的促花手段。环割和环剥可增加处理部位以上的光合产物的积累，使得枝条中 IAA 的含量下降、ETH 和 ABA 的含量增加，枝条中较低的 GA 水平能抑制芽内分生组织细胞的伸长，使营养生长受到抑制，从而诱导花芽孕育。环割比环剥更安全，操作也更简便。环割或环剥可在主干、主枝、副主枝和侧枝上进行，在主枝上施行更宜。在主枝上施行，既较安全(与主干上施行相比)，操作更方便，工作量也不大(与更高位置上施行相比)。

图 9-6　环割

6. 断根和晾根

对生长旺盛的枇杷树，在花芽分化期可以沿树冠滴水线附近挖断部分根系，或将部分根系露于空气中，这样可以减少树体的水分，从而促进花芽分化。此法促进花芽分化的效果明显。

7. 生长调节剂的使用

一些生长调节剂可抑制茎尖 GA 的生物合成，使枝条生长势缓和而促进成花，应用较为广泛的植物生长调节剂有多效唑(PP333)、乙烯利、多胺等。如在夏梢抽生 5 cm 左右时，喷布 1 000 mg/L 的多效唑，待夏梢展叶转绿后再喷一次 500 mg/L 的多效唑，可以抑制枝梢伸长，缩短枝梢节间，促进花芽分化(但也有使用多效唑的枇杷枝条易软化的报道)。

二、花期调控

可以在一定程度上人工调控枇杷花期。四川攀西的金沙江干热河谷地区和云南一些枇杷产区的花期调控，就是典型的人工调控枇杷花期的成功案例。这些地区枇杷树的自然花期一般在 6~8 月，由于此时气温太高，这些早花大多败育，容易发生干花现象，坐果率很低，即使坐果其果实也较小、外观差，可溶性固形物的含量较低，不具备商品价值。不仅如此，早花还会引起其他不利的连锁反应。因此，在这些地区栽培枇杷必须进行花期调控，把花期由6～8月调到9～10月。调整花期后，果实的成熟期为翌年1～3月，产量、品质和经济效益都得到了提高。这些地区的花期调控技术可以概括为：控发春梢、减少春梢的抽发量，采后重剪、强化肥水促夏梢；春梢摘心促侧梢；适时促花；灵活施用花前肥；及时疏去早花穗和晚花穗。

三、提高坐果率

枇杷单位面积产量普遍较低，这主要与枇杷芽少、枝疏、结果母枝数少有关，与坐果率关系不大。但也有个别产区与坐果率不高有关。在这些产区，提高坐果率是实现枇杷栽培高产、稳产的重要措施，也是后续枇杷果实管理的基础。

有可能导致枇杷坐果率低的原因有：品种不良；缺乏肥水，树势衰弱；树形紊乱，通风透光条件差；病虫为害；不良气候。因此，可采取以下相应的措施来提高坐果率：对不良品种或劣株进行高接换种；加强肥水管理，增强树势；合理整形修剪，改善树冠的通风透光条件；严防严控病虫害为害，避免花果受损；花期喷硼；冬季防寒(详见下述)。

四、花果负载量调控

花果负载量调控的直接措施是疏花疏果，这是增大果实、提高果实的整齐度、稳定产量、防止大小年现象的有力措施(图9-7)。疏花疏果包括疏穗、疏花穗支轴和疏果。

未疏花疏果时果小、色差、商品价值低　　疏花疏果后果大、品质优、售价高

图9-7　疏花疏果

1. 疏穗

时间：能看清全树的花穗后，在花穗的支轴(小花梗)尚未分离前进行。

对象：疏除弱花穗、分布过密的花穗和多余的花穗。

疏穗量：依树势的强弱、花穗量的多少而定，参考标准为疏穗后结果枝比例为50%～70%，叶果比在20∶1左右，花穗在树冠内分布均匀。

2. 疏花穗支轴

时间：花穗的支轴(小花梗)分离后。

对象：一般是去两头的支轴，留中间的支轴。

保留支轴量：保留支轴的数量依后续疏果(留果)方法而异。如果后续疏果(留果)采用定果留在同一个支轴上，则保留1～2个支轴；如果后续疏果(留果)采用定果留在不同的支轴上，则应保留相应的支轴数。在后一种情况下，保留支轴的数量主要依品种的果实大小、发生冻害的可能性和树势或结果母枝的叶片数量这3个因素而定：大果型品种少留(2个左右)，小果型品种多留(3～5个)；发生冻害的可能性小时少留，反之多留；树势弱或结果母枝的叶片少时少留，树势强或结果母枝的叶片多时多留(图9-8)。

疏花穗支轴前　　　　　　　　疏花穗支轴后

图9-8　疏花穗支轴

3. 疏果

时间：无冻害时，在能分辨出果实发育优劣时进行，越早越好；有冻害时，断霜后进行。

对象：生长发育不良果、受冻果、畸形果、病虫害果。

方法：可有两种做法，一种是疏果后使保留果处于同一支轴上(图9-9左)，另一种是疏果后使留果处于不同的支轴上(图9-9右)。前者的优点是便于后续套袋作业，缺点是果实竞争更激烈，果实大小和整齐度较差，后者可能不便于后续的套袋作业，但有利于果实的生长，果实个大、整齐。

留果处于同一支轴上 　　　　　留果处于不同支轴上，
　　　　　　　　　　　　　　　每个支轴上留1个果

图9-9　疏果后的留果

五、果实套袋

果实套袋可以防止果皮擦伤，保全果实表面的茸毛和果粉，减少裂果、缩果、果锈和日灼，防止农药污染，有的果袋还有增大果实的作用，是提高果实外观品质和果品安全性的重要措施(图 9-10)。

未套袋的果实　　　　　　　套袋的果实

图9-10　果实套袋

定果(最后一次疏果)后，进行一次主要针对果实的病虫害防治，然后立即进行套袋。

笔者曾试用过尼龙种子袋和一种"膜＋纸"的透气袋，前者的优点是操作方便、袋内果实的成熟度一目了然，后者增大果实的作用明显(图9-11)。

枇杷套袋　　　　　　　尼龙种子袋　　　　　　"膜＋纸"透气袋

图9-11　枇杷果实套袋

六、果实增大

枇杷是小果型果树，果实的大小是评价枇杷果实外观品质的重要指标，消费者和生产者都喜欢大果。但是，追求大果不能以牺牲内在品质为代价，必须在保证内在品质的前提下追求果大，必须采用"绿色的"果实增大措施，靠单纯施用生长调节剂来增大果实的做法是不可取的。

果实的大小主要取决于果实内细胞的数量和细胞的体积。开花前、幼果滞长期、细胞迅速分裂期和果实迅速膨大期是细胞数量的增长期，其中，开花前和细胞迅速分裂期是细胞数量增长的关键时期，尤以细胞迅速分裂期最为关键。细胞体积的增大主要在果实迅速膨大期。在这些关键时期实施增大果实的措施能收到很好的效果。

增大果实的综合措施有：①采用开心形（杯状形）或双层形树形，去除主干延长枝和直立枝；②培养强壮结果母枝（结果母枝粗、叶大而厚、色浓绿）；③施足花前肥（能分辨花蕾时）、幼果肥（细胞迅速分裂前、幼果刚变绿、直径约 1 cm 时，配合叶面喷肥）和壮果肥（幼果迅速膨大前、直径约 2 cm 时，配合叶面喷肥），叶面肥除含大、中、微量元素外，还可添加海藻肥、腐殖酸肥、氨基酸肥等；④控春梢（抹除与幼果生长竞争的春梢）；⑤环割或环剥（施壮果肥前后）；⑥疏花疏果；⑦套袋（采用可增大果实的果袋）；⑧喷施"绿色的"生长调节剂（如在幼果迅速膨大始期喷施 25 mg/L 的 2,4-DP）。

七、防冻

在有一定冻害发生频率的枇杷产区，可采用简易大棚栽培防冻，只在一年中容易发生冻害的时期（12 月～翌年 2 月）启用。常用的是竹木结构塑料大棚（图 9-12）。竹木结构塑料大棚的立柱用直径 8～10 cm 的毛竹（或 8 cm×

大棚外观　　　　　　　　　　　　大棚骨架

图 9-12　竹木结构塑料大棚

10 cm的水泥柱），拱杆用将毛竹(直径8～10 cm)一分为四的竹片。大棚跨度8 m，肩高2 m，顶高3.5 m，拱杆间距1～2 m，立柱间距3.5 m。拱杆上盖无滴膜(厚0.05 mm)。两拱杆间用压膜线固定在预理的地桩上。这种大棚比较牢固，建造简单，成本较低。

而在冻害发生频率很高的产区或经济条件好的果园，则可采用钢架结构大棚或新型复合材料大棚进行设施栽培。

八、控制果实生理障碍

1. 裂果

裂果是指在果实迅速膨大期和成熟前期，久晴后突然下大雨，导致果肉细胞快速膨大、胀破果皮，从而形成的果实开裂现象(图9-13)。

裂果的主要影响因素有：①天气，久晴后突然下大雨；②品种，果皮薄的品种、果实迅速膨大期和成熟期果肉生长相对更快的品种容易发生；③土壤，土层浅、土壤湿度相对更不稳定的果园容易发生。

裂果的防治措施有：①选择不易发生裂果的品种；②在果实迅速膨大期和成熟期保持稳定的土壤湿度；③改良土壤，使之深厚、具有良好的保水保肥能力；④果实迅速膨大期前后喷含钙等营养元素的叶肥；⑤果实套袋。

2. 日灼

日灼即果实在转色期前后，因烈日暴晒导致果皮和果肉灼瘪，严重时病部呈黑褐色凹陷(图9-13)。

日灼的主要影响因素有：①天气，高温烈日；②品种，不同品种抗日灼的能力不同；③果实暴露度，暴露在烈日下的果实容易发生。

主要防治措施有：①选用抗日灼的品种；②培养枝叶丰满的树冠，减少果实受暴晒的程度；③果实套袋。

裂果　　　　　　　　　　　　　日灼

图9-13　裂果和日灼

3. 缩果

缩果即果实成熟前发生失水和皱缩(图9-14)。

缩果的主要影响因素有：①天气，尤其是持续低温多雨后突然出现高温晴天；②品种，不同品种抗缩果的能力不同，早熟品种更容易发生缩果；③开花的批次，头花果实容易发生缩果；④挂果量，结果过多容易发生缩果。

缩果的主要防治措施有：①选用抗缩果能力强的品种；②用较晚批次的花来结果；③疏花疏果，控制负载量；④果实套袋。

4. 果锈

果锈即果面发生点状或成片的褐色锈斑(图9-14)。

缩果　　　　　　　　　　　　　　果锈

图9-14　缩果和果锈

果锈的主要影响因素有：①天气，幼果期持续低温、高湿；②品种，不同品种抗果锈的能力不同；③果皮茸毛受损，如幼果期风吹枝叶摆动摩擦而导致的。

果锈的主要防治措施：①选用抗果锈能力强的品种；②果实套袋。

参 考 文 献

[1]蔡礼鸿. 枇杷三高栽培技术[M]. 北京：中国农业大学出版社，2000.

[2]蔡礼鸿，陈昆松，王永清. 枇杷学[M]. 北京：中国农业出版社，2013.

[3]黄金松. 枇杷栽培新技术[M]. 福州：福建科技出版社，2000.

[4]江国良，陈栋，谢红江，等. 枇杷优质栽培技术图解[M]. 成都：四川科学技术出版社，2006.

[5]江国良，林莉萍. 枇杷高产优质栽培技术[M]. 北京：金盾出版社，2000.

[6]江国良，谢红江，陈栋，等. 枇杷栽培技术[M]. 成都：天地出版社，2006.

[7]蒋际谋，陈秀萍. 枇杷优质栽培百问百答[M]. 北京：中国农业出版社，2009.

[8]林顺权. 枇杷精细管理十二个月[M]. 北京：中国农业出版社，2008.

[9]吴汉珠，周永年. 枇杷无公害栽培技术[M]. 北京：中国农业出版社，2002.

[10]吴少华. 枇杷周年管理关键技术[M]. 北京：金盾出版社，2012.

[11]张玲. 枇杷花期调控的分子生物学研究[D]. 广州：华南农业大学，2016.

[12]张元二. 优质枇杷栽培新技术[M]. 北京：科学技术文献出版社，2008.

[13]郑少泉，许秀淡，蒋际谋，等. 枇杷品种与优质高效栽培技术原色图说[M]. 北京：中国农业出版社，2005.

[14]苏文炳. 枇杷果实生长的细胞学与分子调控研究[D]. 广州：华南农业大学，2017.

[15]魏伟淋. 枇杷果肉质体相关基因克隆与表达及果色分子标记分析[D]. 广州：华南农业大学，2017.

第十章 疏花疏果与套袋

　　果树的生长包括营养生长和生殖生长两部分，它们存在既相互依赖又相互制约的关系。从花芽分化开始，生殖器官就消耗树体的营养物质。如果没有健壮的营养器官，因不能获得足够的养分，生殖器官的生长将缺乏必要的物质基础，这会导致树体衰弱，形成大小年结果现象，且果小、品质差。然而，若营养器官的生长过于旺盛，其生长本身将会过多地消耗树体营养物质，对生殖器官的生长将起抑制作用。人们经常看到，生长茂盛的果树往往不能正常结实。调节枇杷生殖生长和营养生长的平衡，是实现枇杷优质、高产、高效栽培的重要保证。

　　疏花疏果是调节枇杷生殖生长和营养生长平衡的关键生产措施。套袋可以进一步增强疏花疏果的效果。

第一节 疏花疏果

　　在通常的水肥管理和适宜的气候条件下，进入结果期的枇杷树80％以上的枝条都可形成花穗，且花量大、花期长。枇杷坐果率高，即便是进行过疏花的树也会存在结果过多的问题。过多的花果将消耗大量的树体营养，加剧秋冬季落叶，抑制来年新梢的生长，导致树体衰弱，形成大小年结果现象且果小、品质差。通过疏花疏果，可以使花果负载在合理的范围内，从而达到既能维持正常的树势，又可收获高品质的果实。疏花疏果是枇杷生产的重要技术措施。

　　太城4号枇杷疏花疏果后每穗留果3～5个，疏果后的平均单果重、单株产量及收益分别比对照提高了117％、32％、163％，果实的可食率、可溶性固形物含量、含糖量均得到提高，含酸量降低，改善了果实的口感、风味和色泽，大大缩短了果实的采摘期(文卫华，2007年)。枇杷疏花后可减少养分消耗，使坐果率提高 10.2%；枇杷疏果以每穗留 3～5 个果为宜，疏果后可使平均单果重和商品果率分别比对照提高 13.4 g 和 27.3%，锈斑果率、日灼果率和裂果率分别比对照降低 12.4%、0.6% 和 9.7%（吴万兴等，2004 年）。

一、疏花时期与方法

疏花包括疏花穗和疏花蕾，应根据不同地区、不同品种、不同树势、不同树龄等情况进行疏花。一般在花穗支轴散开后即可进行疏花穗，福建产区可在 10～11 月进行，而安徽黄山产区宜在 11 月底至 12 月下旬进行（朱洁，2007 年）。疏花穗的原则是"留大去小、留主去副、留疏去密"。曾经还有"留内去外"和"留下去上"的说法，对于此说法必须持慎重的态度，因为去掉外部和上部的花穗，就意味着该处将萌发春梢，将导致整个树体往外、往上"窜长"。整个树冠一般留大约一半的花穗。8 月底前将抽生的花穗全部疏除，9 月上旬抽穗的保留春夏梢主枝上强壮的早花穗和中花穗，疏去迟花穗和弱小花穗。春梢花芽分化最早，其上叶大、叶多、花穗大、花数多，结果也较大，在无冻害威胁的地区，盛产树以留春梢顶芽的花穗最为理想。但在有冻害的地区宜选留不同开花期的花穗，以避免冻害引起减产。壮旺树保留 40%～50% 的枝条挂果，大年树、老龄树、弱树保留 30%～40% 的枝条挂果。疏穗后营养枝和结果枝的数量以保持在 1～2：1 为宜，有冻害的地区可适当多留 10%～20% 的花量（吴锦程，1999 年）。

疏花蕾被果农称为"摘穗尾"，是对疏花穗后留下来的花穗进行的，目的是集中养分、确保留下的花蕾发育健壮，增加单果重。理论上疏花穗越早越好，在肉眼可辨时即可进行，但为了节省劳力，疏花穗可与疏花蕾同时进行。疏花蕾时，应根据花穗大小剪除花穗末端的 1/3～1/2；疏去花穗基部和顶部的若干支轴，保留中部的 3～5 个支轴，为了便于套袋，以保留一侧的为好，或者去除东、西、南、北四方中的一方，以免花穗太散而不易套进果袋中；短截每个支轴末端的花蕾，可使开花整齐、果实成熟期一致，便于一次性采收；同时抹除花穗上抽生的秋冬梢，以免消耗养分而影响果实长大。大果型品种每穗留 2～3 个支轴，中、小果型品种每穗留 3～5 个支轴，疏花后每穗花量以 40～50 朵为宜，有冻害的地区可适当多留（吴锦程，1999 年；黄金华，2007 年）。

目前，我国针对枇杷化学疏花的研究还比较少，一是因为枇杷化学疏花效果不稳定，二是因为长期以来我国的劳动力比较便宜。在国际上，不管是日本还是地中海沿岸的西班牙和意大利等国，对枇杷的化学疏花都有一定的研究。随着我国劳动力价格的提升，枇杷化学疏花的研究在我国已经被提上议事日程。

西班牙学者以 10～15 年生的 Algerie 和黄金块为试材，在花后 10～15 d 喷施 0 g/L、10 g/L、20 g/L、30 g/L、40 g/L、50 g/L 和 60 g/L 的萘乙酸（naphthaleneacetic acid，NAA），结果表明：以 20 g/L 浓度的萘乙酸效果最好，喷后每穗果数减少了 20％～45％，果实直径增加了 2.5～5 mm，平均单果重提高了，株产和果实品质都接近手工疏果的水平（Manuel 等，2000 年）。Cuevas 等（2004 年）的研究则表明：花后就开始喷 60 g/L 的萘乙酸，每穗坐果 4.3 个，对照（未喷萘乙酸）为 10.8 个，果实直径增大 11％～18％，平均单果重为 47.5 g（对照为 31.4 g），株产仅比对照少约 3 kg，而果实的分级级别大大提高了，能获得更高的经济效益。

二、疏果时期与方法

疏花后，每个花穗常还有 30～40 朵花，除未受精及因冻害损失的外，每穗还可着果 10～20 个。如不进行疏果，成熟时果实的大小将会参差不齐，商品价值不会高，且因果实生长消耗了太多的养分，导致枝梢生长弱而使次年不易成花，进而导致隔年结果。从节省营养消耗的角度上讲疏果越早越好，但果实太小时不易区分优劣，在冻害易发区也不宜过早疏果。

枇杷疏果的最宜时间取决于产区的气候、栽植品种的物候期等因素。福建和广东一般在 12 月至翌年 2 月疏果；安徽黄山产区有"倒春寒"天气发生，最宜疏果时间在 3 月下旬至 4 月上旬（朱洁，2007 年）；在湖南，无冻害地区的疏果时间以 2 月中旬至 3 月上旬为宜，有冻害地区可推迟到 3 月中旬至 4 月初（宋惠安，2006 年）；江西一般在 2 月上旬幼果稳定后进行疏果（王智圣等，2010 年）；浙江在 2 月中旬至 3 月上旬、气温稳定在 10℃以上、枇杷幼果已摆脱冻害威胁时进行疏果（姜孝高等，2006 年）。

应在幼果为蚕豆大小时（果皮的黄色茸毛间隐约透出绿色）进行疏果，疏除冻果、病虫果、畸形果、机械损伤果、密生果和小果，选留发育健全、大小较一致的果实，以利果实一次性采收、节省劳力（吴锦程，1999 年；黄金华，2007 年）。疏（留）果量依品种、树势、叶片数而定。树体强壮、枝梢粗大、叶绿层厚的多留果，反之少留果，结果枝 4 叶以下的不留果；口径 3.0 cm 以上的枝梢留 4～5 个果，2～3 cm 的留 3～4 个果，1～2 cm 的留 2～3 个果，1 cm 以下的不留果（黄雄峰等，2007 年）。树顶少留，在 1/3 枝上留果，树中上部在 1/2 枝上留果，中下部在 2/3 枝上留果；一般以每个支轴留 1 粒果为宜，大果品种每穗留 3～4 粒，中果品种每穗留 4～5 粒，小果品种每穗留 5～6 粒。易受冻害地区每穗可多留 1～2 粒，在冻害过后再酌情疏果（吴锦程，1999 年；黄金华，2007 年）。

第二节 套袋对改善果实品质的作用

果实套袋技术在许多种类的果树生产上得到了广泛的应用，套袋大大提升了果实的品质和商品性，增加了经济效益。随着人们生活水平的不断提高，对果实品质的要求逐渐提升，高品质无公害果实越来越受到消费者的欢迎和市场的认同。枇杷的果皮组织幼嫩、果肉柔软多汁，易受机械损伤和病虫侵害，从而导致果实品质和经济效益降低。枇杷果实套袋，可以保护和提升枇杷果实的外观品相，抵御恶劣环境和病虫害对果实的为害，是生产无公害绿色高档商品枇杷果实的关键技术。

一、提升表观品质

枇杷果实的表观品质包括果面颜色、果面色泽度、光滑度、茸毛完整性以及锈斑程度等。果实成熟时的着色，是细胞中叶绿素降解的同时形成或呈现类胡萝卜素或是合成花色素苷的结果。花色素苷又称花青素苷，花色素又称花青素，它们是果实的主要表色物质。果面着色主要与花色素苷积累的种类、含量和分布状况有关。光照是花色素苷合成的前提，完全不见光的果实也能正常成熟，但无花色素苷的合成，光照强度直接影响果面颜色（鞠志国，1991 年）。研究发现，套袋使枇杷果面颜色稍微变浅，果袋的透光率越低果面的着色越浅。套袋时间也是影响果面颜色的重要因素，套袋时间越早，枇杷果面颜色越浅（王利芬，2008 年），这可能与光照时间和光照强度减少影响花色素苷的合成有关。套袋对改善果面色泽度的效果依不同果袋而异，如王普形（2005 年）对大红袍枇杷的套袋实验，用桃专用袋的果面色泽度优于报纸袋和白纸袋。郑少泉等（2001 年）认为，果面色泽度的改善与套袋后果实内 PAL（苯丙氨酸解氨酶）的活性上升密切相关，PAL 活性的增加有利于花色素的形成，会促使果实的色泽更鲜艳。据徐红霞等（2008 年）报道，使用外灰内黑双层纸袋的果实光泽明亮度 L^* 值最高，果实光亮度最好，而用白色单层纸袋光亮度最低且接近不套袋。套用黄色单层、黄色双层两种纸袋的果实 L^* 值均显著高于不套袋，表明套袋可增加果实的光亮度。白色单层纸袋与不套袋的果实红色饱和度 a^* 值无显著差异；而其他 3 种果袋套袋的值均低于不套袋，表明白色单层纸袋和不套袋的果实比用其他纸袋套袋的果实更偏向红色。用黄色单层纸袋的果实黄色饱和度 b^* 值显著高于不套袋，而其他 3 种果袋套袋的值也均高于不套袋，表明套袋后使果实的颜色偏向黄色。

光洁度和茸毛完整度也是枇杷果实表观品质中的重要指标。张莹等（2009 年）分别采用单层报纸、双层报纸、牛皮纸、白色纸等 4 种纸果袋对大五星、长红 3 号和早钟 6 号枇杷进行果实套袋试验。结果表明，套袋明显改善了枇杷果面的光洁度，能保持茸毛的完整度，以单层报纸果袋套袋果面的光洁度和茸毛完整度最佳，这与张丽梅等（2009 年）对白肉枇杷贵妃的试验结果一致，说明套报纸果袋对改善枇杷果面的光洁度和保持茸毛的完整度效果明显。套袋时间与果面的光洁度和茸毛的完整度密切相关，套袋时间越早，枇杷果面的光洁度和茸毛的完整度越好。

果锈是影响枇杷果实商品价值的重要因素。据统计，福建省莆田市每年仅因果实锈斑的发生就使枇杷产业的收入减少 500 万元以上。如何防止果锈发生已经成为枇杷生产亟待解决的课题（刘国强等，2000 年）。科研人员研究了套袋对防止枇杷果锈的发生的效果。张莹等（2009 年）用 4 种果袋对 3 个品种枇杷进行的试验结果表明，4 种套袋对 3 个不同品种枇杷均有防果锈效果，其中套双层报纸袋和牛皮纸袋的未发生果锈，套单层报纸袋和白色纸袋的有轻微果锈，不套袋的果锈发生严重；相对于长红 3 号和早钟 6 号，大五星枇杷果锈发生较严重，不同品种枇杷间的抗锈能力存在差异。杨照渠等（2007 年）采用单层报纸、牛皮纸、白色纸等 3 种果袋对洛阳青枇杷进行了套袋试验，发现套牛皮纸果袋的果锈发生最轻，套单层报纸袋和白色纸袋的果锈发生相对较重，不套袋的果锈发生程度极显著地高于套袋的，这与张莹等（2009 年）的试验结果一致。刘国强等（2002 年）试验了果袋透光率与防果锈效果的关系，所用的几种果袋依透光率从高到低分别是自制报纸袋、凯祥牌果袋 K1、自制牛皮纸袋、盛大牌果袋和凯祥牌果袋 K2（外灰内黑），试验枇杷的品种是解放钟，套不同果袋的果锈指数从大到小依次为：盛大牌果袋、凯祥牌果袋 K2、自制牛皮纸袋、凯祥牌果袋 K1 和自制报纸袋，透光率与果锈指数基本呈正相关。3 组试验结果均说明，果袋的透光率越低防果锈效果越好。郑少泉等（1993 年）和龚洁强等（2002 年）发现，对解放钟和洛阳青枇杷，越早套袋防果锈的效果越好。

沈珉等（2008 年）和王利芬等（2007 年，2008 年，2011 年）试验了白肉枇杷套不同果袋的防锈效果，结果显示：套透明袋的防锈效果不明显，套透光率低的单层双色袋和蜡黄袋的防锈效果较好。对黄肉枇杷的试验，也是套低透光率果袋的防锈效果好。套单层双色袋、蜡黄袋、透明袋对减少白玉果锈发生的效果明显优于青种枇杷。说明套同一种果袋对不同品种枇杷的防锈效果存在差异。因此在实际生产中，对于不同的枇杷品种，应在试验的基础上选择防锈效果最好的果袋。试验还发现，较早（4 月 1 日）套袋的白玉枇杷果锈的发生极显著地低于较迟（4 月 20 日）套袋的，早套袋对抑制果锈的发生效果明显，迟套袋则防锈效果不明显甚至会加重果锈的发生。吴万兴等（2004 年）研究了每穗留果数对果锈发生的影响，结果表明套袋均减少了果锈的发生，其中以每穗留果 3～5 个套袋的果实果锈发生最轻（仅 0.9%）。

综上所述，套低透光率的果袋有利于减少果锈的发生，不套袋的果实果锈严重发生。不同品种枇杷的果实抗锈能力存在差异，同一种果袋对不同枇杷品种的防锈效果也存在差异。早套袋对抑制果锈的发生效果明显，迟套袋防锈效果不明显甚至会加重果锈的发生。越早套袋，果面的光洁度和茸毛的完整度也越好。套袋会使枇杷果面着色浅，可能与光照时间与强度的减少抑制了花色素苷的合成有关，套袋对改善果面的色泽度依不同果袋而异。

科学、合理地套袋，可有效地改善枇杷果实的表观品质。

二、改善内在品质

套袋在一定程度上改善了枇杷果实的表观品质，提高了果品的商品率。内在品质是果实品质最重要的体现，套袋对果实内在品质的影响引起了广泛的关注。

张莹等（2009 年）、方海涛等（2003 年，2007 年）采用不同果袋对黄肉枇杷果实进行套袋试验，大多数套袋果实可溶性固形物略低于不套袋的。许晶明等（2006 年）研究发现，套双层牛皮纸袋的早钟 6 号枇杷果实的可溶性固形物低于套单层牛皮纸袋的；杨照渠等（2007 年，2009 年）采用白纸袋、牛皮纸袋和报纸袋对洛阳青枇杷果实进行套袋试验，结果显示，套袋导致枇杷果实的可溶性固形物含量呈减少的趋势，而总酸的含量呈增加的趋势，这与张丽梅等（2009 年）在白肉枇杷贵妃套袋的结果一致。单穗留果数影响套袋枇杷果实的糖酸含量，单穗留果数与果实的可溶性固形物含量和糖酸比呈负相关，而与果实的总酸含量呈正相关。表明疏果在一定程度上使果实的总酸含量下降，而套袋使总酸含量增加。

文卫华等（2000 年）研究了不同套袋时间对解放钟枇杷果实内在品质的影响，随着套袋时间的推迟，可溶性固形物和维生素 C 的含量呈上升趋势且均低于对照，含酸量呈下降趋势但均高于对照。龚洁强等（2002 年）在大红袍和洛阳青的套袋试验上得到了相似的结果。那颖等（2007 年）在温室内对枇杷果实进行套袋试验，发现各种套袋均导致果实可溶性固形物含量、总糖和总酸含量下降，但糖酸比有所增加，风味明显改善。

杨储丰（2006 年）研究认为，纸袋的类型对白玉枇杷果实可溶性固形物的影响程度有差异，可溶性固形物含量随纸袋透光率的降低而降低，但套袋果实的可溶性固形物含量均低于不套袋果实。套透光率高的果袋的贵妃枇杷果实的可溶性固形物含量略高于套透光率低的果袋(张丽梅等,2009年)。王利芬等(2008年)研究发现,推迟套袋有助于白肉枇杷白玉果实的可溶性固形物含量的提高,这可能与套袋影响枇杷幼果的光合作用产物的积累有关。而推迟套袋虽有助于可溶性固形物含量的提高,但果实的表观品质下降,如皱皮果率和锈斑果率等劣果率增加。徐红霞等(2008年)研究发现,套白色单层纸袋的白玉枇杷果实的可溶性固形物和总糖含量相对较高,而套黄色单层、黄色双层和外灰内黑双层等3种纸袋的果实的可溶性固形物和总糖含量相对较低,可滴定酸的含量相对较高。套袋还降低了果实的总酚含量、类黄酮含量和抗氧化能力,其中以外灰内黑双层纸袋下降得最多。透光性好的白色单层和黄色单层纸袋套袋后总类胡萝卜素的含量显著增加;而透光性最差的外灰内黑双层纸袋的总类胡萝卜素含量显著下降。因此,徐红霞等(2008年)认为白玉枇杷采用透光性好的白色单层纸袋的套袋效果较好。而王利芬等(2007年)报道的、以"盛大"水果双层纸袋(外层外白内黑,内层为黑色)套袋的果实可溶性固形物却高于白色单层纸袋,综合套袋效果优于白色单层纸袋。早套袋的可滴定酸含量总体上高于晚套袋的,套袋的白玉枇杷果实的可滴定酸含量高于不套袋的,而套袋的青种枇杷果实的可滴定酸含量却低于不套袋的,说明套袋对白肉枇杷果实的可滴定酸含量的影响因品种而异。

　　综上所述,套袋降低了枇杷果实的可溶性固形物含量,但不同程度地提高了枇杷果实的可滴定酸含量。但有报道,温室里的套袋枇杷的固酸比提高了。早套袋的可滴定酸含量总体上高于晚套袋的,而早套袋的可溶性固形物含量低于晚套袋的和不套袋的。不同透光率的果袋对枇杷幼果的光合作用产物的积累产生的影响不同,套低透光率果袋的果实可溶性固形物含量低,套高透光率果袋的较高。同一果袋套不同枇杷品种以及同一枇杷品种套不同果袋对果实内在品质的影响不同。

三、防止虫、鸟为害

　　套袋还可以防止虫、鸟为害。在南亚热带地区,近年来橘小实蝇(Bactrocera dorsalis)十分猖獗,严重为害多种果树和蔬菜,给果蔬业带来了严重的损失。早熟枇杷在清明节前采收,可自然避开橘小实蝇的为害,因为在20℃以下橘小实蝇的繁殖时代长,成虫尚未形成。但清明后气温急剧回升,橘小实蝇的成虫出现并十分猖獗,没有套袋的枇杷果实难免被叮咬,被叮咬的果实就会腐烂。因此,套袋对于防止橘小实蝇的为害非常重要。

　　在一些枇杷产区鸟害很常见。在靠近鸟的栖息地的新辟的小区果园,鸟害甚至可以导致枇杷颗粒无收。不套袋枇杷，其果实的色泽和气味很容易吸引鸟类啄食。需注意的是，即便是套袋枇杷，溢出的果实香气也会吸引鸟类啄开袋子采食，防控鸟害还需要配合其他措施。

四、提高商品果率

据林良方等（2010年）报道，在福建省云宵县和平乡调查了不同果袋和套袋时间对早钟6号枇杷果实优果率的影响，发现套枇杷专用果袋和双套袋（枇杷专用果袋内加套泡沫网兜）的效果最好，优果率达92.7%～96.3%，套报纸袋和塑料袋的优果率在75%以下，不套袋的优果率在50%左右，套枇杷专用果袋和双套袋对提高枇杷果实的优果率效果显著。陈志峰等（2006年）对早钟6号枇杷进行了套袋试验，套单层纸袋（普通牛皮纸袋）的优果率为73.5%，双套袋的优果率则达到了93.8%，二者差异显著。而林良方等（2010年）的试验结果却表明，双套袋优果率略高于套枇杷专用果袋。两个试验的结果，说明套枇杷专用果袋的优果率明显高于套普通牛皮纸袋的，这一结论在方海涛等（2003年，2007年）的研究中进一步得到了证实。因此，综合成本等因素，套枇杷专用果袋对提高枇杷商品果率的效果明显，并且，套枇杷专用果袋时没有必要再内套网兜。

早钟6号的套袋试验（龚洁强等，2002年；林良方等，2010年）说明，早套袋有利于提高果实的优果率。许晶明等（2006年）早钟6号枇杷的套袋试验表明，套双层牛皮纸果袋的果实果斑发病率和皱果率显著低于套单层牛皮纸袋的，可能与双层袋能更有效地抵御袋外各种侵害有关。杨照渠等（2007年）对洛阳青枇杷进行了套袋试验，结果表明，套白纸袋、牛皮纸袋和报纸袋3种果袋均能显著地提高枇杷果实的好果率，显著降低裂果率，牛皮纸袋的效果最好。王普形（2005年）对大红袍枇杷进行了套袋试验，套报纸袋、桃专用袋和白纸袋3种果袋的枇杷果实的商品果率高于不套袋的2倍以上，达到了极显著的差异水平，而裂果率和病虫果率极显著地低于不套袋的果实，以桃专用袋的效果最好。

综上所述，套各种果袋均可提高果实的商品率，适当早套、套枇杷专用果袋的效果最明显。

五、改善果品贮藏特性

王普形（2005年）试验研究了大红袍枇杷果实套报纸袋、白纸袋及桃专用袋对果实采后贮藏特性的影响。果实采后当天，枇杷果实的硬度从高到低分别为对照（不套袋，下同）、报纸袋、白纸袋及桃专用袋，套袋的果实硬度与对照相比有明显的差异。在20℃贮藏过程中，果肉的硬度持续升高，其中套报纸袋的硬度上升速度最快，贮藏10 d后其硬度已经和对照的一样了。套桃专用袋和白纸袋的则维持了相对较低的果实硬度。而关于在20℃常温贮藏下的果实硬度上升与果实质地生硬是否都属于组织木质化的问题还有待进一步的研究。

套白纸袋的和对照的果实可溶性固形物变化均趋下降，而套报纸袋和桃专用袋的可溶性固形物变化是先增加、后下降，分别于采后4 d和6 d达到最高值。有机酸的变化趋势，套袋的与对照的总体差异不大。试验表明，在枇杷果实成熟衰老过程中自由基的产生速率，套不同的袋以及不套袋之间差异不大；对照的超氧自由基的产生速率在采后第2 d出现峰值，随后缓慢下降，套白纸袋、桃专用袋和报纸袋的超氧自由基的生成高峰分别在采后第4 d、第6 d、第4 d出现，说明套袋处理可以明显推迟自由基峰值的出现，以桃专用袋处理的效果最好。套不同纸袋的枇杷乙烯释放量的总体变化趋势相似，对照及套报纸袋的乙烯释放量均较高，并在采后第3 d开始下降，而套白纸袋和桃专用袋的较低，两者均在采后第6 d开始下降。可见，套袋果实的衰老进程可以在不同程度上得以延缓，其中综合效应以套桃专用袋的效果最佳。

六、减少农药与重金属残留

农药特别是有机农药的大量使用，造成了严重的农药污染问题。食品的农药残留就是由农药污染引起的，已经成为严重威胁人类健康的社会问题。果品生产中的套袋技术能够有效地减轻农药污染，使农药残留符合食品安全标准。枇杷套袋一般在最后一次疏果后进行，套袋前根据病虫害发生的情况喷一次杀菌剂和杀虫剂。套袋可以减轻锈病、日灼、裂果、赤斑病、梨小食心虫、桃蛀螟、橘小实蝇等病虫为害，从而减少果实生长期间农药的用量，可以防止防治病虫害的药液侵染果实，大大降低果实的农药残留量。张莹等（2009年）对大五星、早钟6号、长红3号等3个品种枇杷进行套袋试验，抽样检查结果显示，套报纸袋和牛皮纸袋的果实均符合无公害食品要求的各项指标。邱继水等（2004年）的试验表明，套牛皮纸袋的枇杷果实，其氯氰菊酯等15项农药残留量达到无公害鲜枇杷果实的食用安全标准。魏云潇等（2012年）参照GB14878和NY/T761－2008，研究套袋对白肉和黄肉枇杷果实的27种农药残留量的影响。结果表明，套袋果实农药残留量比不套袋果实有明显的下降，尤其是氰戊菊酯。套袋能有效地降低农药残留量。还对比了套袋对铅、镉和铬等重金属残留的影响，套袋枇杷果实中铅含量为 0.01 mg/kg，明显低于不套袋的 0.02 mg/kg；套袋对两个枇杷品种果实中重金属铬与镉含量的影响不明显，其中套袋的黄肉果实的镉含量略高于未套袋的。

第三节　套袋技术

广义的枇杷"套袋"包括全园覆盖、全株包围和直接果实套袋。全园覆盖是指采用简易温室或搭尼龙网棚的枇杷设施套袋栽培方式，如西班牙主要是采用尼龙网棚套罩方式，这与那里的风大、枇杷果表观差、劳动力昂贵等因素有关。全园覆盖在我国还处于试验性的起步阶段。在有些有霜冻的枇杷产区（如莆田市的常太镇和大洋乡），为预防冻害，果农常用塑料薄膜将枇杷树整株包围起来，不但可以防冻，还能防虫、防机械损伤等。直接果实套袋是目前应用得最普遍、效果最好的一种套袋方式，本节讨论的就是这种套袋。

一、果袋的选用

为了达到理想的套袋效果，应根据具体枇杷的品种特性、生产目标、立地条件等综合因素合理地选择果袋类型。已有大量的试验研究了不同果袋对不同品种枇杷套袋效果的影响。我国目前已有一些用于枇杷套袋的专用果袋，如广东"盛大"牌果袋、福建"国农"牌果袋、青岛"爱农"牌果袋等，正规厂家生产的专用果袋具有良好的抗水抗晒、遮光透气、防虫防菌、密封性好等性能。有些果农为了降低生产成本而用废旧牛皮纸、旧报纸等自制果袋，因其抗水性差遇雨霉烂，甚至会加剧病虫为害、产生化学污染等问题（例如，报纸就有铅污染的问题），使得套袋的效果适得其反（林良方等，2010 年）。

果袋常为长方形，果袋大小依果实的大小和套袋方式而定。单果套袋时一般果袋较小，大小为 10 cm×14 cm；整穗套袋的果袋一般较大，大小为 17～30 cm×20～40 cm。袋底两角各有一个排气小孔，纸袋上端附有一条细软铁丝供系袋之用（林良方等，2010 年）。福建漳州产区的早钟 6 号枇杷多采用 24 cm×27 cm 的黄褐色专用果袋（如福建省国农农业发展有限公司生产的果袋）；福建莆田产区的解放钟枇杷多采用 27 cm×35 cm 的纸袋。据刘国强的试验，在莆田产区盛大牌果袋（23.8 cm×31.0 cm）对解放钟效果良好，该袋纸质厚、强度高，可连续使用 2～3 年。苏州地区的白沙枇杷多采用规格为 27 cm×19.5 cm 的果袋。

二、与套袋相关的药、肥措施

枇杷疏花疏果后，套袋前要对全园喷一次 75％的甲基托布津 800～1 000 倍液和杀灭菊酯 4 000～5 000 倍液，防治叶斑病、炭疽病和黄毛虫，喷药后 2 ～5 d 内及时套袋。套袋后如发现有病虫为害叶和果，则须重新喷药防治，个别有果实蝇的枇杷园最好用密封袋套袋。由于果实套袋后其表面湿度、温度均高于外界环境，导致对钙、硼、锌等微量元素的吸收能力大为减弱。枇杷果实在幼果期需钙量大，钙量不足易诱发生理性病害并出现病斑。因此果实套袋后要及时进行叶面追肥以补充钙、硼、锌等微量元素，尤其要注意钙素营养的补充。常先在套袋前补钙，以及从花后 7～10 d 开始，每隔 10～12 d 喷一次氨钙宝或氨基酸钙或腐殖酸钙或生物钙肥等，连喷 3 次（林良方等，2009 年）。

三、套袋时间

不同地区、不同枇杷品种的套袋时间有差异，如苏州产区的白沙枇杷，套袋时间一般以 4 月上旬为宜；莆田产区的解放钟枇杷在 1 月中旬的套袋效果最好，枇杷谢花后的 20～30 d 为幼果发锈时期，果实横径约 1 cm，此时结合最后一次疏果，边疏果边套袋效果最佳，有利于获得良好的果实外观；若接近转色期再套袋则效果较差（刘国强等，2000 年）。枇杷套袋宜在无风的晴天进行，一天内的套袋时间以上午 9～11 时及下午 2～6 时为宜，应避开早晨露水未干、中午高温和傍晚返潮这 3 个阶段。雨天、雾天也不宜套袋。遇到特别干旱的天气，套袋前宜进行一次全园灌水，而且要灌透，以防果实套袋后发生日灼（林良方等，2009 年）。

四、套袋操作要点

套袋前 1 d 将果袋置于潮湿处使之潮润、柔韧，便于套袋操作。定果后，左手托纸袋、右手撑袋或吹气使果袋胀开，待袋底通气孔、放水口张开后右手持纸袋，左手食指与中指夹住果柄，使果实向外，右手使袋子剪口的中缝穿过果柄，将果穗及周围的 1～3 张叶片一起装入纸袋内。然后从袋两侧依次按"折扇"方式折叠袋口于切口处，将捆扎丝于折叠处扎紧袋口，于线口上方从连接点处撕开将捆扎丝转 90°，沿袋口旋转 1 圈扎紧袋口，使幼果在袋中悬空，以防袋体摩擦果面而产生机械损伤（林良方等，2009 年）。

五、套袋效益分析

据不完全统计，2000 年福建莆田市的枇杷因果实锈斑病减收达 500 万元以上。果实套袋可大大减少锈斑的发生，每千克可增收 3～5 元(刘国强等，2000 年)。在福建漳州产区，因橘小实蝇为害，未套袋枇杷的果实损失达到 30% 以上，而套袋可以有效地防止橘小实蝇对枇杷果实的为害，每年可避免经济损失 1.5 亿～2 亿元。据方海涛等(2003 年)的调查，枇杷套袋果实每千克的售价保持在 5～6 元，最高的超过 10 元，而未套袋果实仅 2～2.5 元，扣除套袋的成本，每千克套袋果实的收益比不套袋果实净增 3 元左右，每公顷枇杷可净增效益 6.75 万元。

据张莹等(2009 年)报道，不同外观品质的同一级果品销售的价格相差较大，果面光洁、无锈斑果与果面带有锈斑的果售价每千克相差 2～6 元，套袋对提高枇杷种植的经济效益作用明显。陈志峰等(2006 年)在福建漳浦县的龙兴果树良种场对早钟 6 号枇杷进行了双套袋和单套袋的对比试验，结果表明，双套袋比单套袋好果率提高 20.3%，增产 9.16%，且提升了果实的外观品质。扣除增加的成本，双套袋比单套袋每公顷可增加收入 1.15 万～1.42 万元，经济效益显著，已在福建南浦的九溪枇杷场进行小面积示范推广。林良方等(2010 年)在福建云宵县和平乡调查了不同果袋(单层袋)对早钟 6 号枇杷果实优果率及经济效益的影响，结果发现，专用果袋的效果最好，套袋果数 300 个，优果数 278 个，劣果数 22 个，优果率 92.7%，产量 8310 kg/hm^2，以 19.7 元/kg 计算，种植收益在 16.37 万元/hm^2。本调查结果与方海涛等(2003 年，2007 年)对大红袍枇杷套袋试验的结果基本一致。

林良方等(2010 年)调查分析了不同果袋类型、不同套袋层数和不同套袋时间对早钟 6 号枇杷的优果率及效益的影响，结果表明，在套报纸袋、专用果袋和塑料果袋的对比试验中，套专用果袋的优果率、产量与效益均最高，而套塑料果袋的优果率、产量与效益均最低；套双层果袋的优果率、产量与效益均优于套单层果袋；在套袋适宜期，套袋越早效果越好。王普形(2005 年)在浙江台州路桥区的调查结果显示，同时进行疏果和套袋作业的枇杷果实，50 g 及以上大果的价格为 16 元/kg，小于 50 g 的果实为 10～12 元/kg，而不套袋的分别是 8 元/kg 和 2～4 元/kg。龚洁强等(2002 年)对 1998—1999 年洛阳青枇杷套袋的效果进行了调查，发现每千克套袋果实比未套袋果的收益净增 3.72 元，每公顷可净增产值 6.7 万元。

六、套袋存在的主要问题与解决途径

套袋可在一定程度上改善枇杷果实的表观和内在品质，提高枇杷的种植效益，因此，枇杷套袋栽培技术已为果农所接受。但套袋也增加了包括袋子成本和劳力成本在内的生产成本。有些果农为了节省成本而使用劣质果袋、套袋步骤不规范，不但没有达到优质高效的目的，有的还造成了适得其反的结果。因此，研制廉价、耐用、使用方便的专用果袋对于推广套袋栽培技术至关重要。西班牙所采用的在枇杷园搭尼龙网棚的措施值得借鉴，其最突出的好处是节省劳动力，是替代直接套袋的思路之一。

避免果实日灼是套袋需要关注的问题。套袋果发生日灼与果袋种类、果袋质量和操作技术有关。套塑料薄膜袋的果实日灼发生较严重，套单层袋比套双层袋的果实日灼发生严重。一般上午套树体上西南方向的果实，下午套东北方向的果实；在树冠外围和顶端套双层袋，在阳光不能直射的部位套单层袋，这些做法都可以减轻日灼病的发生。干旱也是诱发日灼的原因之一，套袋前后浇水可改变果园的微环境，从而大大减轻日灼病的发生（刘敏等，2007 年）。

套袋果实的可溶性固形物普遍下降，可滴定酸的含量有所增加，果实风味偏淡、偏酸。主要原因是套袋后果实光照不足影响了对硼的吸收，同时影响了树冠内的光照，使叶片的光合作用受到了一定的影响。可适当通过叶面喷施硼肥及整形修剪增加光照。果实套袋后会影响对钙素的吸收，往往诱发生理缺素症，特别是在氮素过多的情况下症状会加重。因此，套袋栽培要适当增施钙肥，控施氮肥（林良方等，2010 年）。

七、展望

疏花疏果与套袋是枇杷果园管理的重要技术措施，合理地运用这项重要措施，对于高档无公害枇杷的生产、枇杷生产的高效可持续发展的意义是明确的。但在目前未实现枇杷树体有效矮化的条件下，疏花疏果与套袋的应用存在用工量大、成本上升的巨大压力，必将影响到技术的推广应用。未来疏花疏果与套袋的研究重点应该是：①研究疏花疏果对枇杷果实品质形成的生理机制；②研究制定不同枇杷生态区、不同主栽品种的疏花疏果标准；③研究化学疏花疏果技术，实现疏花疏果的自动化与半自动化；④研究套袋对枇杷果实品质产生影响的微生态关键因子（如透光率、湿度、温度和光色等）及果实品质形成的分子生理机制（如糖代谢和酸代谢）；⑤研究套袋后枇杷果实风味变淡的调控技术；⑥应用现代功能化学材料与技术，研制耐用、廉价的枇杷专用果袋，探索高效、省工的简便套袋操作技术，降低生产成本。随着现代科学技术在疏花疏果与套袋领域的运用，相关的问题一定会得到解决。

参 考 文 献

[1]陈志峰，黄雄峰，许玲，等. 枇杷果实双套袋对果实商品率的影响[J]. 福建农业科技，2006(5)：27-28.

[2]方海涛，林云华，林建华，等. 枇杷套袋技术效果总结[J]. 浙江柑橘，2003，20(4)：33-34.

[3]方海涛，郑海东，陈会杰. 乐清市枇杷套袋技术研究和应用[J]. 浙江柑橘，2007，24(3)：30-34.

[4]龚洁强，管彦良，王允镔. 套袋对提高枇杷果实品质的效应[J]. 中国南方果树，2002，31(2)：30-31.

[5]郝燕燕，李妙玲，张惠荣，等. 套袋微环境对果实品质的影响及其机理分析[J]. 山西农业大学学报，2003，23(3)：238-241.

[6]黄金华. '解放钟'枇杷整形修剪与疏花疏果技术[J]. 中国农村小康科技，2007(8)：48-49.

[7]黄雄峰，陈志峰，潘少林，等. 早钟6号枇杷高效栽培技术[J]. 广西园艺，2007，18(4)：32-33.

[8]姜孝高，姜兴洪. 低丘沙壤枇杷优质高效栽培技术[J]. 浙江柑橘，2007，24(4)：41-42.

[9]林良方，林顺权. 漳州地区枇杷果实套袋栽培调查总结[J]. 漳州职业技术学院学报，2009，11(4)：33-35.

[10]林良方，林顺权. 果袋类型、套袋层数和套袋时间对枇杷优果率和效益的影响[J]. 福建果树，2010(1)：40-42.

[11]林良方，林顺权. 枇杷果实套袋技术[J]. 亚热带植物科学，2010，39(2)：84-89.

[12]林顺权. 枇杷精细管理十二个月[M]. 北京：中国农业出版社，2008.

[13]刘国强，吴锦程，朱颖，等. 水杨酸对低温胁迫下枇杷幼果若干生理生化指标的影响[J]. 热带作物学报，2009，30(3)：254-258.

[14]刘国强，陈清西. 不同纸袋对解放钟枇杷套袋效果的影响[J]. 亚热带植物科学，2002，31(4)：26-28.

[15]刘敏，何振霞. 果实套袋研究进展[J]. 现代农业科技，2007(1)：48-49.

[16]那颖，郭修武，蒋锦标. 温室枇杷套袋试验初报[J]. 北方果树，2007(2)：19-20.

[17]邱继水，张绍平，周碧容. 套袋对早熟枇杷果实质量的影响[J]. 中国南方果树，2004，33(5)：41-42.

[18]沈珉，徐春明，王利芬，等. 白沙枇杷不同果袋不同时间套袋试验小结[J]. 中国南

方果树，2008，37(2)：

[19]宋惠安. 枇杷巧疏花果增产增质增值[J]. 果农之友，2006(2)：46.

[20]王普形. 台州市枇杷生产现状及套袋处理对枇杷果实品质的影响[D]. 杭州：浙江大学，2005.

[21]王智圣，叶有义，兰淑华. 枇杷疏花疏果要点[J]. 现代园艺，2010(9)：32.

[22]王利芬，沈珉，蔡平，等. 不同套袋处理对白沙枇杷果实品质的影响[J]. 江苏农业科学，2008，36(3)：158-160.

[23]王利芬，蔡平，沈珉，等. 单层双色纸袋套袋对白沙枇杷果实品质的影响[J]. 江苏农业科学，2011，39(2)：223-224.

[24]王利芬，蔡平，张春晓，等. 不同套袋处理对白玉枇杷果实品质的影响[J]. 北方园艺，2007(12)：48-49.

[25]魏云潇，何良兴. 塘栖枇杷重金属和农药残留及套袋对品质的影响[J]. 浙江农业科学，2012(4)：513-514.

[26]文卫华. 枇杷疏花疏果技术及对产量品质影响研究[J]. 湖南林业科技，2007，34(6)：17-19.

[27]文卫华，周国胜，赵时胜. 套袋对枇杷果实的影响[J]. 湖南林业科技，2000，27(1)：27-29.

[28]吴万兴，鲁周民，李文华，等. 疏花疏果与套袋对枇杷果实生长与品质的影响[J]. 西北农林科技大学学报(自然科学版)，2004，32(11)：73-75.

[29]吴锦程. 枇杷园综合改造技术要点[J]. 福建农业，1999(11)：11.

[30]许晶明，吴德宜. '早钟6号'枇杷果实双层牛皮纸套袋效果[J]. 广西热带农业，2006(6)：14-15.

[31]徐红霞，陈俊伟，张豫超，等. '白玉'枇杷果实套袋对品质及抗氧化能力的影响[J]. 园艺学报，2008，35(8)：1193-1198.

[32]杨照渠，夏彬，刘才宝，等. 枇杷套袋对果实感官性状的影响[J]. 浙江农业科学，2007(3)：276-277.

[33]杨照渠，夏彬，刘才宝，等. 疏果套袋对枇杷果实糖酸含量的影响[J]. 浙江农业科学，2009(2)：279-281.

[34]杨储丰，夏琼，朱彬彬. 不同纸质套袋对枇杷果实的影响[J]. 上海农业科技，2006(2)：66-67.

[35]张丽梅，陈熹，李韬，等. 套袋枇杷果面微域环境变化对果实品质的影响[J]. 福建农业学报，2009，24(5)：450-453.

[36]张莹，陈帆. 枇杷果实套袋试验初报[J]. 中国南方果树，2009，38(6)：52-53.

[37]郑少泉，黄金松，许秀淡，等. 枇杷果锈的研究-果实套袋的防锈效果[J]. 福建农业科技，1993(2)：16-17.

[38]郑少泉，蒋际谋，张泽煌. 套袋对枇杷果实PAL、PPO、POD活性和可溶性蛋白质含量的影响[J]. 福建农业学报，2001，16(3)：45-47.

[39]朱洁. 枇杷疏花疏果及果实套袋技术[J]. 安徽林业，2007(2)：29.

［40］鞠志国. 花青苷合成与苹果果皮着色［J］. 果树科学，1991，8(3)：176-180.

［41］Manuel A，Mariano J，Vicente A，et al. Loquat fruit size is increased through the thinning effect of naphthaleneacetic acid ［J］. Plant Growth Regulation，2000，31：167-171.

［42］Amorós A，Zapata P，Pretel M T，et al. Role of naphthalene acetic acid and phenothiol treatments on increasing fruit size and advancing fruit maturity in loquat ［J］. Scientia Horticulturae，2004，102(4)：387-398.

［43］Cuevas J，Moreno M，Esteban A，et al. Chemical fruit thinning in loquat with NAAm：dosage，timing，and wetting agent effects［J］. Plant Growth Regulation，2004，43：145-151.

第十一章　逆境胁迫与防灾减灾

逆境胁迫严重影响果实的产量与品质，制约果树生产的发展，甚至会带来巨大的损失，是果树生产中经常面对的问题。冬季低温、夏季高温、季节性干旱、涝害等逆境严重影响了我国枇杷产业的可持续发展。因此，针对枇杷生产中遇到的逆境胁迫问题，实施相应的防灾减灾措施，对枇杷优质高产栽培意义重大。

第一节　温度胁迫

植物的生长发育需要一定的温度条件，当环境温度超出了它们的适应范围，就会对植物形成胁迫；胁迫持续一段时间就可能对植物造成不同程度的伤害。温度胁迫包括低温胁迫和高温胁迫，低温胁迫已成为当前我国部分枇杷产区经济栽培的关键性限制因子。

一、低温胁迫

1. 冻害发生概况

枇杷为典型的亚热带常绿果树，枇杷树体可耐受－18.1℃的低温而无明显的冻害，但花在－6℃、幼果在－3℃即会受冻，花蕾期、开花期、幼果期恰逢冬季低温而易受冻害（张夏萍等，2007年）。近些年由于地球环境变化，气候反常，枇杷冻害频繁发生，有些地方以往冻害是"五年一小害，十年一大害"，而最近发展到 5 年内有 2～3 次冻害，且为害程度日趋严重（翁志辉，2005年）。四川是我国枇杷主产区之一，面积和产量均居全国首位。四川（攀西地区除外）枇杷 2005—2009 年间因低温冻害连年减产，受冻面积占栽培总面积的 60％以上，严重影响了枇杷产业的发展（李靖等，2011年）。2016 年 1

月受西伯利亚"世纪寒潮"的影响，四川遭遇了罕见的雨雪、霜冻天气，除攀枝花地区受此次寒潮的影响小、仅有少量的果实受冻外，其余枇杷主产区如龙泉、双流、仁寿、石棉、阿坝等产区果实冻害严重，减产70%以上。福建是我国枇杷的主产区，也是我国枇杷早熟地区之一，枇杷主要种植在山区和半山区，但闽东、闽北等地常遭受冻害，大冻害年份福州等沿海地区也受危害，有的果园甚至绝收，2003—2005年福建枇杷连续3年因遭受霜冻而减产30%以上(谢钟琛等，2006年)。莆田市是枇杷最适宜栽培区，但几乎每年都有不同程度的冻害发生，特别是早熟枇杷早钟6号初花期和幼果期恰逢初次强寒流袭击时期，冻害损失轻者减产20%、重者减产40%～50%；在1991年和1999年两次大霜冻中，不少早钟6号果园绝收(刘加建等，2002年)。

20世纪90年代，国内枇杷售价高，种植枇杷的经济效益显著，受利益驱动，果农开山种果的积极性空前高涨，在一些枇杷种植次适宜区甚至不适宜区的山区(特别是海拔相对较高、冬季经常有霜冻的山区)盲目发展枇杷生产，这也是枇杷频繁发生冻害的原因之一。

2. 冻害影响因子

冻害是指0℃以下的低温引起的植物生理机制障碍。低温胁迫下枇杷遭受冻害的程度与其本身的特性和外界环境等因素有关。

(1)立地条件。不同立地条件的枇杷遭受冻害的程度各异。据张夏萍等(2007年)的调查，2004年莆田市海拔300 m以上的枇杷幼果受冻率达60%以上，严重的达100%。随着海拔的升高，极端低温值降低、低温日数增多，高海拔山区的枇杷易遭冻害。据翁志辉(2005年)对1999年冻害的调查报道，平地的早钟6号和长红3号基本都受冻，而山坡地的受冻率仅为36%～41%。平地、低洼地或山谷地因易沉积冷空气而形成冻害，山头和山脊地因空气易流动而免受冻害。据日本的报道，枇杷发生霜冻时，由于冷空气的下沉和积聚，山坡中段和谷底的气温可相差3℃左右。南坡日照充足、气温较高、树势较旺，而北坡则相反，北坡的受冻程度比南坡略重(陈正洪，1992年；翁志辉，2005年；张夏萍等，2007年)。土层薄、较干旱的地段种植的枇杷树势弱，幼果被冻坏的现象较为普遍(翁志辉，2005年；张夏萍等，2007年)。据李英等(2005年)的调查，风垭口的大五星枇杷花穗冻害死亡率为92.4%，阴坡地为84.86%，阳坡地为66.96%。洛阳青和解放种两个品种花穗死亡率的表现与大五星相似，表明花穗死亡率迎风面＞背风面＞阳坡地，不同立地条件的枇杷花穗的死亡率差异较大。

(2)品种。不同品种的枇杷其抗寒性存在差异。据浙江黄岩县的调查，刚受冻后的冻死率，单边种为19.1%，洛阳青为19.1%，当地的李达与老伛种为66.6%，安徽的大红袍和白沙高达96.0%。受冻1个月后的冻死率则依次为 0.50%、2.0%、28.0%、5.0%、33.1%和 96.0%。据陈正洪(1991 年)报道，华宝 2 号对低温的敏感度最小，耐寒性强；安徽大红袍品种相对不抗寒且对冷冻时间敏感。据黄金松(2000 年)观察，浙江的单边种抗寒力最强，浙江大红袍和洛阳青开花迟、花期长，抗寒力也较强，原产在南方的品种开花早、花期短而集中，抗寒力较差，长红 3 号和太城 4 号较易发生冻害，森尾早生和早钟 6 号的抗寒力中等(刘友接等，2001 年；翁志辉，2005 年；张夏萍等，2007 年)。另据李英等(2005 年)的调查，洛阳青最耐寒，其花穗死亡率为 27.98%，而早钟 6 号的为 30.57%、解放种的为 32.66%、红灯笼的为49.40%，大五星最不耐寒，其花穗死亡率达 80%。浙江黄岩、福建福州、江苏苏州的试验结果也一致认为洛阳青的抗寒力较强。

已有研究表明，北亚热带品种群中以单边种、华宝 2 号、洛阳青和浙江大红袍等的耐寒力较强，安徽大红袍和白沙等的耐寒力较弱；南亚热带品种群中抗寒力从强到弱依次为森尾早生、早钟 6 号、解放种、长红 3 号、太城 4号、红灯笼和大五星。北亚热带品种群比南亚热带品种群的抗寒力相对强。

(3)树龄、树势。树龄的大小、树势的强弱与抗寒性密切相关。成年枇杷树远比幼苗、幼树抗寒，据报道：1977 年 1 月 30 日武汉的气温降到了 −18.1℃，枇杷成年树无明显的冻害，而移栽的幼苗在 −7℃时即发生冻害。树势弱的枇杷往往开花坐果早，幼果被冻坏的概率高，弱树的幼果也比壮树的更不耐冻(翁志辉，2005 年)。实生枇杷较栽培枇杷抗寒，这与实生枇杷树树体高大、根系发达有关(陈正洪，1992 年)。树势越弱，单株花穗越多，花穗死亡率越高(张夏萍等，2007 年)。树势强的，除树体本身健壮、抗冻外，抗寒能力强还与其花期推迟、叶片多有关。

(4)开花习性。开花习性不同的枇杷品种，其抗寒性也存在差异。花期长的枇杷品种，单株开期可达 1 个月或更长，整个品种的花期可长达 2~3 个月。江浙一带将枇杷开花分为 3 批：10~11 月开放的称为头花，抗寒力最弱，遇霜冻常被冻死；二花在 11~12 月开放，抗寒力比头花强，是通常枇杷结果的主力；三花在 1~2 月开放，开花迟，可躲过严寒冻害，但若遇春寒也易受冻。1958 年 1 月江苏太湖洞庭东西山的最低气温达到 −8.3℃，早花品种红毛白沙正值幼果期，冻害极为严重；而迟花品种此时正值花期，冻害极轻。在武汉地区，大红袍和华宝 2 号枇杷因开花迟、花期长，可有效避冻，着果率较高；而荸荠种开花早，冻害天气发生时正值幼果期，冻害明显(陈正洪，1992 年)。张春晓等(2008 年)调查了雪灾后冠玉、白玉和青种等 15 个枇杷品种的花果冻害率，发现晚开花的青种和冠玉枇杷受冻害较轻，而其他开花较早的枇杷品种受冻害严重。另据黄金松观察，原产于南方的长红 3 号和太城4 号枇杷品种，因开花早、花期短也较易发生冻害。因此，开花迟、花期长的品种有利于躲避冻害。栽培上，种植迟花品种、利用花期调控技术延迟开花，使易发生冻害的时期对应花蕾期和开花期、避开幼果期，均可减少冻害损失。

(5)不同部位的花果。植株不同部位的花果的抗寒性存在差异。翁志辉(2005年)调查了早钟6号和长红3号枇杷不同部位幼果的2级、3级受冻率，位于树冠外围的果实2级、3级受冻率比内膛果分别高出17.1%和5.1%。内膛果受冻较轻可能与其受枝叶的蔽护有关。花序着生部位也与冻害有一定的关系。树体北边的花序较南边的受冻严重；在树体的同一方位，上部外露的花序较下部的受冻严重，外部较内部的受冻严重(陈正洪，1992年；张春晓等，2008年)。不同部位花果的抗冻性存在差异，枇杷疏花疏果时需要考虑这一差异。

(6)不同的组织器官。据观察，枇杷树上不同组织器官的耐寒性存在较大的差异，由强到弱的次序为：叶片＞花蕾＞刚开的花＞花瓣未脱落的花＞花瓣脱落而花萼尚未合拢前的花＞幼果。枇杷冻害主要表现在冻花、冻果，特别是幼果，枇杷花的冻害通常在$-6℃$时开始发生，而幼果的冻害在$-3℃$时即开始发生(陈正洪，1992年)。也有研究表明，伴随霜冻和90%以上的湿度，温度在$-1.1\sim-0.6℃$下持续3 h，花及幼果均会遭受不同程度的冻害，花的冻害程度大大低于幼果(李靖等，2011年)。另据调查，$-6℃$以下的低温使花托死亡率达17.9%、幼果冻害达31.4%，而此时的花柄基本没受冻害。美国把$-12℃$作为枇杷树体耐寒的临界温度，$-3℃$作为幼果的冻死温度。在温度低于5℃的土壤中，枇杷的根系生长一般会受到抑制(梁平等，2004年)。一般认为，冬季最低气温低于$-5℃$的地区不适宜枇杷的经济栽培。

(7)花果的不同发育期。不同发育期的花果其抗寒性存在差异。陈正洪等(1991年)在采用褐变法分析枇杷花果的受冻程度时发现，随着枇杷花蕾露白、开花、萼闭期、幼果期发育进程的进展，冻害程度加剧，抗寒性由强变弱，幼果最不耐寒(陈正洪，1991年)。但谢钟琛等(2006年)的研究认为，横径≤1.0 cm的幼果的抗冻性强于横径约1.5 cm的幼果、弱于横径≥2.0 cm的幼果；翁志辉(2005年)的报道认为，幼果初期的耐寒力较差，果实长到一定程度(横径≥3.0 cm)时则抗寒力提高。以上结果表明，随花果发育的推进其耐低温能力逐渐减弱，但当幼果长到一定程度时抗寒力会增强，胚珠时期最容易受冻，发育成种子后抗冻力又逐渐增强(林顺权，2008年)。

(8)栽培模式。枇杷常见栽培模式主要有露地栽培和保护栽培，栽培模式会直接影响枇杷的抗冻能力。成都市双流区的枇杷栽培实践证明，平坝区的大五星枇杷采用塑料大棚、树冠覆盖塑料薄膜或遮阴网等保护栽培模式的花果冻害均低于露地栽培，各种保护模式都能有效地减轻枇杷的受冻程度，塑料大棚栽培的防冻效果最好。

3. 低温胁迫下果实的田间表现

低温胁迫下枇杷幼果受冻的主要表现为组织褐变，如果幼果受冻较轻，表现为种子部分或全部变成褐色、果肉保持绿色，部分受冻果可以继续发育。严重受冻的幼果，种子和果肉都变成褐色，不能继续发育，会逐渐从树上脱离。

开始肉眼还不易识别受冻的幼果，待气候转暖后，仔细观察幼果上的茸毛和果皮色泽就可以判断是否受冻，茸毛萎蔫、果皮褐色是严重受冻的表现。

4. 低温胁迫下细胞器的超微结构与分子生理

1) 低温胁迫下细胞器的超微结构变化

细胞内 Ca^{2+} 水平的提高，会造成细胞骨架和膜结构的破坏以及能量代谢的紊乱。陈由强等（2000 年）研究发现，未经低温处理的枇杷幼叶细胞中，Ca^{2+} 大量分布在细胞壁、细胞间隙、质膜和液泡中，而在叶绿体、细胞质和细胞核中分布较少；而经 4℃低温处理的幼叶细胞中，Ca^{2+} 在质膜、液泡膜、细胞质和细胞核中的沉淀增加；4℃低温下不抗寒品种的核孔较大，时常伴有核内容物外漏，叶绿体中可见基粒，膜结构模糊不清；而抗寒品种的核孔开口不明显，叶绿体中不见基粒，线粒体嵴清晰。低温胁迫条件下细胞内外 Ca^{2+} 的分布和结构发生了变化，但 Ca^{2+} 分布的变化较细胞结构的变化敏感。

郑国华等（2008 年）以解放钟和早钟 6 号枇杷幼果为试材，研究了低温胁迫下幼果超微结构的变化。结果表明，6℃和 3℃低温胁迫时，幼果果肉的细胞质膜、液泡膜清晰，叶绿体、线粒体的结构接近正常结构；0℃时原生质膜和线粒体膜的结构尚完整，而清晰度下降，但部分叶绿体开始出现解体和被膜破裂的现象；−3℃时原生质膜和液胞膜均已破裂，原生质体紧缩，线粒体膜结构受损且嵴消失，叶绿体结构的变化最为明显，严重变形并相互融合，说明−3℃低温胁迫已构成对枇杷幼果的严重伤害。低温胁迫引起细胞结构的破坏与多数学者提出的枇杷幼果−3℃时即受冻的结果相吻合。

郑国华等（2009 年）还研究了解放钟枇杷的叶片在不同低温胁迫下细胞超微结构的变化，采用 7℃和 2℃低温处理的叶片，多数细胞器的结构正常；−2℃时叶绿体中的基粒形态已不再典型，线粒体膜与嵴结构的清晰度下降且空泡化，−7℃时质膜和液泡破裂，原生质体浓缩，线粒体膜的结构受损且嵴消失，叶绿体变形并聚集，−7℃时枇杷叶片细胞结构的受损程度与−3℃时的幼果相当。表明枇杷叶片对 0℃以上低温具有一定的抗逆能力，0℃以下的低温胁迫已对枇杷叶片的细胞结构造成伤害，影响其正常的生理功能。

研究表明，枇杷中存在强活性的冰核细菌菌株且分布广泛，这是诱发枇杷幼果冻害的重要因素之一（王慧等，2008 年）。牛先前等（2011 年）观察了冻害胁迫下早钟 6 号枇杷幼果接种冰核细菌后果肉细胞超微结构的变化，结果表明，冰核细菌加剧了冻害胁迫对枇杷果肉细胞结构的破坏，其中以对叶绿体结构的破坏最显著，其次是细胞壁和线粒体，接种冰核细菌的幼果于 $-1℃$ 时发生胞内结冰，而未感染冰核细菌的则发生胞间结冰。观察结果表明，冰核细菌的存在加重了低温对细胞的伤害，温度越低冰核细菌的破坏力越强。据郑国华等（2010 年）报道，冰核细菌的存在能显著地降低低温胁迫下早钟 6 号枇杷叶片的 P_n、F_m、F_v、F_v/F_o、F_v/F_m 和水分的利用效率，表明冰核细菌增强了低温对枇杷叶片光合结构的破坏性，温度越低破坏性越重且冻害发生的时间提前。

2）低温胁迫下细胞的分子生理

低温胁迫不但会使枇杷细胞在结构上发生变化，还会引起细胞生理和基因表达等方面的相应改变。

GSH（谷胱甘肽）是植物体内普遍存在的还原性物质，在防御自由基对膜脂的过氧化中起着重要的作用。吴锦程等（2009 年）研究了不同质量浓度的 GSH 处理对低温胁迫下早钟 6 号枇杷幼果叶绿体 AsA-GSH 循环代谢的影响。结果表明，适当的 GSH 处理可提高低温胁迫下枇杷幼果叶绿体中 GSH、AsA 的含量及 APX、GR 和 MDHAR 的活性，促进 AsA-GSH 循环，增强叶绿体清除自由基的能力，在枇杷幼果抵抗低温胁迫中发挥作用。这一研究结论为 GSH 在提高枇杷幼果抗寒性方面的应用提供了理论依据。

水杨酸（SA）是植物体的一种内源生长调节物质，可作为信号分子参与植物许多生理活动（如抗逆性等）的调节而备受学者关注，在提高植物的抗逆性和防御病毒等方面起着重要作用。刘国强等（2009 年）研究认为，低温胁迫下枇杷幼果的 MDA 含量上升，非酶抗氧化物质 Caro 和 GSH 的含量下降，防御酶系 SOD、POD 和 CAT 等酶的活性较低，导致 AOS 的累积，加快了叶绿素的分解，降低了叶绿素的含量，从而导致了低温胁迫对果的伤害。用 70 mg/L 的水杨酸处理，可以抑制枇杷幼果中叶绿素的分解，增加内源活性氧清除剂 GSH 和类胡萝卜素的含量，提高 SOD、POD 和 CAT 保护酶的活性，增强枇杷幼果对活性氧的淬灭能力，维持细胞较低水平的 AOS，降低膜脂的过氧化作用，抑制 MDA 的积累，提高膜系统的稳定性，提高枇杷幼果的抗寒能力。黄志明等（2011 年）用 40 mg/L 和 70 mg/L 的水杨酸处理低温胁迫后早钟 6 号枇杷幼果，结果表明，适当浓度的水杨酸处理可提高低温胁迫下枇杷幼果非酶抗氧化剂 GSH 和 AsA 的含量以及 AsA/ DHA 和 GSH/ GSSG 值，同时使 GPX、GST、GR、APX 和 MDAR 酶的活性增加，促进 GSH 和 AsA 的循环再生，在低温逆境中及时清除过量的活性氧，维持其代谢平衡，保持膜结构的稳定性，从而消除或减轻伤害，增强枇杷幼果抗低温的能力。

一氧化氮(NO)是生物体内的一种氧化还原信号分子和毒性分子，它诱导相关防御基因的表达，并作为一种抗氧化剂提高生物及非生物胁迫下植物的适应能力。吴锦程等(2009年)认为，采用适当的外源一氧化氮处理，可降低低温胁迫下早钟6号枇杷叶片中H_2O_2的含量，提高GSH、AsA的含量及APX、GR、DHAR和MDAR的活性，增强枇杷叶片抗氧化系统的活性，减轻细胞在低温胁迫下的损伤。吴锦程等(2010年)采用不同浓度的外源一氧化氮处理低温胁迫下的早钟6号枇杷幼苗，探讨了低温胁迫下外源一氧化氮对枇杷幼果抗寒性的调控机制。结果表明：SNP(外源一氧化氮供体硝普钠)处理降低了低温胁迫后枇杷幼果MDA和H_2O_2的含量，不同程度地提高了CAT、POD、SOD、APX的活性和Pro的含量，增加了AsA/DH和GSH/GSSG值。外源一氧化氮通过促进幼果保护酶活性的上升，降低了膜质的过氧化程度。黄志明等(2011年)探讨了SNP处理对低温胁迫下早钟6号枇杷幼果的线粒体抗氧化系统的影响，结果表明，适当的外源一氧化氮处理可以提高枇杷幼果线粒体中GSH和AsA抗氧化剂的含量以及APX、GR、DHAR和MDHAR酶的活性，降低H_2O_2和MDA的含量，减轻细胞的氧化损伤。以上研究表明，适当的外源一氧化氮处理可增强枇杷叶片和幼果在低温胁迫下的抗寒能力，为外源一氧化氮调控枇杷幼果抗寒性的生理机制提供了依据。

通过RT-PCR与RACE扩增，获得了宁海白枇杷幼果两个具有脱水素基因 DHN1 和 DHN2 典型结构域特征的cDNA序列。经半定量RT-PCR和Western-blot分析，DHN1 和 DHN2 基因在低温胁迫下在枇杷幼果中都增强表达，表明这两个基因与枇杷抗低温胁迫相关(徐红霞等，2011年)。利用mRNA差异显示和反向Northern-blot技术，在耐冷性强的栎叶枇杷叶片中获得了3个与耐冷相关的阳性cDNA片段，并推测为 H4 基因、Clp 基因和新基因。利用RACE技术对 Clp 和 H4 基因的全长进行了克隆，并对其生物学功能进行了分析预测。枇杷 Clp 和 H4 基因在低温逆境的诱导下通过提高表达水平来抵御低温对枇杷的伤害，从而提高栎叶枇杷适应低温的能力(郑国华，2010年)。从枇杷中克隆相关的抗冻基因，分析其表达与枇杷抗低温能力之间的关系，可为枇杷的抗冻性调控研究提供依据。

二、高温胁迫

枇杷根系在土温大于5℃时开始生长，10℃左右为其生长的最适温度，大于20℃时生长缓慢，大于30℃时停止生长。枇杷开花的最适宜温度为11～14℃，在20℃或以上的气温条件下，花朵未开放花蕾即可能枯萎脱落，枇杷花粉在35℃时发芽率低。因此，海南和广东种植的早熟品种早钟6号虽然花序在夏末秋初出现，但不易形成早果（刘权等，1998年；林顺权，2008年）。枇杷果实在成熟前如果碰上浓雾烈日，果实易发生日灼病而造成严重损失，如1982年5月中旬浙江江山市因高温枇杷果实损失50%；1981年5月8～10日塘栖的气温高达35～36℃，枇杷果实因日灼病损失20%～50%。

在自然光下，枇杷果皮热伤害的阈值为40℃（1.5 h），但在果实发育后期（5月初）有阳光的天气中，枇杷果实表面的温度比气温要高1.2～6.1℃，光照加剧了热伤害，果皮热伤害的程度与温度和持续时间密切相关。果肉中维生素C和钙的含量越低，果皮热伤害级数越高。高温胁迫下果皮中超氧阴离子含量增加，保护酶SOD和POD的活性下降，MDA的含量增加，细胞膜脂过氧化程度加重，是导致枇杷果皮热伤害的重要因素（邓朝军等，2012年）。

第二节　水分胁迫

年降雨量达1 000～2 000 mm、雨量分布均匀的地区枇杷生长发育良好。但由于受季风活动和大气环流异常等因素的影响，往往因在一个时期内降雨量过多或过少而导致涝害或旱害，影响枇杷的生长发育与开花结果。

枇杷根系尤其适合在透水性和通气性良好的土壤环境中生长，最忌积水。积水会严重影响枇杷根系正常的呼吸作用，妨碍土壤微生物的活动，增加有毒物质的积累，严重影响根系和地上部分的生长发育，严重的会造成烂根，进一步发展会导致树体衰弱甚至死亡。若遇夏季降雨量过多、发生洪涝，土壤中水分过多，将会削弱花芽分化。若在果实膨大期降雨量过多，轻则果实着色差、成熟迟、风味淡，重则裂果，尤以白肉枇杷为甚（黄金松，2000年；林顺权等，2008年）。浙江塘栖1954年5～7月连续降雨55 d，降雨量达1 314.8mm，引起枇杷烂根、落叶甚至死亡。1954年，浙江余杭17.2%的枇杷因涝害死亡，未死亡的枇杷树势衰退严重。对平原地区的枇杷，涝害比冻害更严重（黄金松，2000年）。

就全国范围而言，枇杷大多种植在山坡地，平原地区的枇杷种植面积和产量较少。枇杷生长发育需水较多但根系不发达，而山坡地的灌溉设施一般较差，因此，对枇杷种植来说旱害的发生多于涝害的发生。据记载，我国枇杷产区因数次旱害而减产，如1982年黄岩枇杷因干旱损失产量1 000 t；1986年黄岩民主乡因春旱损失700 t。季节性干旱已成为制约枇杷提高单产及果实品质的主要因素。

罗华建等（2004年）研究认为，干旱抑制了枇杷株高及叶面积的增长速率，使光合面积增加受阻，从而减少了光合产物的积累和分配，最终影响了枇杷的产量与品质。干旱程度越严重，抑制株高及叶面积增长的作用越明显；干旱对枇杷植株表现抑制作用的排序：株高＞叶面积＞干粗。据周政华等（2006年）的相关研究报道，干旱条件下枇杷生理代谢失调、蛋白质和叶绿素的合成受阻、脱落酸增多、光合作用减弱，而相反的是呼吸作用加强。干旱使春梢、夏梢和秋梢的萌发量减少，梢短，叶小、叶少且色淡，病虫叶和落叶严重；同时导致根系发育受阻，重则使根系死亡，甚至全树枯死。

梁平等（2004年）和周政华等（2006年）研究了水分胁迫对枇杷成花的影响：在花芽分化期，土壤适度干旱有利于促进花芽形成；伏旱期高温少雨会抑制花芽分化，特别是根系分布较浅的枇杷，会使开花延迟、落花增加；干旱时枇杷树落叶严重，植物体制造的有机养分减少，植物根系的吸收能力减弱，会造成开花期提早，以二花、三花结果为主，坐果率不高，果实生长发育慢，果实小、成熟推迟，导致产量及品质下降。

杨再强等（2007年）研究发现，水分胁迫加剧了叶片净光合速率（P_n）、蒸腾速率（T_r）和气孔导度（C_s）的下降，提高了水分利用率（WUE）。水分胁迫可能通过诱发光合器官的光合活性氧自由基代谢失调而破坏光合器官的光合活性，从而导致净光合速率下降。水分胁迫还增加了果实可溶性固形物、总糖、总酸的含量，并胁迫导致果实单果重和果实含水率显著下降。结果表明，水分胁迫会对枇杷光合作用、果实发育与果实品质的形成产生重要影响。

陈丹等（2004年）研究了水分胁迫下二氧化碳对大红袍枇杷叶片叶绿素荧光及抗氧化酶活性的影响。在水分胁迫条件下，高二氧化碳浓度下枇杷叶片的荧光参数 F_v/F_m 和 F_v/F_o 值及 ΦPSⅡ 的下降幅度明显减少，SOD、POD 和 CAT 酶活性的上升幅度明显较小，膜脂过氧化水平的上升幅度也较小。在高二氧化碳浓度条件下，植物受到的干旱损伤比在大气二氧化碳浓度下轻微得多，使得水分胁迫所造成的抗氧化酶活性的升高显得不那么明显。这表明高浓度二氧化碳有利于缓解水分胁迫造成的氧化损伤。

水分胁迫使枇杷叶片的水势、叶片的相对含水量和可溶性蛋白质的含量下降，引起叶片的活性氧、MDA 和脯氨酸含量的增加，启动膜脂过氧化，从而导致细胞伤害。水分胁迫下枇杷叶片的 SOD、POD 活性均增加。轻度及中度水分胁迫均使枇杷叶片各细胞器的 H^+-ATPase 活性增强；严重水分胁迫时，细胞胞质的 H^+-ATPase 活性急剧下降到对照以下水平，而线粒体及叶绿体的 H^+-ATPase 活性仍保持高于对照的水平。随着水分胁迫程度的加剧，CAT 的活性和 GSH、AsA 可溶性蛋白质的含量呈下降趋势，但长红 3 号的降幅小于解放钟，而线粒体和叶绿体的 H^+-ATPase 活性增幅则大于解放钟，说明长红3号抵御干旱的能力比解放钟强（罗华建等，1999 年，2004 年；黄晓霞等，2011 年）。

丛枝菌根（AM）是球囊菌门真菌与被子植物形成的互惠共生体，其真菌从植物中获取光合产物，而菌根可增强植物对养分的吸收能力。很多研究表明，接种丛枝菌根真菌能促进植物在不同环境胁迫条件下的生长。据张燕等（2012年）的研究报道，接种3种丛枝菌根真菌可促进水分胁迫下早钟6号枇杷实生苗对氮、钾、磷、钙、镁、铜的吸收，并增加地上部和地下部的干物质含量。因此，菌根技术可增强水分胁迫下枇杷对养分的吸收能力，提高抗旱性，促进枇杷苗的生长。

逆境生理研究是果树界共同关注的问题。枇杷逆境生理研究已取得了不少成果，但系统性研究还不够。今后应加强枇杷高温胁迫和水涝胁迫的生理机制、枇杷对逆境适应的信号传导、锻炼温度下的膜脂与生物膜流动性变化、温度逆境诱导蛋白和基因表达调控等方面的研究。

第三节　防冻减灾

枇杷属亚热带水果，于秋冬开花，继而坐果，开花坐果期正好是一年中气温最低的季节，花果易遭受低温冻害，给枇杷生产带来严重的经济损失。2003—2005年福建枇杷连续3年因遭受霜冻减产三成以上。2004年1月19日至2月5日，莆田市受4次强冷空气影响，出现了较长时间的低温、霜冻、结冰天气，全市枇杷受冻面积约0.9万 hm^2，占种植面积的53.8%，损失产量1.3万 t，直接经济损失达6 500万元。2006年江西庐山市受低温影响，枇杷花序和幼果遭受严重冻害，有的6年生植株上长达80 cm的枝条被冻死，有的1年生大棚嫁接苗被冻死，果农的收入严重受损。四川省2005—2009年间因低温冻害造成枇杷连年减产，受灾面积达栽培总面积的60%以上，2016年龙泉、双流等枇杷主产区减产70%以上。此外，浙江、安徽、江苏、重庆等地区栽种的枇杷，也常有冻害发生。因此，枇杷花果安全越冬技术已成为这些地区实现枇杷稳产、高产的关键技术。下面简要介绍枇杷防冻减灾的若干措施。

1. 选用抗寒品种

在容易出现低温冻害的地区种植枇杷，宜选用抗寒性强、花期较晚的品种，以避开低温，减轻冻害的威胁，这也是预防枇杷花果冻害最直接、最有效的措施。

2. 科学建园

为了保证枇杷花果安全越冬，种植园地势的选择至关重要。低洼地、阴坡地的枇杷比阳坡地、半阴坡地的更容易遭受低温霜冻的为害。因此，应在枇杷适生区选择背风向阳坡(或半阴坡)地，在地势较平缓、水肥条件较好的地段建园，以免冷空气滞留而发生冻害。

3. 加强肥水管理、合理修剪，延迟开花

枇杷受冻的程度与花及幼果的发育状态有关。通常未开的花蕾最耐寒，其次是花瓣未脱落开放的花，再次为花瓣脱落而花萼尚未合拢的花，最不耐寒的是幼果。所以开花早的品种，或因秋末冬初气温高、开花早、花期短、幼果发育快的年份的果实，易遭受冻害。延迟开花对枇杷稳产具有重要作用。

(1)加强夏季管理。采果后进行短截修剪和施肥(四川地区在 6 月中、下旬进行)，可推迟夏梢抽发，花期也会相应推迟，能避免幼果受冻。若强壮树抽发的夏梢旺盛，为防止其不能成花，可用 0.2%～0.3%的硫酸钾或 0.2%的磷酸二氢钾喷布树冠，或喷布 500～700 mg/L 的多效唑，使树冠停止生长，积累养分分化花芽，并相应推迟抽发结果枝和开花。

(2)预防高温干旱。高温干旱能促进枇杷提早开花，应采取措施预防，如用秸秆或杂草覆盖地面，叶面多次喷施 0.2%的磷酸二氢钾或 0.3%～0.4%的尿素等，有条件的地方可在干旱期进行沟灌。

(3)结合晾根增施以氮肥为主的花前肥。秋梢停长现蕾时挖开根系周围的泥土(深 10～15 cm)，截断部分细根，晾根 15 d 左右后株施 0.25 kg 尿素，然后覆土。晾根前期可抑制地上部和地下部的生长，后期可促发新根、健壮树势、提高树体自身的抗寒能力，可延迟花期约 15 d，减轻花器和幼果的早霜冻害。

4. 灌溉防干冻

冬季久晴并刮干燥的西北风时，会使土壤及空气十分干燥，引起树体的枝、叶、花、果的水分蒸腾加剧，此时根系如不能吸收足够的水分来补充，会使叶、花及幼果的含水量下降到生理需求量以下，这样花和幼果对低温的抵抗力就非常弱，极易因干燥而被冻死，发生干冻现象。因此冬季干旱时要及时对树冠进行喷灌或园地浇灌，以防干冻。

5. 地膜覆盖、根外追肥

初冬久晴要灌水防干冻。也可以在秋末冬初雨后浅中耕后即刻覆盖地膜，以增加土温、保持土壤中水分的稳定，使树体不致发生干冻。花期用 0.2%～0.3%的尿素或磷酸二氢钾进行 2～3 次根外追肥，可以补充树体氮、磷、钾的不足，提高细胞液的浓度，降低冰点，增强抗寒能力。喷布 0.2%的硼砂可以促进花粉发芽，提高着果率。

6. 培土、树干涂白、靠枝束叶、熏烟

秋末冬初将土耙平覆在树冠下对根际培土，可以提高土温、保护根系，增强抗寒能力。主干和主枝涂白有缩小温差、增强抗寒力的作用，一般在 12

月前结合消灭越冬病虫在主干和主枝上涂白。靠枝束叶是把每一花穗下部的叶片向上将花穗裹束，并将大枝相互捆拢，这样可以减轻花穗及幼果的冻害。也可以在盛花后将整个花穗套袋，但切记一定要在盛花后、花瓣已脱落时再套，因为很多品种需异花授粉，蕾期套袋将无法授粉。套袋可以增加袋中温度、减轻冻害。熏烟可以提高园内温度 2℃ 左右，从而有效地防止霜冻。熏烟的时间可选择在晴天无风、无低温的零时到日出时，垃圾、湿柴、杂草等都可作为熏烟材料。通常每公顷地面挖地灶 75 个，每个地灶放 50 kg 熏烟材料并加 0.25 kg 氯化铵。

7. 摇雪

大雪过后应立即将树上的积雪摇下，以免融化结冰冻坏花器和幼果。

8. 延迟疏果

要确保疏果在低温过后再进行。

9. 保护栽培

常见的枇杷保护栽培有树冠覆盖塑料薄膜或遮阴网、塑料大棚栽培等。

树冠覆盖操作简单，即在寒流来临前将塑料薄膜或遮阴网覆盖在枇杷树冠上，在寒流过去后立即揭掉覆盖物。塑料大棚栽培防冻技术见第四节。

10. 冻后挽救措施

低温、霜雪天气过后，要检查枇杷园的受冻情况，根据受冻程度采取补救措施。对种子已经冻坏而果肉尚未冻坏的，立即用吡效隆和赤霉素混合液浸枇杷幼果，并追施叶面肥促进受冻幼果继续发育，形成无籽果实，其果形指数变大，对减少轻度冻害造成的损失作用显著。未经植物生长调节剂处理的幼果，在种子冻死后部分幼果仍会轻微膨大甚至成熟，但果形极小，无商品价值，还白白浪费了养分，所以要及时摘去受冻幼果，减少养分的消耗。

受冻后宜追施速效肥或根外追肥以增强树势。对园地进行浅中耕松土，如因雨雪地面有积水或地下水位高，要开沟排水，促进根系健壮生长。

对于濒临绝收的枇杷园，可在果园间作生长周期短、经济价值高的速生蔬菜、中草药等，尽量挽回损失。

第四节　塑料大棚栽培

枇杷开花结果正逢一年中最冷的季节，极易受到低温的影响而发生冻害。采用大棚栽培不仅能防冻减灾，还能调节果实的成熟期，增长枇杷鲜果的市场供应期，提高种植效益。

1. 塑料大棚的结构

棚架用镀锌钢搭建,棚高 3.5 m,棚宽 8~10 m,棚长 50~60 m。大棚最好南北走向,两边设置卷膜机构,棚内适当设置支柱,棚膜选用透光性好的 8 丝防雾无滴薄膜。棚内地面覆盖黑膜、银色反光膜。

2. 大棚温湿度管理

一般盖棚时间为 12 月上、中旬。温度和湿度调控是枇杷大棚设施栽培的关键环节,如管理不当,易造成果实发育缓慢,或出现干瘪、日灼。可通过卷膜器人工调节棚内的温度和湿度。当晴天气温升高到 25℃ 时卷起裙膜、打开两端棚门通风换气,降低棚内的温度和湿度,增加光照;果实膨大期若出现干旱,可在晴天卷起裙膜、打开两端棚门后进行适当的浇灌。春季当白天外界气温升高并维持在 15℃ 以上时,卷起裙膜、打开两端棚门维持几天后,便可揭去棚膜。

棚内地面在 1 月上、中旬进行覆膜。

3. 大棚对枇杷生长因子的影响

(1)温度。同一时期,大棚内的气温高于露地气温。自然条件下土壤温度与大气温度存在一定的关系,土壤温度随大气温度升高而升高,但土壤温度变化的幅度较小,棚内地面覆膜能提高土壤温度。

(2)湿度。同一时期,大棚内的湿度高于露地湿度,大气湿度的变化与大气温度存在一定的关系,即大气温度越高、大气湿度越低,且露地的空气湿度变化比棚内的空气湿度变化大。土壤湿度相对稳定,不同时期的变化较小。

(3)光照。露地栽培的光照条件比棚内好,棚内地面以覆银色反光膜的光反射能力最强,光环境效果最好。

4. 大棚栽培对枇杷生长结果的影响

(1)物候期。覆盖棚膜后,随着大棚内生态环境的改变,枇杷的生物学特性也开始发生变化,大棚枇杷的末花期比露地提早,果实成熟期提早,春梢抽发期和夏梢抽发期也相应提早。

(2)果实品质。以大五星枇杷进行试验,结果表明,露地栽培的果实外观为近圆形,大棚栽培的果实外观为长椭圆形;大棚枇杷果实的可溶性固形物、可溶性糖的含量均低于露地栽培果实,可滴定酸的含量高于露地栽培果实。

(3)果实产量。大棚栽培枇杷的产量比露地栽培的高,收入明显增加。

5. 大棚栽培对枇杷病虫害的影响

大棚栽培环境与露地栽培环境的差别很大,研究表明,大棚栽培环境提高了果实日灼病和缩果病的发病率,但可通过盖遮阴网和微喷降温降低发病率。大棚栽培一般会降低果实果锈病的病情指数和裂果率。

6.大棚栽培对枇杷防冻的作用

一般情况下，在我国南方枇杷栽培区，大棚栽培是枇杷防寒的有效途径。在北方，由于冬季气温较低，大棚内应进行加温，以满足枇杷果实生长发育对温度的要求。

参 考 文 献

[1]Beverty R B. Nutrient diagnosis of Valencia oranges by DRIS[J]. Amer. Soc. Hort. Sci. , 1984, 109(5): 649-654.

[2]蔡宗启，曾进富. 铺反光膜对枇杷枝梢生长和果实品质的影响[J]. 中国果树，2004 (5): 28-31.

[3]陈由强，叶冰莹，高一平，等. 低温胁迫下枇杷幼叶细胞内 Ca^{+2} 水平及细胞超微结构变化的研究[J]. 武汉植物学研究，2000，18(2): 138-142.

[4]陈正洪. 枇杷冻害的研究（Ⅰ）枇杷花果冻害的观测试验及冻害因子分析[J]. 中国农业气象，1991，12(4): 16-20.

[5]陈正洪. 枇杷冻害的研究（Ⅱ）枇杷花果冻害的模式模拟及其应用[J]. 中国农业气象，1992，13(2): 37-39.

[6]邓朝军，许奇志，蒋际谋，等. 温胁迫对枇杷果皮热伤害的抗氧化特性影响[J]. 热带亚热带植物学报，2012，20(5): 439-444.

[7]黄金松. 枇杷栽培新技术[M]. 福州：福建科学技术出版社，2000.

[8]黄志明，陈宇，吴晶晶，等. 硝普钠对低温胁迫下枇杷幼果线粒体 AsA-GSH 循环代谢的影响[J]. 热带作物学报，2011，32(8): 1469-1474.

[9]黄志明，吴锦程，陈伟健，等. SA 对低温胁迫后枇杷幼果 AsA-GSH 循环酶系统的影响[J]. 林业科学，2011，47(9): 36-42.

[10]李靖，孙淑霞，谢红江，等. 枇杷花果冻害与若干生理生化指标的关系[J]. 果树学报，2011，28(3): 453-457.

[11]李靖，孙淑霞，陈栋，等. 不同覆盖材料对设施大五星枇杷果实品质的影响[J]. 西南农业学报，2011，24(2): 695-698.

[12]李英，毕方美. 枇杷花穗冻害调查及防治[J]. 西南园艺，2005，33(4): 43-44.

[13]梁平，韦波. 黔东南枇杷生产的气象条件与灾害分析[J]. 贵州农业科学，2004，32 (5): 27-29.

[14]林顺权，江国良，蔡斯明，等. 枇杷精细管理十二个月[M]. 北京：中国农业出版社，2008.

[15]刘国强，吴锦程，朱颖，等. 水杨酸对低温胁迫下枇杷幼果若干生理生化指标的影响[J]. 热带作物学报，2009，30(3): 254-258.

[16]刘加建，林瑞章，廖剑鏊，等. 枇杷'早钟 6 号'预防冻害措施[J]. 福建农业，2002 (10): 13.

[17]刘金龙，余小红．山区枇杷冻害减防技术[J]．中国林副特产，2009(6)：72-72．

[18]刘权，叶明儿．枇杷，杨梅优质高产技术问答[M]．北京：中国农业出版社，1998．

[19]刘山蓓，罗来水，刘勇．江西省1991—1992年枇杷冻害调查及防御技术探讨[J]．江西科学，1996，14(1)：34-39．

[20]刘友接，张泽煌，蒋际谋，等．枇杷幼果冻害调查[J]．福建果树，2001(4)：21-22．

[21]陆修闽，郑少泉，蒋际谋，等．'早钟6号'枇杷主要营养元素含量的年周期变化[J]．园艺学报，2000，27(4)：240-244．

[22]路克国，朱树华，张连忠．有机肥对土壤理化性质和红富士苹果果实品质的影响[J]．石河子大学学报，2003，7(3)：205-208．

[23]罗华建，刘星辉．水分胁迫对枇杷光合特性的影响[J]．果树科学，1999，16(2)：126-130．

[24]罗华建，刘星辉，谢厚钗．水分胁迫对枇杷叶片活性氧代谢的影响[J]．福建农业大学学报，1999，28(1)：33-37．

[25]罗华建，刘星辉．干旱对枇杷生长的影响[J]．中国南方果树，2004，33(3)：26-27．

[26]罗华建，刘星辉．水分胁迫条件下枇杷若干生理指标的变化[J]．亚热带植物科学，2004，33(1)：19-21．

[27]牛先前，郑国华，林秀香，等．冰核细菌对低温胁迫下枇杷幼果中果肉超微结构的影响[J]．中国生态农业学报，2011，19(2)：388-393．

[28]翁志辉．浅析福建省枇杷幼果的冻害情况及预防与补救措施[J]．福建农业科技，2005(1)：16-18．

[29]丘志海，范映珍，李汉清．枇杷冻害防治技术[J]．农技服务，2010，27(2)：229-229．

[30]沈朝贵，刘建平，林建新．灌溉方式对枇杷生长及果园生态环境的影响[J]．福建农业科技，2007(5)：47-49．

[31]吴锦程，陈伟建，蔡丽琴，等．外源NO对低温胁迫下枇杷幼果抗氧化能力的影响[J]．林业科学，2010，46(9)：73-78．

[32]吴锦程，陈建琴，梁杰，等．外源一氧化氮对低温胁迫下枇杷叶片AsA-GSH循环的影响[J]．应用生态学报，2009，20(6)：1395-1400．

[33]吴锦程，梁杰，陈建琴，等．GSH对低温胁迫下枇杷幼果叶绿体AsA-GSH循环代谢的影响[J]．林业科学，2009，45(11)：15-19．

[34]吴少华，刘礼仕，罗应贵．枇杷无公害高效栽培[M]．北京：金盾出版社，2004．

[35]谢钟琛，李健．早钟6号枇杷幼果冻害温度界定及其栽培适宜区区划[J]．福建果树，2006(1)：7-11．

[36]徐红霞，陈俊伟，杨勇，等．枇杷果实DHN基因克隆及其在低温胁迫下的表达分析[J]．园艺学报，2011，38(6)：1071-1080．

[37]郑国华，潘东明，牛先前，等．冰核细菌对低温胁迫下枇杷光合参数和叶绿素荧光参数的影响[J]．中国生态农业学报，2010，18(6)：1251-1255．

[38]郑国华，张贺英．不同低温胁迫下早钟6号枇杷幼果细胞超微结构的变化[J]．福建

农林大学学报(自然科学版)，2008，37(5)：473-476.

[39]郑国华，张贺英. 低温胁迫下解放钟枇杷幼果细胞超微结构的变化[J]. 莆田学院学报，2008，15(2)：52-55.

[40]郑国华，张贺英. 低温胁迫对枇杷幼果细胞超微结构及膜透性和保护酶活性的影响[J]. 热带作物学报，2009，29(6)：730-737.

[41]郑国华，张贺英，钟秀容. 低温胁迫下枇杷叶片细胞超微结构及膜透性和保护酶活性的变化[J]. 中国生态农业学报，2009，17(4)：739-745.

[42]郑国华. 枇杷耐冷生理生化与相关基因克隆的研究[D]. 福州：福建农林大学，2010.

[43]张林仁，林嘉兴. 枇杷之生理与产期调节[J]. 兴农杂志，1994(308)：15-22.

[44]张强，魏钦平，刘旭东等. 北京昌平苹果园土壤养分、pH与果实矿质营养的多元分析[J]. 果树学报，2011，28(3)：7-13.

[45]张志其，李炎平，罗永琼. 枇杷果实与春梢的发育规律研究[J]. 中国果蔬，2004(5)：18.

[46]张夏萍，许伟东，郑诚乐. 枇杷冻害及防范研究进展[J]. 福建果树，2007(3)：28-31.

[47]张春晓，郄红丽，储春荣，等. 太湖洞庭山雪灾对枇杷冻害的影响[J]. 现代农业科技，2008(15)：129-131.

[48]张泽煌，许家辉，余东，等. 枇杷果实冻害恢复试验[J]. 中国南方果树，2004，33(1)：33-34.

[49]张泽煌，刘友接，许家辉. 冻克灵对枇杷冻害果实的恢复效应[J]. 福建果树，2005(4)：33-34.

[50]张燕，李娟，姚青，等. 丛枝菌根真菌对水分胁迫下枇杷实生苗生长和养分吸收的影响[J]. 园艺学报，2012，39(004)：757-762.

[51]周政华，胡小三. 秋冬干旱对大五星枇杷生长结果的影响[J]. 特产研究，2006，28(1)：34-38.

第十二章 枇杷病虫害防控

有人认为，枇杷病虫害少，用药量及用药次数比柑橘等果树少得多，特别适合技术水平低的农户种植。但实际情况并非如此，和柑橘类似，枇杷也是主要生长在亚热带湿润地带，年抽枝次数多，生长量大，周年常绿，随着树龄的增加，树冠内膛和下部的光照条件变差，易滋生病虫害。此外，在年生长周期中，从秋季的开花期到翌年5月的果实成熟期病虫害发生的种类多，为害特别严重。在枇杷栽培面积逐渐扩大，而种植者对枇杷病虫为害的重视程度不足的情况下，病虫为害日趋严重，极不利于枇杷产业的健康可持续发展。合理有效的病虫害防控技术是保证枇杷高产稳产的关键技术措施。

第一节 枇杷主要病害及其防治

一、叶斑病

叶斑病是枇杷最普遍、最主要的病害，受害后轻则影响树势和产量，重则叶落枝枯。枇杷叶斑病包括斑点病、灰斑病和角斑病，3种叶斑病一般混合发生。在土壤贫瘠、树势弱的果园发病较早、较重，在潮湿温暖的环境更容易发病。

1. 症状

3种叶斑病的症状如下：

（1）斑点病。斑点病只为害叶片。病斑初时为赤褐色小点，后逐渐扩大，中央变为灰黄色，外缘呈灰棕色或赤褐色。后期病斑上着生有许多轮生或散生的小黑点，这些小黑点即为分生孢子器。

（2）灰斑病。除为害叶片外，灰斑病还为害果实。病斑初时淡黄色、圆形，后期中央变成白色至灰黄色，边缘具明显的黑色环带。果实受害时，产生紫褐色圆形病斑，不久凹陷。斑上散生黑色小点，这些小黑点即为分生孢子盘。

（3）角斑病。角斑病只为害叶片。病斑以叶脉为界，呈多角形，初时赤褐色，周围往往有黄色晕环。后期病斑上长出黑色霉状小粒点，这些黑色霉状小粒点即为分生孢子梗和分生孢子。

2. 病原物和发病规律

查真菌数据库（https：//nt. ars-grin. gov/fungaldatabases）可知，*Alternaria sp.* 是造成枇杷叶斑病的病菌之一，该病菌在美国的佛罗里达、日本、墨西哥、中国的台湾地区、委内瑞拉都有发现（Farr 等，2016 年）。Tziros（2013 年）基于形态学和 ITS 分子鉴定，根据柯赫氏法则进行致病性检验，首次在希腊发现 *Alternaria alternata* 是造成该叶斑病和果腐病的病原菌。该病菌于 2015 年首次在伊朗的枇杷树上发现（Mirhosseini 等，2015 年）。瞿付娟（2008 年）第一次报道拟盘多毛孢（*Pestalotiopsis eriobotrifolia*）和灰葡萄孢（*Botrytis cinerea*）是引起枇杷花腐病的病原菌，枇杷灰斑病与枇杷干腐型花腐病都是前者引起的，两者的发生关系密切。

在温暖多湿的环境中容易发病。一年多次侵染，多雨季节是斑点病的盛发期。在长江中下游产区，3 月中、下旬至 7 月中、下旬，9 月上旬至 10 月底，都是该病的迅速蔓延期。梅雨季节，在土壤瘠薄、排水不良、管理不善、生长较差的树上更易发病。干旱时灰斑病、角斑病易发生。该病多从嫩叶的气孔或果实的皮孔及伤口入侵，所以要注意发枝展叶后的保护工作。

3. 防治方法

加强栽培管理，增强树势，提高抗病能力，如施足春季萌芽和果实发育肥、夏季及时施采后肥等；深沟高畦、加强排水；剪除密枝，改善通风透光条件，降低树冠内的湿度；及时清园，减少病原菌；夏季干旱时及时灌水或覆草抗旱。

叶斑病有潜伏侵染的特性，须潜伏发育后，才会在成熟的新叶上产生病斑。因此，在春、夏、秋三季 3 次抽梢初期及时喷药防治十分重要，最好间隔 15 d 左右再喷药 1～2 次。喷药时注意喷到、喷匀。交替使用的药剂及浓度是：0.5%～0.6% 的波尔多液（用 0.5～0.6 份生石灰、0.5～0.6 份硫酸铜、加水 100 份调配而成），或 70% 的甲基托布津可湿性粉剂 800～1 000 倍液、50% 的多菌灵 800～1 000 倍液、40% 的氟硅唑 8 000～9 000 倍液、75% 的百菌清 600～800 倍液、65% 的代森锌 500～600 倍液、80% 的代森锰锌 500～800 倍液、64% 的杀毒矾 1 000 倍液、50% 的多霉灵可湿性粉剂 800～1 000 倍液。实际生产中也可选择轮换使用 25% 的吡唑醚菌酯乳油、50% 的咪鲜胺可湿性粉剂、43％的戊唑醇水分散粒剂等 3 种药剂，以延缓抗药性。

二、炭疽病

1. 症状

主要为害果实，有的年份叶、嫩梢受害也重。发病有的年份很重，有的年份较轻。果实初发病时，为淡褐色的水浸状圆形小斑点，后变为深褐色的圆形或椭圆形，病部凹陷，形成同心轮纹状的黑色病斑，密生小黑点，即为病菌的分生孢子盘。当有雨水或湿润时，分生孢子盘内的粉红色黏性物质（即分生孢子团）就会溢出。后期病斑扩展得很快，常数个病斑连成大病块，使果实软腐或干缩。

2. 病原物和发病规律

病原菌是一种子囊菌，以菌丝体在病果的残体及带病枝梢上越冬，次年春季温暖多雨时产生新的分生孢子，新分生孢子随风、雨、昆虫传播再次为害。园地排水不良，树梢密蔽，氮肥过多，再遇上连绵阴雨时，幼苗、果实发病多；而遇大风、冰雹等灾害性天气时，叶片易发病。晚熟品种的成熟期已进入梅雨季节，发病重。

3. 防治方法

加强园地排水措施，苗圃地要选在高燥、能排能灌之处。增施钾肥等增强树势，提高抗病能力。采收后结合修剪清除病果、病梢。拔除苗圃中的病苗就地烧毁或深埋，以减少病原。上一年发病重的枇杷园，于果实转色前喷雾 0.3％～0.6％的等量式波尔多液，或 70％的甲基托布津 800～1 000 倍液、10％的恶醚唑 2 000～3 000 倍液、70％的百菌清 700～1 000 倍液。

三、污叶病

1. 症状

污叶病是枇杷园中常见的一种病害。病斑多在叶背面，初为污褐小点，病斑不规则或为圆形，后长出煤烟状霉层，小病斑连成大病斑。严重时全树绝大部分叶片染病，甚至全园发病。严重时导致大量落叶，树势衰弱，不能抽发新梢。

2. 病原物和发病规律

病原菌是一种半知菌，病菌以分生孢子与菌丝在叶上越冬。地势低洼、排水不良、园地阴湿的果园易发病。管理粗放，树势衰弱，枝叶密蔽，通风透光差的树体最易发病。尤其是在梅雨季节和台风雨后发病最多。

3. 防治方法

加强园地排水，深沟高畦栽培。增施磷钾肥以增强树势，提高抗病力。适当修剪，改善通风透光条件。及时清除病叶，减少病原。4月上旬～5月上旬、7～8月为防春梢及夏梢染病的时机，交替使用50%的多菌灵可湿性粉剂1 000倍液、10%的恶醚唑2 000～3 000倍液、80%的甲基托布津1 000倍液，春季连续喷2～3次，夏季喷3～4次。在多雨季节，应抢晴天用药，以防雨后病菌侵染。

四、胡麻色斑病

1. 症状

胡麻色斑病为枇杷产区普遍发生的病害，尤以在砧木苗上最常见，严重时造成大量落叶，使生长削弱，嫁接成活率降低。发病初期叶片上出现圆形黑紫色小点，周围呈红紫色，中央灰白色，着生有小黑点，为分生孢子盘。发病严重时，许多小病斑连成大病斑，导致叶片枯死脱落。

2. 病原物和发病规律

病原菌属半知菌亚门，病菌以分生孢子器在病叶上越冬。该病一年四季均能传播，感病时间长，尤其是在温暖多雨的春季和阴雨连绵的秋季易大量发生。该病菌发育起点温度较低，发育适温为15℃。台风雨后也易发生。地势低洼、排水不良，或土壤板结、透气性差、生长衰弱的苗圃地发病较多。

3. 防治方法

发现病叶立即剪除，发现病苗及时拔除烧毁。要求苗圃地土质疏松、排水良好。增施有机肥料，使苗木生长健壮。在易发病季节，用0.5%的等量式波尔多液，隔15～20 d喷雾一次，连续喷4～6次，也可交替使用10%的恶醚唑2 000～3 000倍液、62.25%的晴菌唑锰锌500～800倍液、50%的托布津500～800倍液，每隔10～15 d喷一次。

五、枝干腐烂病

1. 症状

枝干腐烂病又称烂脚病，多发生在成年树上，近年幼树上也常见。初发病时多在根颈部近地面处的韧皮部发生褐变，以后逐渐扩大而至根颈四周，造成全株死亡。也有蔓延到树干、主枝上的，病部易寄生腐生菌。在根颈以上主干上发病的，树皮开裂起翘，严重时剥落。在多雨季节或树液旺盛流动时，有软腐和流胶现象。主枝上发病，病斑小而分散，树皮多开裂起翘，轻则生长衰弱，重则枝枯叶落。嫁接苗在接合部也易发生此病。

2. 病原物和发病规律

枝干腐烂病的病原物可能还是一种子囊菌。

病害在温暖多雨的季节易发生。病菌往往从伤口入侵，多为土壤及病部组织带菌。土壤积水、管理粗放、树龄大、生长弱的树易患此病。品种间抗病性差异较大，如浙江余杭的软条白沙品种、黄岩的花鼓筒品种均不抗病。

3. 防治方法

园地开沟排水，加强肥水管理，增强树势。发现病斑及早刮除，刮下的树皮就地烧毁。在病斑处涂50％的托布津可湿性粉剂50倍液，再涂波尔多液或石灰硫黄浆对伤口的愈合效果良好，也可交替用25％的咪鲜胺500～800倍液、80％的代森锰锌800～1000倍液、50％的多菌灵500～800倍液喷雾，或用3～5°Bé的石硫合剂刷枝干。

六、癌肿病

1. 症状

癌肿病主要为害枝干，也为害果实和叶片。发病初期，枝干及根部有黄褐色小斑点，以后逐渐侵入内部，表面变黑呈溃疡状，表皮易剥离，被害部周围肥大成疣状突起，严重时枝干枯死。苗木或幼树上发现的新梢芽枯，多由这种病菌所引起，当气温在25℃左右时病菌繁殖得最快。

2. 病原物和发病规律

病原菌为细菌，主要从伤口入侵，可从抹芽后的芽痕、采果后的果痕、落叶后的叶痕、修剪后的剪口入侵，也可从梨小食心虫、天牛、木蠹蛾等害虫为害造成的伤口入侵。

3. 防治方法

严格检疫，防止带病的苗木及接穗入境。增强树势，加强肥水管理，提高抗病能力和伤口愈合力。发现病斑立即刮除，刮到健好部位，并对伤口用1000倍的升汞水或1000倍的链霉素涂刷消毒。在修剪、抹芽、疏果、采果后，在各种害虫产卵期和台风后，喷0.6％的等量式波尔多液以保护伤口，用402抗菌剂1000倍液喷布也有防治作用。

七、灰霉病

1. 症状

灰霉病在四川枇杷产区发生得较为普遍。花期雨水多、郁闭的果园中此病尤为严重。多发生在 10 月以后，不直接为害花果，严重为害花穗，使花轴变褐呈软腐烂状，用手捏病部时有黏稠的腐烂组织出现。后期，被害部表皮皱缩干枯，呈萎蔫状。严重时导致果园大幅度减产，有的甚至绝收。密闭果园、低洼果园、肥水管理差的果园、不进行疏穗疏花的果园，该病的为害程度一般都比较重。

2. 病原物

灰霉病的病原菌为半知菌亚门葡萄孢菌。

3. 防治方法

培养合理的树形，保留适当的枝量，密蔽树采果后及时修剪，疏除密生枝，改善树体的通风透光条件。及时疏去早花穗、晚花穗，对留下的花穗尽早从重进行疏花，使养分集中供应留下的花朵，有利于坐果，同时也减少了病虫害为害的机会。花期交替使用 50% 的异菌脲 1 000 倍液、50% 的腐霉利 2 000 倍液、70% 的百菌清 800～1 000 倍液、64% 的杀毒矾 1 000 倍液、50% 的百可得 1 500 倍液，每隔 10 d 喷一次。

八、赤锈病

1. 症状

赤锈病初发时，叶上产生橙黄色或黄褐色锈斑，呈粒状，有外膜，故不飞散。在树冠郁闭，通风透光不良，且当年花芽过多、造成树势衰弱的情况下最易发病。严重时造成大量的落叶，使树势衰弱。

2. 病原物和发病规律

赤锈病的病原菌是一种锈病菌，以冬孢子在病叶上越冬。成年树全年都有发生，而在 10 月花穗已形成、开花前发病最重。树冠郁闭的园地通风透光不良且树势衰弱，最易发病。

3. 防治方法

搞好整形修剪，增加树冠的通风透光。清除并烧毁落叶，消灭病源。在 10 月枇杷现花蕾后即喷布 0.3°Bé 的石硫合剂 2～3 次，2 月下旬～3 月上旬春梢未抽生前，以同样浓度的药剂再喷布 1～2 次。

九、疫病

1. 症状

疫病主要为害成熟的果实，果面局部呈水渍状褐色斑，不凹陷，病健组织分界不明显，与灰霉病相似，后期引起整果腐烂。果面病部着生白色稀疏的霉状物，即病原的子实台体。

2. 病原物和发病规律

疫病的病原菌为鞭毛菌亚门疫霉菌。4～5 月果实成熟期易发病，太城 4 号品种发病多，其他品种发病少。病菌以卵孢子和厚垣孢子在病果或果柄上越冬，翌年通过风雨、昆虫传播，侵染成熟果实。

3. 防治方法

加强果园管理，结合修剪清除病果，带出果园烧毁。早期发现病果应立即摘除，以防蔓延。采取套袋栽培可以减少发病。在谢花期、果实膨大期和果实转色期喷药保护，可选用 25％的甲霜灵可湿性粉剂 800 倍液，或 80％的克露可湿性粉剂 1 500 倍液。

第二节　枇杷主要害虫及其防治

一、枇杷瘤蛾

1. 为害特点

枇杷瘤蛾又叫枇杷黄毛虫，它是枇杷的主要害虫，除为害枇杷外，还为害梨、李等果树。1～2 龄幼虫群聚在叶背暴食叶子。一般早晨和黄昏群聚性较强，活动性小，中午则分散活动。幼虫吃嫩叶，吃完嫩叶还吃老叶，食量很大，严重影响树势，甚至造成全树叶片被食殆尽，使植株死亡。

2. 生活习性

以蛹在茧中附于树皮裂缝凹陷处或老叶背面越冬，5 月成虫出现，产卵于叶背上，第 1 代在 6～7 月为害叶片，第 2 代在 7～8 月中旬发生，第 3 代在 8 月中旬～9 月中旬发生，与枇杷嫩叶长出期相吻合，9 月下旬～10 月初幼虫成熟后结茧化蛹越冬。

3. 防治方法

（1）人工捕杀。黄毛虫越冬的茧多集中于树干中、下部，可用竹刷在枝权部细刷，并在树下铺旧报纸收集烧毁。在早晨和黄昏，把幼虫群聚的叶片摘下烧毁。

（2）药剂防治。幼虫发生期喷布 3％的啶虫脒 1 500～2 000 倍液，或 10％的吡虫啉 2 000～3 000 倍液。

（3）保护和利用天敌绒茧蜂。绒茧蜂是枇杷瘤蛾最主要的天敌。它寄生于瘤蛾幼虫的体内，化蛹结茧于瘤蛾幼虫的体外，使瘤蛾幼虫干瘪死亡。

二、蓑蛾类

1. 为害特点

大蓑蛾又叫大袋蛾、大避债蛾，小蓑蛾又叫小袋蛾、小避债蛾。蓑蛾的食性很杂，为害多种果树。主要啮食叶片，严重时全树叶片被食殆尽。

2. 生活习性

大蓑蛾1年发生1代，以幼虫在护囊内产卵，每只雌蛾可产卵3 000多粒。6月底、7月初为孵化盛期，孵化后幼虫爬出护囊，吐丝下垂、随风飘散。然后吐丝黏附树上咬碎叶片做成护囊。1～3龄幼虫取食叶肉，使叶呈半透明斑。后穿孔取食，食成缺刻，甚至只留叶脉。5龄后护囊为较厚的丝质，11月间越冬幼虫封袋，以丝束将护囊紧系在枝条上，停食越冬。

小蓑蛾1年发生1代，以幼虫越冬。次年3月开始活动，6月中、下旬化蛹，成虫于7月上旬出现。每个雌虫可产卵2 000～3 000粒。卵经7 d左右孵化，幼虫自护囊中爬出，吐丝下垂、随风飘散。啮食叶背叶肉，并吐丝缀枝叶营造护囊。平时以胸足停留于叶上。

3. 防治方法

(1)人工摘除。冬季或盛发期摘除蓑袋，减少虫口密度。

(2)药剂防治。7月初往干茎孔注入10%的吡虫啉2 000～3 000倍液，毒杀幼虫。在幼虫丝下垂时，喷10%的吡虫啉2 000～3 000倍液，或2.5%的三氟氯氰菊酯3 000倍液。

(3)保护天敌。大、小蓑蛾的天敌有小蜂科的费氏大腿蜂、粗腿小蜂，姬蜂科的白蚕姬蜂、黄姬蜂、蓑蛾虫姬蜂及寄生蝇等。

三、刺蛾类

1. 为害特点

刺蛾俗称火辣子、八角丁，种类多，为害枇杷的主要有扁刺蛾、黄刺蛾等。

2. 生活习性

每年1～2代，7月中旬～8月中旬为第1代，9月初～10月底为第2代。

3. 防治方法

(1)消灭蛹茧。冬季消灭树干上或其周围土中的蛹茧。

(2)药剂防治。幼虫期喷布3%的啶虫脒1 000～2 000倍液，或10%的吡虫啉2 000～3 000倍液、2.5%的三氟氯氰菊酯3 000倍液。

四、舟蛾

1. 为害特点

舟蛾别名舟形毛虫、枇杷天社蛾、黑毛虫、举尾毛虫等，是为害枇杷叶片的主要害虫，专食老熟叶片。开始啃食叶肉，最后仅剩下主脉，严重的还要啃食嫩茎及花果，造成减产，树势衰弱，甚至死亡。

2. 生活习性

1年发生1代，以蛹在树干附近的土中越冬，夏季陆续羽化，在傍晚活动。产卵于叶背，10粒排成1块，8月下旬孵化，1～2龄幼虫群集为害，头向外整齐排列在1张或数张叶背上为害，被害叶呈纱网状。一树上发生的舟蛾虫口极多时，早晚取食，很快将整株树的叶吃尽，幼虫受惊时有吐丝下垂、假死的现象。9～10月老熟幼虫入土越冬，幼虫初为黄褐色，后为紫褐色。

3. 防治方法

(1)冬季中耕，挖除树干周围土中的蛹茧。

(2)8月下旬集中捕杀群聚的低龄幼虫。若幼虫已散开取食，喷布3％的啶虫脒1 000～2 000倍液。

五、木虱

1. 为害特点

木虱主要为害嫩梢、花朵和幼果。被害叶芽生长受阻，易于干枯，新叶多畸形卷曲，易于脱落。成虫、幼虫聚集于嫩芽上吸食汁液，排出白色蜡丝黏污在枝叶上，引起煤污斑，为害幼果后妨碍幼果长大并造成伤痕。

2. 生活习性

1年发生数代。从11月至翌年5月陆续发生。

3. 防治方法

药剂防治可用10％的吡虫啉可湿性粉剂2 500倍，或20％的双甲脒乳油1 000～1 500倍液、5％的来福灵乳油3 000～4 000倍液、10％的联苯菊酯4 000～5 000倍。

六、枇杷若甲螨

1. 为害特点

四川成都龙泉驿区发现的枇杷害虫，经西南大学的卜根生教授鉴定，暂定名为枇杷若甲螨。幼虫白色，成虫褐色，虫的体壳较硬，用手不易压死。幼虫在 11 月中、下旬至 12 月上、中旬为害花，造成花朵萎蔫并呈煤烟状，引起大量的花穗萎蔫脱落。成虫为茶褐色至黑褐色，为害嫩梢尖端的幼叶或成叶，使叶片黄化，叶背呈深褐色，严重阻碍植株生长。幼虫和成虫的虫体都较小，一般肉眼不易发现，但在放大镜下可见针尖大小的黑点，即为成虫。

2. 生活习性

暂不详。

3. 防治方法

对白色幼虫一般药剂皆可防治，如 1.8% 的阿维菌素 1 000～2 000 倍液，或 5% 的噻螨酮 2 000 倍液。对于成虫，可以选用 73% 的丙炔螨特 2 500～3 000 倍，或 15% 的哒螨灵 2 000～2 500 倍液。

七、桃蛀螟

1. 为害特点

桃蛀螟主要在花期蛀食花蕾及花朵，幼虫吐丝将排出的粪便结成团，留在花穗上不脱落。成虫在果面产卵，卵期约为 1 周，孵化成幼虫后即蛀食果实，排出虫粪于果面，直至果实成熟。该虫有转移为害的特性，以丝缠缀邻果，重新潜伏为害，老熟幼虫在枝梢部做茧化蛹。也有幼虫蛀入果实，在销售过程中从果实内部向外吐出粪便，影响果实品质。

2. 生活习性

长江流域 1 年发生 4～5 代，以老熟幼虫在树木翘皮内、玉米等作物的残株中结茧越冬。4～10 月均有发生，世代重叠。成虫有强烈的趋光性，对糖醋味也有趋性。

3. 防治方法

(1)成虫吸食花蜜，昼伏夜出，趋光性强，对糖、酒、醋也有较强的趋性，根据此特性，可用糖、酒、醋液、性诱剂、黑光灯、频振式杀虫灯等诱集成虫杀灭。

(2)避免枇杷、桃、梨混栽。

(3)及时摘除受害花穗及虫果，消灭其中的害虫。

(4)果实套袋。

(5)幼虫越冬前，在树干束草诱集，冬季刮除树干翘皮。将束草、刮下的翘皮集中烧毁。

(6)药剂防治。可喷布 25% 的灭幼脲 3 号悬浮剂 1 000～2 000 倍液，或 20% 的杀铃脲悬浮剂 8 000 倍液、5% 的抑太保乳油 1 000～2 000 倍液、50%

的杀螟松乳油 1 000 倍液、3％的啶虫脒 1 000～2 000 倍液、10％的吡虫啉 2 000～3 000 倍液。

八、梨小食心虫

1. 为害特点

梨小食心虫又称梨小蛀果蛾、梨姬食心虫。常为害枇杷的幼梢、花穗及苗木的嫁接口，幼虫蛀入啃食直接造成枯萎，间接造成病菌入侵，助长病害的蔓延。在果实上成虫产卵于萼筒，幼虫孵化后蛀入为害种子，并在种子周围排泄粪便，导致果实不能食用。

2. 生活习性

由于气候不同，各地发生代数不一，福建及四川地区一般 1 年发生 5～7 代，世代重叠。该虫寄主广，有转移为害的习性，枇杷园区附近有桃、梨、李等果园的会加重为害。

3. 防治方法

(1)避免枇杷、桃、梨混栽。

(2)杀灭幼虫及蛹。越冬前在树干上束草或布片诱集，在越冬蛹羽化为成虫前取下诱集物烧毁。冬季刮除树干上的老皮及翘皮进行处理，消灭越冬幼虫及茧。

(3)诱杀成虫。用红糖 1 kg、米醋 2 kg 加水 10～20 kg 配制成的糖醋液可诱杀成虫，在糖醋液中加 0.1％的升汞或数滴甲醛溶液作防腐剂。

(4)发现嫩梢被蛀萎蔫，应在尚未枯萎前及时剪下烧掉。

(5)药剂防治。喷布 3％的啶虫脒 1 000～2 000 倍液，或 10％的吡虫啉 2 000～3 000 倍液、2.5％的三氟氯氰菊酯 3 000 倍液。

九、天牛类

1. 为害特点

天牛的种类较多，但都为害枝干，寄主较杂。成虫在枝干上啮一伤口，产卵其中。幼虫孵化时先在伤口形成层附近取食，后蛀入木质部。虫道自上而下每隔一定的距离向外钻 1 个孔，以排粪便。枝干受害后内部空洞很多，遇大风容易折断，且树势衰弱，严重时甚至枯死。

2. 生活习性

2～3 年完成 1 代。幼虫在枝干内经过 2 个冬天，第 3 年夏天化蛹。

3. 防治方法

(1)用刮刀刮卵及皮下幼虫，钩杀蛀入木质部的幼虫。

(2)人工捕杀成虫。

(3)选用 3% 的啶虫脒 1 000 倍液，浸棉球后塞入虫孔，并用湿泥封堵虫孔，毒杀幼虫。

(4)不能与梨、李等蔷薇科落叶果树混种。

十、蚜虫

1. 为害特点

以成虫或幼虫群集于嫩叶和花吸食汁液，减弱树势。为害严重时，影响开花结果。

2. 生活习性

蚜虫在南方地区 1 年发生多代。以卵在枝条间隙及芽腋中越冬。3 月中、下旬开始繁殖，4 月上旬至 6 月下旬为害最严重。

3. 防治方法

发生期喷布 3% 的啶虫脒 1 000～2 000 倍液，或 10% 的吡虫啉 2 000～3 000 倍液。

十一、介壳虫类

1. 为害特点

介壳虫类主要有长牡蛎蚧、矢尖蚧、褐圆蚧、梨圆蚧，以若虫和雌成虫刺吸枝干、叶、果的汁液。受害枇杷轻则树势减弱，重则全树枯死。

2. 生活习性

梨圆蚧每年发生 4～5 代，世代重叠，以若虫和少数受精雌虫越冬。褐圆蚧每年发生 4～6 代，后期世代重叠，以若虫越冬。

3. 防治方法

(1)对苗木进行检疫，对有介壳虫的苗木进行药物熏蒸处理。

(2)结合修剪，在孵化前剪去虫枝，集中烧毁。

(3)介壳虫多发生在幼树树干上，发生量少时，可用人工杀灭。

(4)药剂防治。在第 1 代若虫孵化盛期喷药，药剂选用 25% 的噻嗪酮可湿性粉剂 1 500～2 000 倍液，或 40% 的乐斯本乳油 1 000 倍液，隔 10 d 再喷 1 次。

第三节　枇杷生理性病害及其防治

一、果实日灼

1. 症状

果实日灼俗称日烧病。受害果实的阳面产生不规则的凹陷，果肉逐渐干枯，呈黑褐色或紫褐色，失去食用价值。日灼后往往导致炭疽病的发生。

2. 发病规律

一般发生在枇杷果实成熟前的转色期，这一阶段的日平均气温一般在20℃左右。当气温骤然升高，会引起果实阳面的局部温度升高，此时极易引起果实日灼。一般树冠外围的果实比树冠内膛或叶丛中的果实容易发生日灼。

3. 防治方法

(1)选用抗日灼的品种。

(2)培养合理的树冠，在高接换种及更新修剪时将暴露的树干涂白。

(3)日照强烈的地区避免在阳坡建园。

(4)疏果后套袋，或遇高温天气时于午前对树冠喷水，均能有效地防止果实日灼。

二、缩果

1. 症状

成熟期果实的果皮皱缩，致使未成熟果完全失去商品价值，成熟果的商品价值也大大降低。

2. 发病规律

在成熟期当遇到高温干旱的晴天时，枇杷树根部吸收的水分满足不了叶片蒸腾的需要，果皮会失水皱缩。缩果病的发生与品种、果实成熟期的气候和栽培管理有关。含糖量高、皮薄的品种容易发病；果实成熟期遇高温，空气湿度小易发病；管理粗放的果园易发病。

3. 防治方法

(1)加强果园的水分管理，严防果实成熟期发生土壤干旱的现象。

(2)雨后或灌水后用秸秆或塑料薄膜覆盖树盘。

(3)严格疏果，保持适当的叶果比；在果实成熟期如遇高温干旱的晴天，要进行土壤灌水及树冠喷水。

三、裂果

1. 症状

果实膨大期果皮破裂，使果实失去商品价值，而且极易引起其他病菌寄生和昆虫为害，诱发其他病虫害。

2. 发病规律

此病多发在果实膨大期，如前期久晴少雨、土壤干旱，遇突然降大雨、果园排水不良时，生长旺盛的品种及树势强的植株易发病。果皮较薄的品种或栽培地土层过薄或保水保肥力较差的沙质土，也常发生裂果。

3. 防治方法

(1)选择不易裂果的品种。

(2)做好抗旱工作，逐年增厚土层，增加土壤中有机质的含量，以增强土壤的保水保肥能力。

(3)疏果后及时套袋。

(4)在幼果膨大期进行多次根外喷施尿素和磷酸二氢钾能减少裂果。

四、叶尖焦枯病

1. 症状

发病时，幼叶叶尖焦枯、畸形、叶片细小，严重时叶片僵化或仅剩叶柄，甚至提前落叶。

2. 发病规律

在高温季节，土壤干燥或幼根受伤时易发病。

3. 防治方法

(1)选用抗病品种。

(2)干旱时及时灌溉、喷水。

(3)改良土壤，加厚土层，增施有机肥。

五、果面紫斑

1. 症状

着色期果实阳面发生紫色锈斑，一般不影响果肉，但严重时会引起果实腐烂。

2. 发病规律

果实着色期，遇连续晴天时易发病。

3. 防治方法

(1)选用抗性强的品种。

(2)培养合理树冠。

(3)果实套袋。

六、果实栓皮病

1. 症状

栓皮病是幼果的局部果面遭受霜雪冻害后形成的生理性病害，又被果农称为"燥皮""脆皮果""和尚头""癞头疤"。幼果感病初期，果面呈油渍状印斑，色泽比较未受害部位显示深绿发暗。显微镜观察被害果皮，发现附生在里面的茸毛和蜡质大多失落，果皮 1~4 层细胞软熟模糊。随着幼果的发育，病斑逐步形成栓皮、干燥，呈黄褐色。到果实成熟时，果面的健部为橙黄色，而病部则呈黄白色或灰白色栓皮斑疤，并有爆裂的细屑。病斑有两种形状：一种为圆圈形，在果顶环绕萼筒四周，宽 0.8~2.3 cm，状似剃成的头发圈；另一种为块斑形，发生在果实的一侧，块斑直径 0.5~3.0 cm，不规则。感病的果皮变脆，撕皮时易断。用这种果实加工罐头时工耗大，成品不美观。

2. 发病规律

栓皮病发生于霜雪冻害期，当幼果果面凝聚的霜雪(主要是凝霜)融化时，由于局部温度急剧降低，导致果皮细胞冻伤，之后，冻伤部位愈合成栓皮。枇杷的幼果大多是果顶向上，在病果顶形成圆圈形的病斑；若有部分幼果侧生，则其凝霜在果侧形成块斑形的病斑。

3. 防治方法

(1)喷水。每次霜冻夜的 19 时至次日 7 时，每隔 30 min 进行一次喷水洗霜，下雪天不宜喷水，可采用塑料薄膜遮盖。

(2)熏烟。霜冻夜用柴草和草皮泥作为熏烟材料，每公顷安排 90 个熏烟点。

(3)束枝。每次霜冻或下雪前，以 3 年生枝序为 1 束，用绳子束裹。待雪后或霜后的次日上午 8 时，解开束裹。雪天还应及时摇雪，以免枝折。

(4)盖膜。于霜冻或下雪前，用白色塑料薄膜遮盖树冠，待霜、雪过后取下薄膜。

第四节　枇杷病虫害综合防控

一、农业措施

因地制宜，选择抗性品种。异地调苗时要严格检疫，以防疫病、白纹羽病、白绢病、癌肿病、橘小实蝇等危险性病虫害传入新区。避免枇杷、桃、梨混栽。

平地栽培要深沟高畦，降低土壤湿度。合理整形修剪，改善果园的通风透光条件，剪去病虫枝、干枯枝、衰弱枝、交叉枝、重叠枝、下垂枝，合理利用徒长枝。将剪下的枝和果园的落叶、杂草、枯枝集中烧毁。冬季应将树干涂白。

强化果园肥水管理，施肥以施腐熟有机肥为主，增施钙、钾肥。增强树势，提高抗病能力。每隔1～2年扩穴改土一次，以防树体早衰而致使其易被病虫为害。果园要配套排灌水设施，雨季要及时排水防涝害，降低果园的湿度还可以预防根颈部病害和叶斑类病害等。旱季要进行灌水和覆盖抗旱，注意覆盖物要距离主干15 cm以上。

病虫害发生期要经常巡查果园，及时刮除病斑、摘除病叶、捕杀害虫。注意刮除癌肿病和枝干腐烂病病斑，挖除病根或病株，并加以消毒保护。

果实套袋是防治果实病虫害，避免或减少农药污染的有效措施。套袋可防治果实炭疽病、日灼病、桃蛀螟、梨小食心虫、橘小实蝇等多种果实病虫害，还能预防鸟害、冻害。套袋前要摘除病虫果，酌情喷药保护，并保持果袋通风透气、不积水，避免引起烂果。套袋的材质、套袋的时间应与品种特性相适应。

二、物理措施

利用害虫成虫的趋光性，使用黑光灯、频振式杀虫灯等诱杀害虫。利用糖醋液、调色板、防虫网或树干缠草把诱杀成虫。

三、生物防治

保护和利用天敌，以虫治虫。利用生物源农药防治病虫害。利用性诱剂集中诱杀害虫，或阻碍害虫成虫交配产生后代。

四、化学防治

1. 建立病虫测报站，指导病虫害防治

在枇杷集中种植区建立枇杷病虫测报站，对本地区发生普遍、为害严重的主要病虫进行系统调查、观察，及时发布病虫预报、指导病虫防治，这是实行科学治虫、防病，避免盲目用药，减少农药污染和经济损失的一项重要措施。

2. 严格控制农药的使用

选择使用与环境友好、高效低毒低残留的农药，优先使用生物源和矿物源农药。轮换使用不同作用机理的农药，严格控制每年施用同一种农药的次数，不得随意提高农药的使用倍数。选用合适的喷药器械。严格执行农药的安全间隔期。

3. 针对主要防治对象用药

不同发育阶段的枇杷，对病虫害防治的防治对象和防治措施是不一样的。如苗期和成株期的防治重点不同，就病害而言，苗期以胡麻斑枯病和炭疽病为防治重点，成株期以叶斑病类、枝干腐烂病等为主要防治对象。在每次新梢抽出后，主要针对叶斑病类用药，兼治炭疽病、枝干腐烂病等多种病害。幼果至成熟期重点防治为害果实的病虫（如梨小食心虫、桃蛀螟、炭疽病等）。套袋前宜喷 1 次可兼治病虫的农药，如托布津与菊酯类杀虫剂混用。

参 考 文 献

[1]江国良，林莉萍. 枇杷高产优质栽培技术[M]. 北京：金盾出版社，2000.

[2]黄金松. 枇杷栽培新技术[M]. 福州：福建科学技术出版社，2000.

[3]林顺权，江国良，蔡斯明，等. 枇杷精细管理十二个月[M]. 北京：中国农业出版社，2008.

[4]刘权，叶明儿. 枇杷、杨梅优质高产技术问答[M]. 北京：中国农业出版社，1998.

[5]吴汉珠，周永年. 枇杷优质高效栽培[M]. 北京：中国农业出版社，2001.

[6]吴少华，刘礼仕，罗应贵. 枇杷无公害高效栽培[M]. 北京：金盾出版社，2004.

[7]周蓓. 枇杷属植物不同种及种间杂种叶斑病和天牛危害及根系比较调查[D]. 广州：华南农业大学，2017.

第十三章　枇杷采后增值技术

本章内容属于传统果树学里的"果品贮藏与加工"的范畴，是目前枇杷研究中较薄弱的环节。这很大程度上是由枇杷自身的特点所决定的。首先，枇杷是每年最早上市的一种鲜果，售价也较高。自春节前后，由南向北各产区的枇杷依次成熟上市，鲜果价格逐渐走低，直到 7 月陕南和川西枇杷上市，在此期间鲜果的供应接续不断，没有贮藏枇杷的市场空间，而 7 月之后则是各种瓜果大量上市的季节。因此，枇杷的贮藏技术研究长期无需求的推动。

枇杷鲜果的售价较高也限制了枇杷加工产业的发展。浙江黄岩罐头厂曾在 20 世纪 70 年代生产了大量枇杷罐头，原因一是因为其原料多来自洛阳青这个品种，该品种的鲜食品质一般，却适合加工；二是当时的枇杷售价不高。90 年代以来，枇杷鲜果的售价节节攀升，每千克从 2 元涨到 5 元、10 元，甚至接近 20 元，价格因素限制了枇杷制罐业。另外，枇杷鲜果本身的滋味较好，罐头要调出更好的味道并不容易。类似的，原料价格高也限制了枇杷酒的生产。

尽管以上原因不利于枇杷贮藏加工的研究，但这方面的研究却从未停止过。浙江大学、南京农业大学、福建莆田学院等单位开展了较为深入的研究，浙江大学等单位的有关研究课题还获得了国家科技进步二等奖，在采后生理与分子生物学、物流、枇杷花果的营养价值研究、杂果和枇杷花的综合利用等方面取得了显著的进步。

第一节　枇杷的采收成熟度与采收技术

1. 枇杷的采收成熟度

果实中的有机酸是影响果实风味的重要因素，枇杷果实中的有机酸主要有苹果酸、柠檬酸、酒石酸等。随着采收时间的推迟，枇杷果实中总酸含量下降明显。不同采收时间和采收方法会影响到枇杷的品质和贮藏保鲜。根据枇杷果实的用途来选择适宜的采收成熟度至关重要(何志刚等，2004 年)。

枇杷的采收不宜过早也不要过晚，过早会对果实品质和产量造成不利影响，果实的风味和外观都会较差；而过晚采收不仅会影响风味，还会使落果或者烂果增多，并且夏梢的抽发和次年的产量也会受到影响(段志坤，2004年)。八成熟时采收的枇杷果实有机酸含量高、总糖含量低，方便采收、贮运和保鲜，但果实品质不能反映品种特征；接近九成熟时采收的果实在贮藏过程中有机酸含量降低、总糖保持率高，适合外销或加工；九成以上成熟度的枇杷，果重已经达到最大，果皮易剥，接近充分成熟，适合本地贮运销售。

2. 枇杷的采收技术

枇杷果实采后的贮藏保鲜寿命与采收季节的天气状况显著相关，因此，采收宜在早上露水干后或者傍晚进行，不宜在雨天或者高温下进行。

由于枇杷的花期较长(1～2 个月)，可能导致果实的成熟期不一致。广东和福建等实施疏花疏果的地区，单株枇杷的果实采收时间可以比较集中，而北亚热带和部分中亚热带未实施疏花疏果的地区，枇杷采摘应分批进行，以保证收获的果实品质最佳(段志坤，2004 年)。

枇杷果实的特性决定了它与其他果实的采后处理也存在差异。枇杷果实果皮薄、果面有一层茸毛，触碰后易受伤从而导致果面变色，所以采后要避免或尽量减少对果面的触碰，宜用采果剪逐一剪取，剪口要整齐。枇杷果实的放置要整齐有序，避免戳伤果实。枇杷采收篮筐的底部应垫纸或泡沫等缓冲材料，并且每箱不可装得太多，以防压坏、损伤果实。

根据枇杷套袋与否，采收的方法也有所不同。对于未套袋的枇杷果实，采果的时候要剔除伤果和病果，最好就地选果、分级和包装；套袋的枇杷果实，应连同袋子一起采收，运到室内后再解开果袋进行分级包装。分级挑出的次果要及时销售或用于加工，避免浪费。

采摘后的果实要及时预冷降温，以释放果实的田间热、降低果体的温度和果实的呼吸强度。预冷处理可采用通风预冷或者温度预冷，使果实的温度降至贮藏温度，以延缓果实衰老、延长贮藏时间(杨文雄，2013 年)。

第二节 采后枇杷品质的形成及调控

枇杷果实的采后品质主要包括可溶性糖含量、有机酸含量、颜色、质地等。在采后贮藏过程中，果实的各项品质指标呈不同的变化趋势，其中既有有利于增进果实品质的变化，也不乏大幅降低果实品质的生理现象。

1. 可溶性糖

糖是果实风味的重要影响因子。果实中决定甜度的可溶性糖主要是蔗糖、果糖和葡萄糖。研究表明（陈俊伟等，2006 年），伴随着枇杷果实的生长发育进程，山梨醇的含量明显下降，而与此同时，果糖、葡萄糖、蔗糖则持续积累。不同品种枇杷果实中蔗糖、果糖、葡萄糖的比例存在差异，如黄肉枇杷果肉中 3 种糖的比例较为接近，而白肉品种枇杷果肉中蔗糖占总可溶性糖的比例可达 60％～70％（秦巧平等，2012 年）。在采后贮藏的初期，蔗糖通过蔗糖中性转化酶（NI）、蔗糖酸性转化酶（AI）、蔗糖合成酶分解（SUS-cleavage）等方向的分解作用，逐渐转化为葡萄糖和果糖，从而在一定程度上增加了枇杷果实的甜度。

2. 有机酸

有机酸与可溶性糖一样，也是果实风味的重要影响因子。除此之外，有机酸还参与光合作用、呼吸作用、氨基酸与酚类的合成以及脂类和芳香物质代谢等众多生理生化过程。枇杷果肉中的有机酸主要有苹果酸、奎尼酸、柠檬酸、异柠檬酸、α-酮戊二酸、富马酸、草酰乙酸、酒石酸等。在大多数枇杷品种中，苹果酸占总有机酸的比例最高，约为 60％（陈发兴等，2008 年）。枇杷果实中的有机酸含量在果实生长发育的前期不断增加，但在采收之前有较为明显的下降。随着贮藏时间的增加，枇杷果实中的可滴定酸含量急剧下降，从而导致口味变淡，会严重影响其商品性。

3. 质地

质地往往是决定果实贮藏寿命的关键因素。与大多果实不同，枇杷果实（特别是黄肉枇杷）采后易发生木质化（又称衰老木质化），并伴随着果实硬度的增加。黄肉枇杷作为冷敏性果实，在贮藏过程中易发生冷害，其冷害过程也伴随有木质素含量的增加，且增加的速度更快，因此此现象又被称为冷害木质化；相反的是，白肉枇杷果实在采后低温贮藏条件下无明显的硬度上升和木质素积累的过程。

采后木质化在肉质果实中较为少见，除枇杷外，仅在山竹等果实中有报道。近年来，对枇杷木质化现象的生理生化基础、调控措施、分子机理及转录调控机制等做了大量的研究，相关进展将在第三节至第六节中详细介绍。

4. 色泽

色泽是果实品质的重要组成部分，也是枇杷的分类依据之一。黄肉枇杷的果肉，除美国的黄金块和我国的艳红等极少数品种呈现橙红色外，绝大多数品种呈现橙黄色，如目前的代表性品种解放钟、早钟 6 号、大红袍、洛阳青、大五星和龙泉 1 号等品种均是。而软条白沙、白梨和白玉等白肉品种的果肉为白色或淡黄色。已有研究表明，类胡萝卜素的含量是决定枇杷果肉颜色的主要因素，黄肉枇杷果肉中类胡萝卜素含量显著高于白肉品种（周春华等，2007 年）。有研究发现，与黄肉品种相比，白肉枇杷中类胡萝卜素合成途径中的关键酶 PSY（八氢番茄红素合成酶）的编码序列存在 333 bp 的缺失，导致 PSY 丧失功能，进而无法有效地积累类胡萝卜素（Fu 等，2012 年）。另有研究表明，采后低温贮藏会在一定程度上抑制类胡萝卜素的合成，而在室温贮藏过程中类胡萝卜素的含量呈先上升后下降的趋势（陈宇等，2014 年）。

第三节 采后枇杷木质化的分子
生理及转录调控机制

一、采后枇杷木质化的生理基础

如第二节所述，黄肉枇杷在冷藏过程中易发生木质化现象，且在常温贮藏时也存在木质化现象（Cai 等，2006 年）。

枇杷果实采后衰老木质化和冷害木质化具有相似的生理特征，即果肉组织的电导率增加、多酚氧化酶的活性增强、抗氧化酶的活性和总酚含量下降、氧自由基和 H_2O_2 积累、组织酶促褐变发生、果肉出汁率下降、可溶性糖和有机酸的含量减少（Cai 等，2006b；Cao 等，2009 年）。这些生理变化与果实硬度的持续增加和木质素的积累呈显著的正相关关系（蔡冲，2006 年）。

二、枇杷木质素合成相关酶及其编码基因

木质素是苯丙烷类代谢途径产生的代谢终产物之一，其生物合成的过程包括一系列酶促反应、羟基化反应、甲基化反应和还原反应，合成的 3 种木质素单体最后通过自由基耦合反应聚集沉积在细胞壁上。3 种木质素单体分别是愈创木基木质素（guaiacol lignin，G-木质素）、对-羟基苯基木质素（hydroxyl-phenyl lignin，H-木质素）和紫丁香基木质素（syringyl lignin，S-木质素）（Boerjan 等，2003 年）。

木质素的代谢途径由众多酶参与，其中 PAL（phenylalanine ammonia lyase，苯丙氨酸解氨酶）位于木质素单体生物合成途径的入口，催化苯丙氨酸脱氨基形成肉桂酸，但 PAL 并非特异地参与木质素单体的合成。4CL（4-coumarate acid coenzyme A ligase，4-香豆酸辅酶 A 连接酶）是木质素单体合成途径上游的一个重要酶，催化羟基肉桂酸硫酯的形成，并由此作为底物进入不

同的苯丙素代谢分支（Lee 等，1997 年）。CAD(cinnamyl-alcohol dehydrogen-ase，肉桂醇脱氢酶)的催化是催化木质素单体合成的最后一步，它催化香豆醛、松柏醛和芥子醛形成相应的醇类(Sibout 等，2005 年)。POD 参与木质素单体的氧化聚合反应，合成木质素大分子。

在枇杷果实采后冷害木质化和衰老木质化的过程中，PAL 和 4CL 的酶活性呈峰形变化，在贮藏前期(2～6 d)活性增强，之后呈下降趋势。相比酶活性的变化，编码基因在果实采后木质化过程中的表达变化更早。以 PAL 为例，在洛阳青枇杷果实中，*EjPAL1* 的 mRNA 量在前 4 d 呈上升趋势，伴随 PAL 酶活性在第 6 d 达到峰值后逐渐下降(Shan 等，2008 年)。

CAD 和 POD 的酶活性和编码基因的表达强度在采后贮藏过程中都较高且呈增加趋势，与果实硬度的上升和木质素含量的增加一致。在采后贮藏过程中，*EjCAD1* 表达受 LTC(low temperature conditioning，程序降温)等处理的影响而显著下调，与枇杷果实硬度的变化密切相关，被认为是枇杷果实木质化的重要调控基因之一(Shan 等，2008 年)。*EjPOD* 基因的表达与枇杷果实衰老的木质化现象密切相关，但由于 POD 除了参与木质素生物合成外，还参与许多其他生理过程，对于其功能的鉴定还需要做进一步的研究。

三、扩展蛋白(EXP)与枇杷果肉木质化

除木质素代谢途径酶和编码基因参与枇杷果实的木质化外，扩展蛋白基因 *EjEXP1* 可能也参与了枇杷果实的冷害木质化，其在 0℃贮藏条件的枇杷果实中的表达水平逐渐增强，且受 LTC 等处理的影响而下调。由此推测，EXP 可使细胞壁松弛而导致细胞质中的木质素合成酶与胞间层和细胞壁中的底物更容易接触，从而加速木质素的合成(Yang 等，2008 年)。

四、采后枇杷木质化的转录调控机制

木质化作为采后枇杷贮藏保鲜过程的一个重要的特征性生理表型，已受到了广泛重视。近年来，已从木质素生物合成的分子机制研究，转向更深层次的转录调控机制解析，并逐步形成一个新的研究热点。

1. 模式植物和其他果树的木质化转录调控研究进展

木质素合成的转录调控研究在拟南芥、烟草和水稻等模式植物中均有报道，以 MYB 和 NAC 这 2 类转录因子对木质素合成的转录调控研究较为广泛。MYB 是存于真核生物中功能多样的转录因子，含有高度保守的 MYB 结构域。在拟南芥中至少有 10 个 MYB 成员作为转录激活子或转录抑制子参与木质素

的生物合成。NAC 是植物特有的转录因子家族，在 N 端有一个 NAC 保守结构域，该结构域源于牵牛花 *NAM* 和拟南芥 *ATAF1*、*ATAF2* 和 *CUC2* 基因的保守区域（Aida 等，1997 年）。*SND1*（*NST3*）被鉴定为调控纤维次生细胞壁合成的主要转录因子（Zhong 等，2006 年），另外 *NST1*、*NST2*、*SND2*、*SND6* 和 *SND7* 等也被鉴定出参与了次生细胞壁的形成和木质素的生物合成（Zhong 等，2009 年）。

对于多年生果树，木质素生物合成的转录调控研究尚处于起步阶段，如桃 *PpKNOPE1*（KNOX 家族成员）转录因子通过抑制木质素合成基因来抑制茎初生生长时发生的木质化（Testone 等，2012 年）。

2. 枇杷木质化转录调控机制

枇杷被认为是采后木质化的模式果实之一，因此其木质素生物合成的转录调控机制研究在肉质果实领域也处于领先地位。Xu 等（2014 年）研究发现，两个 MYB 转录因子家族成员，即激活型 *EjMYB1* 和抑制型 *EjMYB2* 可通过与木质素生物合成基因 *Ej4CL1* 启动子互作，进而转录调控木质素的生物合成。同时，*EjNAC1* 表达也与枇杷果实的木质化呈正相关关系，可转录激活枇杷木质素靶标基因 *Ej4CL1* 启动子，进而参与到枇杷的木质化过程中（Xu 等，2015 年）。最新研究表明，*EjNAC3* 可以直接结合 EjCAD-like 的启动子，正向调控枇杷果实的冷害木质化（Ge 等，2017 年）。

在单一转录调控的基础上，最新的研究结果表明，转录复合体也参与了枇杷采后木质化。*EjAP2-1* 转录因子能转录抑制枇杷木质素合成结构基因 *Ej4CL1* 启动子，其氨基酸序列上的 EAR 结构域是 *EjAP2-1* 抑制效应的源头，而与 *EjMYB1* 和 *EjMYB2* 发生蛋白互作时则行使信号传递功能（Zeng 等，2015 年）。林授锴等（2018 年）进一步从转录组水平上的基因差异表达方面揭示了冷藏枇杷果实在木质化过程中对低温胁迫的分子响应机制。

第四节　枇杷采后品质调控及影响因子

1. 温度

温度是影响园艺产品采后品质的一个重要因素。较高的贮藏温度会导致园艺产品的代谢加速，进而加快衰老；低温贮藏可以降低园艺产品的腐烂率，并且延缓园艺产品的衰老。但是园艺产品的采后贮藏在不适宜的低温下易发生冷害。枇杷果实成熟、采摘的季节温度较高时，采后的果实会快速衰老，因此常贮藏于低温下（如 0℃），低温贮藏可以降低枇杷的腐烂率，但也易诱发枇杷果实的冷害木质化（郑永华等，2000 年；蔡冲，2006 年）。

2. 湿度

枇杷果实在低温贮藏的过程中，相对湿度一般要保持在 85％～95％。鲁周民等（2004 年）的研究表明，在枇杷的低温贮藏过程中相对湿度保持在 90％～95％较好。如果在贮藏过程中湿度降低，枇杷果实会迅速失水萎蔫，严重影响枇杷的外观和内在品质，使其可食性下降。

3. 气体

园艺产品贮藏环境中的 O_2 含量和 CO_2 含量会影响园艺产品的采后品质。低浓度的 O_2 会减弱呼吸作用从而延缓园艺产品的衰老；较高浓度的 CO_2 会抑制呼吸作用，达到延缓衰老的目的。蒋瑞华等（1999 年）以解放钟枇杷为材料，研究了不同气体环境对枇杷采后品质的影响。结果表明，在 O_2 浓度为 10％～12％、CO_2 浓度为 4％～6％、库温为 5℃、相对湿度为 90％～95％的贮藏条件下，贮藏 50 d 后枇杷果实仍然能够保持高品质，其果实饱满、色泽光亮、果肉多汁、易剥皮，可溶性固形物的含量为 8.3％，维生素 C 的含量维持在 3.69 mg/100g，失重率仅为 3.44％。

4. 化学药剂

某些化学药剂对园艺产品采后品质有重要的影响，如乙烯利、1-甲基环丙烯（1-MCP）、乙酰水杨酸（ASA）等。用 5 μL/L 的 1-MCP 处理采后枇杷果实，能够延缓果实硬度的增加，同时可滴定酸含量和可溶性固形物均可保持在较高水平，枇杷果实品质保持在较高水平（Cai 等，2006 年）；在 20℃的贮藏环境，利用 1 mmol/L 的 ASA 处理枇杷果实，能够显著延缓可溶性糖、可滴定酸和苹果酸含量的下降，减轻果肉褐变（Cai 等，2006 年）。

第五节　采后枇杷的损耗规律及现代物流品质控制技术

枇杷汁多味甜、风味独特，但由于采果后期为初夏多雨季节以及其本身的特性，枇杷果实的采后品质劣变和衰老迅速，不耐贮藏和远途运输，采后的损失率极高。更为尴尬的是，贮藏枇杷很难有市场需求，我国枇杷的成熟收获时间一般是从南到北延续的，鲜果价格则是从高到低。3 月广东和闽南的枇杷成熟，售价在 20 元/kg 以上，4 月闽中枇杷成熟，"五一"节前后浙南地区的枇杷成熟，5～6 月杭州、苏州的枇杷成熟，最后是 7 月陕南、川西等地的枇杷成熟。同时，黄肉枇杷的价格一般是一路走低，直至 6 月才有回升。3～4 月甚至 5 月收获的枇杷鲜果，如果仅能贮藏 1 个月就没有意义，贮藏枇杷在品质和价格上均无法与时令鲜果相比。

但从长远发展的角度来全面考虑，枇杷贮藏还是有价值的，体现在 3 个方面：一是北缘栽培收获的枇杷果的贮藏价值，二是面向未来较长期（超过 1 个月）的贮藏，三是面向未来的枇杷国际贸易。基于此，我们应该加大研究采后枇杷的损耗表现及规律和采后枇杷品质控制技术的力度。

一、采后枇杷的损耗表现及规律

常见的采后枇杷果实损耗有腐烂、褐变、木质化等。其中木质化已在第三节中介绍，下面介绍腐烂和褐变。

1. 腐烂

在枇杷采后贮运期间，机械伤、包装不当、贮运条件差、果实组织遭受病害侵染等原因均会造成果实腐烂。

枇杷炭疽病是导致采后枇杷腐烂的最主要病害。发病初期果面上会出现褐色圆形小病斑，之后病斑逐渐扩大并呈水渍状，导致果面凹陷。贮藏期内，因贮藏温度不同，腐烂发生的时间和程度也不相同。在 4℃、8℃、12℃ 及常温贮藏条件下，果实贮藏的前 8 d，腐烂指数和好果率差别不大，但 12 d 后室温贮藏的枇杷腐烂迅速。低温能明显抑制果实腐烂，4℃ 贮藏的果实腐烂率最低，在 28 d 时腐烂指数和好果率分别为 11％ 和 75％（姚昕，2005 年）。

2. 褐变

枇杷在采后贮藏及加工过程中极易褐变，从而影响果实的色泽和品质。枇杷果实中含有较多的多酚类物质，PPO（多酚氧化酶）的活性较高，PPO 可催化多酚类物质氧化而导致组织褐变，这是导致枇杷褐变的主要原因。在枇杷果实的贮藏过程中，随着果实的褐变，PPO 的活性呈逐渐上升的趋势，研究表明，低温贮藏可显著抑制枇杷果肉中 PPO 的活性（李磊等，2010 年）。

二、采后枇杷的品质控制技术

1. 热处理

热处理（HT）所用的介质可以是热水、热空气、热蒸气等。有以热空气短时处理枇杷果实的报道，即将枇杷果实在 40℃ 热空气下放置 4 h 后转 0℃ 贮藏。研究表明，热处理能够有效地减缓果实冷害的发生，减缓果实硬度的上升和木质素含量的增加。热处理 8 d，果实硬度为 5.11 N，低于 0℃ 处理的 5.52 N（徐倩，2014 年）。

2. 程序降温锻炼技术

程序降温锻炼技术，是指将采后的果实在一定的低温条件下锻炼数天（如

5℃，6 d)，然后转至低温贮藏(如 0℃)。程序降温锻炼对洛阳青、大红袍等枇杷果实均具有减轻冷害的功效。

3. 化学药剂处理

常用化学药剂 1-MCP、ASA 和茉莉酸甲酯(methyl Jasmonate，MeJA)等处理枇杷果实来进行贮藏保鲜。

1-MCP 可以显著抑制木质化相关酶的活性，延缓组织衰老进程和硬度的增加。用 5 μL/L 的 1-MCP 处理，能够降低枇杷果实中苯丙氨酸解氨酶(PAL)和脂氧合酶(LOX)的活性，有助于在常温下延缓枇杷组织的衰老进程，延长贮藏期(蔡冲等，2006 年)。

用 1.0 g/L 的阿司匹林浸枇杷果实 20 min，能明显抑制枇杷果实冷藏后期(贮藏 14 d 后)木质素的合成，减轻果实的木质化程度(吴锦程等，2006 年)。

茉莉酸甲酯是一种植物生长调节因子，它能够维持枇杷果实在贮藏期间活性氧代谢的平衡，减轻膜脂过氧化的程度，从而抑制果实的木质化，延缓果实衰老。此外，茉莉酸甲酯能够有效地抑制由炭疽病引起的枇杷果实腐烂，降低枇杷果实的发病率和延缓病斑扩展。研究发现，在 20℃ 条件下对枇杷果实用 10 μmol/L 的茉莉酸甲酯熏蒸处理 24 h，然后置于 1℃ 条件下冷藏，冷藏 35 d 没有明显的果实冷害发生(Cao 等，2008 年)。

4. 其他技术

除了以上介绍的采后品控技术，还有一氧化氮处理、钙处理、臭氧处理、涂膜保鲜技术等(胡波，2000 年；陈发河，2014 年)采后品控措施。

第六节　枇杷的营养与加工特性

枇杷果实的营养与加工特性已成为衡量枇杷果实内在品质的重要指标之一。枇杷中萜类化合物、酚类物质、苦杏仁苷、维生素等生物活性物质是其营养功能的重要物质基础(Li 等，2016 年；Liu 等，2016 年)。萜类化合物包括单萜、倍半萜等挥发性物质，齐墩果酸和熊果酸等三萜类化合物，以及类胡萝卜素等；从枇杷分离得到的 10 多种黄酮类化合物中，黄酮醇-O-糖苷在枇杷中普遍存在；枇杷中的酚类物质以绿原酸、新绿原酸为主(张文娜等，2015 年)；苦杏仁苷为生氰糖苷，是枇杷仁中主要的药用成分。

一、枇杷萜类物质

根据分子结构中异戊二烯单位的数目，萜类化合物可分为单萜、倍半萜、二萜、三萜、四萜、多聚萜等。

枇杷的叶、花、果中均含有单萜和倍半萜等挥发油(精油)类物质。利用HRGC、HRGC-MS以及HRGC-FTIR等手段，从新鲜成熟的枇杷果实中鉴定出了80种挥发性物质，主要是醇类和羧酸类物质，HRGC分析表明，3种主要的芳香化合物分别为己醛、(E)-2-己醛和苯甲醛。通过毛细管柱GC-MS对新鲜枇杷和罐装枇杷的香味物质进行分析，分离得到了78种化合物，其中苯乙醛是枇杷鲜果中最有效的香味物质，而罐装枇杷中最有效的香味物质是β-紫罗酮(β-ionone)。在枇杷叶片中，除了单萜和三萜类化合物外，还发现了多种倍半萜类化合物，它们均以糖苷的形式存在。

枇杷中的三萜类化合物多数是齐墩果酸(oleanolic acid，OA)和熊果酸(ursolic acid，UA)及其衍生物，主要存在于叶片和花中。齐墩果酸和熊果酸是五环三萜，互为同分异构体，它们以游离酸以及皂苷的形式存在于植物体中。对宝珠、大红袍、大叶杨敦、夹角、软条白沙5个品种枇杷花之间熊果酸、齐墩果酸和苦杏仁苷含量差别的研究表明，5个品种枇杷的花中3类生物活性物质的平均含量差别不大(Zhou等，2007年)。从枇杷叶的正丁醇萃取物中分离得到了6个三萜酸类化合物，分别鉴定为齐墩果酸、2α-羟基齐墩果酸(山楂酸)、熊果酸、2α-羟基熊果酸、19α-羟基熊果酸(坡模酸)和2α,3α,19α-三羟基熊果-12-烯-28-酸(蔷薇酸)。此外，枇杷叶中的三萜酸类化合物还有3β,6α,19α-三羟基熊果-12-烯-28-酸、3α-反式-阿魏酰氧-2α-羟基熊果-12-烯-28-酸、23-反式对香豆酰委陵菜酸、23-顺式对香豆酰委陵菜酸、3-O-反式-咖啡酰委陵菜酸、3-O-反式对香豆酰委陵菜酸、3β,6β,19α-三羟基熊果-12-烯-28-酸和2α,3α,19α,23-四羟基熊果-12-烯-28-酸等(洪燕萍，2007年)。枇杷的无菌叶片通过诱导愈伤组织能产生大量的三萜类化合物，9个三萜类化合物分别被鉴定为齐墩果酸、熊果酸、2α-羟基熊果酸、2α-羟基齐墩果酸、委陵菜酸、2α,19α-二羟基-3-O-熊果-12-烯-28-酸、山香二烯酸、3-O-顺式对香豆酰委陵菜酸和3-O-反式对香豆酰委陵菜酸，其中具有抗糖尿病作用的委陵菜酸和具有抗艾滋病活性的2α,19α-二羟基-3-O-熊果-12-烯-28-酸的含量明显高于完整的叶片。

类胡萝卜素属于四萜类化合物，通常包括C_{40}的碳氢化合物(胡萝卜素)及其氧化衍生物(叶黄素)两大类。枇杷类胡萝卜素的研究主要集中在果肉和果皮上，β-胡萝卜素是果肉中最主要的类胡萝卜素。除了β-胡萝卜素，β-隐黄质也是枇杷果肉中的主要色素，但两者在总类胡萝卜素中的比例因品种不同而异。在果肉中还鉴定了叶黄质、5,6-单环氧型-β-隐黄质、γ-胡萝卜素、ζ-胡萝卜素、链孢红素、堇菜黄质、新黄质和金黄质等类胡萝卜素(Godoy等，1995年；Gross，1973年)。果皮中类胡萝卜素的组成与果肉相似，其含量明显高于果肉，但主要色素的比例不同，β-胡萝卜素是果皮中最主要的色素。此外，在果皮中得到鉴定的类胡萝卜素还有 γ-胡萝卜素、隐黄质、叶黄质、堇菜黄质和新黄质(Gross，1973 年；Kon 等，1988 年)。

二、枇杷酚类物质

枇杷富含酚类物质，其检测方法和分离提取方法因不同组织的物质组成的复杂程度不同而不尽相同。目前，枇杷中酚类物质的检测方法主要有高效液相色谱法、质谱法、核磁共振法等方法，也有使用红外光谱法的报道。多种方法的联用可以提高检测的准确性，例如液相色谱-质谱联用是目前常规的分析手段。目前枇杷中已检测到羟基苯甲酸、羟基肉桂酸、黄酮醇、黄烷酮、黄烷醇和黄酮木脂素等几类酚类物质(张文娜等，2015 年)。

就酚类物质的种类而言，枇杷果皮中主要含有羟基肉桂酸、黄酮醇、黄烷酮等，种子中主要含有羟基苯甲酸、羟基肉桂酸和黄烷醇等，果肉中则以酚酸类物质为主。就酚类物质的含量而言，研究表明：枇杷叶＞种子＞果皮＞果肉。最近，利用 6 个改良的巴西枇杷品种，发现果实中酚类物质的含量显著地高于叶等其他组织(Ferreres 等，2009 年)。此外，枇杷花中也含有丰富的酚类物质，其中花梗、花瓣、雄蕊、雌蕊和萼片(干重)中的总酚含量分别为 4.88 mg/g、19.63 mg/g、7.99 mg/g 和 4.26 mg/g(Zhou 等，2011 年)。

对 30 个中国枇杷品种、7 个日本枇杷品种和 11 个土耳其枇杷品种的研究发现，果肉(鲜重)中的总酚含量分别为 24.1～132.1 mg/100g、81.8～173.8 mg/100g 和 12.9～57.8 mg/100g(Xu 等，2011 年；Ding 等，1998 年；Ercis-li 等，2012 年；Polat 等，2010 年)。在 7 个日本枇杷品种果肉(鲜重)中，汤川品种中绿原酸、新绿原酸和 5-阿魏酰奎宁酸的含量最高，分别为 20.7 mg/100g、90.7 mg/100g 和 14.5 mg/100g；津云品种中隐绿原酸的含量最高，为 4.33 mg/100g，5-阿魏酰奎宁酸的含量最低，为 2.81 mg/100g；土肥品种中对羟基苯甲酸的含量最高，为 8.15 mg/100g(Ding 等，2001 年)。在 6 个巴西枇杷品种果肉(干重)中，绿原酸的含量为 3.3～644.4 mg/kg，新绿原酸的含量为 22.1～1 130.3 mg/kg，3-对香豆酰奎宁酸的含量为 4.3～40.9 mg/kg，5-对香豆酰奎宁酸的含量为 6.9～161.9 mg/kg，5-阿魏酰奎宁酸的含量为 273.1～1 295.5 mg/kg(Ferreres 等，2009 年)。可见，枇杷果实酚类物质的含量在不同品种间存在显著的差异。

与成熟果相比，枇杷幼果所含的酚类物质种类更丰富。在茂木品种的幼果中检测到 10 多种酚类物质，包括绿原酸、隐绿原酸、新绿原酸、5-阿魏酰奎宁酸、对香豆酸、邻香豆酸、阿魏酸、原儿茶酸、水杨酸和表儿茶素等，而在成熟果中主要检测到绿原酸、新绿原酸、5-阿魏酰奎宁酸和水杨酸等几种物质(Ding 等，2001 年)。在枇杷果实的发育过程中，总酚的含量先降低后增加，成熟前 2 周左右总酚的含量降到最低；绿原酸有类似的变化趋势，成为成熟枇杷果实中主要的酚类物质(Ding 等，1998 年，2001 年)。

在枇杷果实采后贮藏的过程中，由于多酚氧化酶的活跃，酚类物质的含量逐渐降低。该趋势可通过采后保鲜技术得到有效的缓解，例如，冷藏可有效地维持酚类物质含量的水平；而且茉莉酸甲酯、1-甲基环丙烯或壳聚糖等处理结合冷藏，其效果会更好(Ding 等，1998 年；Ghasemnezhad 等，2011年；Cao 等，2009 年；陈伟等，2012 年)。用 12% 的二氧化碳处理枇杷果实，冷藏前 5 d 绿原酸、新绿原酸、5-阿魏酰奎宁酸和咖啡酸的含量呈现上升的趋势(Ding 等，1999 年)。

三、苦杏仁苷

苦杏仁苷为生氰糖苷，由 1 单元苯甲醛、1 单元氢氰酸和 2 单元葡萄糖组成，分子式为 $C_{20}H_{27}NO_{11}$，是枇杷种仁中的主要药用成分之一。在杏、桃、枇杷、山楂 4 种果实中，种仁中苦杏仁苷的含量以枇杷最高。不同研究者所得到的苦杏仁苷的含量不同，这可能是因品种、产地、提取方法不同而造成的。此外，枇杷叶中也含有较多的苦杏仁苷。

四、维生素 C

魏秀清等(2009 年)对 44 份枇杷种质进行了检测，发现不同品种枇杷的维生素 C 的含量差别较大，龙才白的维生素 C 含量最高(25.0 mg/100g)，下郑 2 号的维生素 C 含量最低(3.35 mg/100g)，维生素 C 含量在 4.0～10.0 mg/100g 的种质较多，有 37 份，占 84.1%。白肉枇杷维生素 C 的平均含量(8.2 mg/100g)是红肉枇杷维生素 C 含量(6.75 mg/100g)的 1.21 倍。

第七节　枇杷的主要加工技术及产品

枇杷的果实、叶、花等是制作功能食品和药品的潜在原料。除了鲜食，枇杷果实还可以加工成罐头、枇杷汁、枇杷酱、枇杷酒、枇杷脯、枇杷干、枇杷露、枇杷叶膏、枇杷叶冲剂和枇杷果胶等。枇杷果实的加工产品营养丰富且全面，是理想的滋补品。

20世纪70年代，浙江黄岩罐头厂就生产了大量的枇杷罐头，原料多为洛阳青枇杷。该厂的枇杷罐头生产使更多人了解了洛阳青这个品种，带动了浙江的枇杷种植，当时浙江的枇杷种植面积和枇杷产量均为全国第一。

20世纪90年代以后，枇杷鲜果的市价节节攀升，最终导致枇杷制罐无利可图。而且，枇杷鲜果本身滋味较好，枇杷罐头也很难调出更好的味道。因此，黄岩罐头厂及同样比较有名的福建莆田罐头厂等先后停止了枇杷罐头的生产，情况延续至今没有改变。枇杷酒的生产也因为原料价格高而无利可图。另一方面，部分小微企业和规模种植户一直没有放弃枇杷罐头的制作，枇杷果酒也有小规模的生产。此外，枇杷果实的其他加工品由于可以利用三级果和等外果为原料，所以一直受到业界的重视。近年来，随着劳动力价格的快速上升，部分枇杷园的管理严重不到位，这些果园的果实多作为"统果"以较低廉的价格出售给小型加工企业。

一、糖水枇杷罐头

糖水枇杷罐头具有悠久的历史，效益较高，是枇杷的主要加工品之一。加工罐头用的枇杷果实，要求一般不能低于三等果，单果重不能低于20 g。糖水枇杷罐头的工艺流程主要为：

原料选择→摘柄→热烫→冷却→去皮去核→护色→漂洗分级→装罐→加热排气→封罐→杀菌→冷却→揩罐→保温→包装→验收、贴标签、入库。

成品罐头的果肉净重应不低于38%～40%，开罐糖度应在14%～18%。

二、枇杷果汁

枇杷果汁加工的大致工艺流程为：

原料选择→洗涤→破碎榨汁→筛滤→加热→调配→装罐→排气→封口→杀菌→冷却→包装→成品。

枇杷果肉中含多酚类物质，在多酚氧化酶的作用下极易褐变，严重影响外观。为了防止果汁饮料的褐变，在生产过程中要尽量减少果汁与空气的接触、尽量避免果汁与金属材料的直接接触。枇杷果汁成品的色泽为均匀的橙黄色，无沉淀物，口味纯正，甜酸适口，有明显的果香味。原果汁的含量不低于45%，可溶性固形物的含量在17%～20%，柠檬酸的含量为0.5%。

枇杷果实的果汁含量相对较少，因此，可以加工成所谓的"带肉果汁"，即将果肉直接打浆后，再经调配、均质等工艺制成含果肉的饮料。

三、枇杷果酱

枇杷果酱风味独特，营养丰富而全面，是理想的滋补保健品。枇杷果酱的加工方法很多，主要的工艺流程为：

原料选择→清洗→配料→预煮→绞碎→浓缩→装罐→密封→杀菌→冷却。

枇杷果酱的色泽呈橙黄色或淡金黄色，酱体呈粒状不流动，无汁液分离，无糖的结晶，稍有韧性，可溶性固形物的含量不低于65％，具有枇杷酱独有的风味，无焦味及其他异味。

四、枇杷果酒

枇杷果酒是以新鲜枇杷为原料，经过发酵制成的一种果香幽雅、营养丰富的果酒，它保留了枇杷的多种营养成分和生物学功能特性，是重要的枇杷加工产品。枇杷果实可加工成发酵酒和配制酒两种。发酵酒的主要工艺流程为：

原料处理→前发酵→榨酒→后发酵→调整酒度→装瓶→杀菌。

配制枇杷酒的主要工艺流程为：将榨取的枇杷汁用90％以上浓度的食用酒精配制成酒：用1份酒精配45份枇杷汁。配制后先存放澄清，再用虹吸管吸取上层清液，下层浊液装在棉布袋中过滤。将获取的酒液装入消毒过的玻璃瓶，加盖密封，在70℃的热水中杀菌20 min。

五、枇杷果脯

可用成熟度不够的枇杷果加工枇杷脯，工艺流程大概是：

原料处理（清洗、去皮去核、挖去劣质果肉）→硬化→糖渍→糖煮→烘干→包装。

第八节　枇杷的营养保健功效

枇杷的叶、花、果具有多种药理功效，如止咳化痰平喘、抗炎、治疗糖尿病、护肝、抗肿瘤、抗氧化、抗病毒、增强免疫功能等。

一、镇咳、祛痰、平喘

葛金芳等采用小鼠氨水和豚鼠枸橼酸引咳法、小鼠气道酚红排泄法、磷酸组胺和氯乙酰胆碱混合液引喘模型和豚鼠离体支气管肺泡灌流等方法观察枇杷叶三萜酸(TAL)的功效,结果表明,枇杷叶三萜酸具有良好的镇咳、祛痰和平喘作用(葛金芳等,2006 年)。陈晓芳的研究表明,枇杷花醇提物也能明显减少小鼠和豚鼠的咳嗽次数,明显延长咳嗽的潜伏期;能显著增加小鼠的酚红排泌量;能明显延长 2% 的乙酰胆碱和 0.1% 的磷酸组胺等量混合液诱导的豚鼠哮喘潜伏期,抑制哮喘的反应级数,具有明显的镇咳、祛痰、平喘作用(陈晓芳,2011 年)。熊果酸和总三萜酸对枸橼酸喷雾引起的豚鼠咳嗽有止咳作用。研究表明,枇杷叶中的三萜酸类成分是与其抗炎、止咳功能相吻合的活性成分,其中含量较高的熊果酸和总三萜酸可作为评价枇杷叶抗炎、止咳功效的指标性成分(鞠建华等,2003 年)。

二、消炎

枇杷的消炎功效在《本草纲目》《名医别录》《本草经解》《食疗本草》等药学史书中均有记载。枇杷种子的乙醇提取物对由 5-氟尿嘧啶诱导的仓鼠黏膜炎有抑制作用,且可显著抑制血浆脂质过氧化,可能与其富含的没食子酸、阿魏酸、咖啡酸、绿原酸、对羟基苯甲酸、原儿茶酸等酚酸有关(Takuma 等,2008 年)。枇杷叶的提取物可以抑制小鼠腹腔巨噬细胞炎症的发展,可能与抑制核转录因子 κB 的转移,从而抑制一氧化氮、诱导型一氧化氮合成酶、环氧合酶-2、肿瘤坏死因子-α、白介素-6 等炎症因子的水平有关(Cha 等,2011年)。从枇杷叶中分离的绿原酸甲酯可以抑制 NFκB 的转移,可能在消炎方面具有潜在的应用价值(Kwon 等,1999 年)。枇杷果实中的原儿茶酸也可抑制小鼠心脏和肾脏中的 IL-6、TNF-α 和单核细胞趋化蛋白等炎症因子的水平(Lin 等,2009 年)。此外,2α-羟基齐墩果酸、熊果酸和总三萜酸对由二甲苯引起的小鼠耳肿胀显示出了很强的抗炎活性(鞠建华等,2003 年)。

三、抗糖尿病

枇杷种子和叶的提取物均被报道具有抗糖尿病的功效。枇杷种子可提高糖尿病小鼠的糖耐量,抑制小鼠血糖的升高,其富含的儿茶素、表儿茶素、表焙儿茶素、表儿茶素没食子酸酯和绿原酸等酚类物质可能是该功效的主要贡献物质(Tanaka 等，2008 年)。枇杷中的酚类物质可以通过多种途径缓解糖尿病病情。枇杷叶的提取物如辛可耐因 Ib、绿原酸、表儿茶素、原花青素 B_2 等能促进胰岛细胞分泌胰岛素，显著提高 II 型糖尿病小鼠的血浆胰岛素的水平(Lv 等，2009 年)。此外，枇杷果肉中含有的原儿茶酸可以调节糖尿病小鼠的血浆、心脏和肝脏中总胆固醇和甘油三酸酯的水平，提高心脏和肾脏中谷胱甘肽过氧化物酶和过氧化氢酶的活力，从而缓解糖尿病的发展(Lin 等，2009 年)。倍半萜糖苷和多羟基三萜对小鼠糖尿病均具有明显的预防作用。此外，对于血糖量正常的小鼠，多羟基三萜也能降低血糖的水平(De-Tommasi 等，1991 年)。

四、抗肿瘤

枇杷叶中的黄酮类物质具有抗癌潜力(Ito 等，2000 年，2002 年)。从枇杷叶中分离到的原花青素 B_2、原花青素 C_1 和原花青素低聚物等对人食道磷癌细胞和唾液腺肿瘤细胞均有显著的抑制能力，且对正常细胞基本没有毒性(Ito 等，2000 年)。原花青素 B_2、原花青素 C_1、原花青素低聚物、辛可耐因 Id7-O-glc、辛可耐因 IIb、柚皮素-8-C-鼠李糖酰-葡萄糖酰等枇杷中的黄酮类物质可以抑制 TPA 对 EB 病毒早期抗原的激活作用，从而延缓肿瘤的发生(Ito 等，2002 年)。枇杷叶的提取物三萜类具有抑制癌生长的作用(Uto 等，2013 年)，并且能抑制癌细胞的转移，其分离得到的熊果酸、2α-羟基熊果酸能够显著抑制 MMP-2、MMP-9 的表达(Cha 等，2011 年)。陈欢(2012 年)提取鉴定了枇杷叶的 14 种成分，利用 MTT 法、CCK-8 试剂盒检测法检测了其对癌细胞的抑制效果。结果发现，编号为 1 和 10 的化合物及其混合物在体外对 PC-3 细胞具有很好的抑制作用，编号为 4 和 12 的化合物对 PC-3 有一定的抑制作用。编号为 1 和 10 的化合物在体外都对 B16-F10 细胞有抑制作用(陈欢，2012 年)。

原远(2014 年)以人肺癌细胞系 A549 及裸鼠荷肺癌模型为研究对象，采用 MTT 法分别测定细胞系经来源于香花枇杷的不同浓度齐墩果酸、熊果酸处理 24 h 和经相同浓度(50 μmol/L)处理不同时间后的细胞增殖存活率。结果表明，齐墩果酸、熊果酸对 A549 细胞具有明显的存活抑制作用，且增殖存活率与二者呈剂量-时间依赖关系。为了探讨其是否具有诱导人肺癌细胞发生凋亡的能力，采用 Hoechst33342 染色后经荧光显微镜观察和 Annexin V/PI 双染经流式细胞仪检测相结合的方法，证实齐墩果酸、熊果酸可以有效地诱导 A549 细胞发生凋亡。同时，还采用 PI 单染经流式细胞仪检测法，证实齐墩果酸、熊果酸可以有效地诱导细胞发生周期 G0/G1 期阻滞。运用 Western

Blot 方法对经不同浓度处理 24 h 的 A549 细胞全蛋白进行分析，表明二者可能主要通过线粒体介导的凋亡通路诱导 A549 细胞发生凋亡。最后，裸鼠皮下成瘤模型的研究证实，有效剂量的齐墩果酸、熊果酸可以在裸鼠体内抑制 A549 细胞的增殖生长，但未能观察到其能够有效抑制其转移的发生。结果表明，齐墩果酸、熊果酸具有抑制人肺癌细胞的存活增殖及诱导人肺癌细胞凋亡发生的能力。

五、细胞保护

枇杷的酚类物质提取物既可缓解细胞受到的外界伤害（Yokota 等，2008 年；Hur 等，2013 年），又可促进细胞生长。富含没食子酸和咖啡酸的枇杷种子乙醇提取物可有效抑制阿司匹林、盐酸、酒精、组胺、羟色胺等对胃黏膜的损伤（Yokota 等，2008 年）。枇杷叶的水提物可以通过抑制脂质过氧化来有效缓解 H_2O_2 对神经细胞 PC12 的伤害，抑制乳酸脱氢酶的释放（Hur 等，2013 年），其富含的芦丁、表儿茶素和儿茶素等酚类物质可能起主要作用。Lin 等（2007 年）用枇杷果汁冻干粉饲喂老鼠，可以明显促进其淋巴细胞增殖，该作用与总酚的含量有关。

六、抗氧化

利用 DPPH、FRAP 等多种方法研究发现，枇杷的叶、果实和花等不同组织均有较高的抗氧化活性，且抗氧化能力与其总酚含量呈正相关关系。用 TEAC 和 FRAP 法评估了 56 种中国药用植物的抗氧化活性，发现枇杷叶的总酚含量和抗氧化能力高于其中的 54 种药用植物（Song 等，2010 年）。在对 23 个中国枇杷品种的果实抗氧化能力的评估研究中发现，总抗氧化能力与水溶性总酚的含量呈显著的正相关（Zhou 等，2012 年）。利用细胞模型研究发现，富含酚类物质的枇杷叶和种子提取物分别能抑制小鼠肝组织和大鼠肝微粒体脂质过氧化（Jung 等，1999 年；Yokota 等，2006 年）。枇杷种子的酚类物质提取物还可抑制人血浆低密度脂蛋白的氧化（Koba 等，2007 年）。

七、抑菌

用牛津杯法和最小抑菌浓度法分别测定了用不同溶剂萃取的枇杷叶组分对金黄色葡萄球菌、大肠杆菌、沙门氏菌、绿脓杆菌、变形杆菌、白色念珠菌和木霉等菌株的抑制活性，发现多酚含量丰富的正丁醇和乙酸乙酯萃取部分的抑菌效果好于阳性对照山梨酸钾（林标声等，2011年）。Taguri等（2004年）研究了从枇杷种子中分离得到的原花青素对15个菌株的抑菌效果，发现其对金黄色葡萄球菌属和弧菌属的最低抑制浓度显著低于沙门氏菌属和大肠杆菌属。

八、其他

枇杷果实中的原儿茶酸可以通过抑制凝血因子纤溶酶原激活物抑制物-1和纤维蛋白原的活力，促进抗凝血因子抗凝血酶Ⅲ和蛋白C的活力，从而达到提升小鼠体内抗凝血能力的效果（Lin等，2009年）。枇杷叶的提取物能减轻肺纤维化增生的程度，其机制可能与抗脂质过氧化有关（刘娟等，2010年；黄艳等，2011年）。葛金芳等以环磷酰胺诱导小鼠免疫低下为模型，表明枇杷叶的提取物具有良好的免疫调节作用（葛金芳等，2006年）。齐墩果酸、熊果酸及其衍生物还具有抗HIV的功效（Baglin等，2003年；Nakamura，2004年）。

参 考 文 献

[1]蔡冲. 枇杷果实采后木质化与品质调控[D]. 杭州：浙江大学，2006.

[2]蔡冲，龚明金，李鲜，等. 枇杷果实采后质地的变化与调控[J]. 园艺学报，2006，33(4)：731-736.

[3]陈发河. NO处理延缓采后枇杷果实木质化劣变及其与能量代谢的关系[J]. 中国农业科学，2014，47(12)：2425-2434.

[4]陈发兴，刘星辉，陈立松. 枇杷果肉有机酸组分及有机酸在果实内的分布[J]. 热带亚热带植物学报，2008，16(3)：236-243.

[5]陈欢. 枇杷叶化学成分及抗癌活性的研究[D]. 北京：北京化工大学，2012.

[6]陈俊伟，冯健君，秦巧平，等. GA3诱导的单性结实'宁海白'白沙枇杷糖代谢的研究[J]. 园艺学报，2006，33(3)：471-476.

[7]陈伟，金文渊，杨震峰，等. MeJA处理对枇杷果实采后抗氧化活性的影响[J]. 中国食品学报，2012，12(1)：112-117.

[8]陈晓芳. 枇杷花醇提物镇咳、平喘、祛痰作用及其机制研究[D]. 苏州：苏州大学，2011.

[9]陈宇，林素英，徐立影，等. 贮藏温度对采后枇杷果实类胡萝卜素含量的影响[J]. 热带作物学报，2014，35(7)：1325-1330.

[10]段志坤. 枇杷的采收与贮运保鲜[J]. 柑橘与亚热带果树信息，2004，20(4)：31-32.

[11]葛金芳，李俊，胡成穆，等．枇杷叶三萜酸的免疫调节作用研究[J]．中国药理学通报，2006，22(10)：1194-1198．

[12]葛金芳，李俊，姚宏伟，等．枇杷叶三萜酸的抗炎作用[J]．安徽医科大学学报，2007(2)：174-178．

[13]何志刚，林晓姿，李维新，等．采收成熟度对枇杷果实品质和耐贮性的影响[J]．江西农业学报，2004，16(4)：34-38．

[14]洪燕萍．枇杷属植物叶片成分及抗氧化活性研究[D]．广州：华南农业大学，2007．

[15]胡波．钙处理对采后枇杷若干生理指标的影响初报[J]．亚热带植物通讯，2000，29(1)：31-33．

[16]黄艳，刘娟，杨雅茹，等．枇杷叶三萜酸对博来霉素致大鼠肺纤维化的干预作用[J]．中国药理学通报，2011(5)：642-646．

[17]蒋瑞华，郑国华，陈铁山．枇杷的气调保鲜及采后生理变化[J]．福建农业科技，1999(4)：17-18．

[18]鞠建华，周亮，林耕，等．枇杷叶中三萜酸类成分及其抗炎、镇咳活性研究[J]．中国药学杂志，2003，38(10)：752-757．

[19]李磊，陈发河，吴光斌．热激处理对冷藏"解放钟"枇杷果实木质化及相关酶活性的影响[J]．食品科学，2010，31(16)：286-290．

[20]林标声，曹红云，洪燕萍．香花枇杷与普通枇杷叶片提取物抑菌效果和抗氧化活性的比较研究[J]．食品科技，2011，36(3)：172-175．

[21]刘娟，黄艳，张磊，等．枇杷叶三萜酸对大鼠肺纤维化预防及抗脂质过氧化作用的研究[J]．安徽医科大学学报，2010(1)：50-53．

[22]鲁周民，吴万兴，张忠良，等．不同低温条件对枇杷的保鲜效果研究[J]．制冷学报，2004(3)：15-18．

[23]秦巧平，林飞凡，张岚岚．枇杷果实糖酸积累的分子生理机制[J]．浙江农林大学学报，2012，29(3)：453-457．

[24]魏秀清，邓朝军，章希娟，等．枇杷种质资源果实维生素 C 与总酸含量分析[J]．福建果树，2009(3)：30-33．

[25]吴锦程，陈群，唐朝晖，等．外源水杨酸对冷藏枇杷果实木质化及相关酶活性的影响[J]．农业工程学报，2006(7)：175-179．

[26]徐倩．枇杷果实木质化的 MYB 转录调控[D]．杭州：浙江大学，2014．

[27]杨文雄．枇杷的采收及采后处理[J]．中国农村科技，2003(8)：41-42．

[28]姚昕．"大五星"枇杷采后生理特性及贮藏保鲜技术的研究[D]．雅安：四川农业大学，2005．

[29]原远．枇杷叶活性提取物及其抗肺癌效能研究[D]．广州：华南农业大学，2014．

[30]张文娜，李鲜，孙崇德，等．枇杷酚类物质及其生物活性研究进展[J]．食品与药品，2015，17(2)：123-128．

[31]郑永华，李三玉，席玛芳．枇杷冷藏过程中果肉木质化与细胞壁物质变化的关系[J]．植物生理学报，2000，26(4)：306-310．

［32］周春华. 枇杷花，果主要生物活性组分与抗氧化活性研究［D］. 杭州：浙江大学，2007.

［33］Aida M，Ishida T，Fukaki H，et al. Genes involved in organ separation in Arabidopsis：an analysis of the *cup-shaped cotyledon* mutant［J］. Plant Cell，1997，9（6）：841-857.

［34］Boerjan W，Ralph J，Baucher M. Lignin biosynthesis［J］. Annu. Rev. Plant Biol. ，2003，54：519-546.

［35］Cai C，Chen K S，Xu W P，et al. Effect of 1-MCP on postharvest quality of loquat fruit［J］. Postharvest Biol Technol. ，2006，40（2）：155-162.

［36］Cai C，Xu C J，Shan L L，et al. Low temperature conditioning reduces postharvest chilling injury in loquat fruit［J］. Postharvest Biol Technol，2006，41（3）：252-259.

［37］Cai C，Li X，Chen K S. Acetylsalicylic acid alleviates chilling injury of postharvest loquat (*Eriobotrya japonica* Lindl.) fruit［J］. Eur Food Res Technol，2006，223（4）：533-539.

［38］Cao S F，Zheng Y H，Yang Z F，et al. Effect of methyl jasmonate on the inhibition of *Colletotrichum acutatum* infection in loquat fruit and the possible mechanism［J］. Postharvest Biol Technol. ，2008，49（2）：301-307.

［39］Cao S F，Zheng Y H，Wang K T，et al. Methyl jasmonate reduces chilling injury and enhances antioxidant enzyme activity in postharvest loquat fruit［J］. Food Chem，2009，115（4）：1458-1463.

［40］Cao S，Zheng Y，Yang Z，et al. Effect of methyl jasmonate on quality and antioxidant activity of postharvest loquat fruit［J］. J Sci Food Agr. ，2009，89：2064-2070.

［41］Cha D S，Eun J S，Jeon H. Anti-inflammatory and antinociceptive properties of the leaves of *Eriobotrya japonica*［J］. J Ethnopharmacol，2011，134：305-312.

［42］Cha D S，Shin T Y，Eun J S，et al. Anti-metastatic properties of the leaves of *Eriobotrya japonica*［J］. Arch Pharm Res. ，2011，34（3）：425-436.

［43］De-Tommasi N，De Simone F，Cirino G，et al. Hypoglycemic effects of sesquiterpene glycosides and polyhydroxylated triterpenoids of *Eriobotrya japonica*［J］. Planta Med. ，1991，57：414-416.

［44］Ding C K，Chachin K，Ueda Y，et al. Effects of high CO_2 concentration on browning injury and phenolic metabolism in loquat fruit［J］. J Japan Soc Hort Sci. ，1999，68：275-282.

［45］Ding C K，Chachin K，Ueda Y，et al. Metabolism of phenolic compounds during loquat fruit development［J］. J Agr Foood Chem. ，2001，49：2883-2888.

［46］Ding C K，Chachin K，Ueda Y，et al. Changes in polyphenol concentrations and polyphenol oxidase activity of loquat (*Eriobotrya japonica* Lindl.) fruits in relation browning［J］. J Japan Soc Hort Sci. ，1998，67：360-366.

［47］Ercisli S，Gozlekcib S，Sengulc M，et al. Some physicochemical characteristics，bioactive content and antioxidant capacity of loquat(*Eriobotrya japonica*(Thunb.)Lindl.)fruits from Turkey[J]. Sci Hortic-Amsterdam, 2012, 148: 185-189.

[48]Ferreres F, Gomes D, Valentão P, et al. Improved loquat (*Eriobotrya japonica Lindl.*) cultivars: variation of phenolics and antioxidative potential[J]. Food Chem., 2009, 114: 1019-1027.

[49]Fu X M, Kong W B, Peng G, et al. Plastid structure and carotenogenic gene expression in red-and white-fleshed loquat (*Eriobotrya japonica*) fruits[J]. J. Exp. Bot., 2012, 63(1): 341-354.

[50]Ge H, Zhang J, Zhang Y J, et al. EjNAC3 transcriptionally regulates chilling-induced lignification of loquat fruit via physical interaction with an atypical CAD-like gene[J]. J. Exp. Bot., 2017, 68(18): 5129-5136.

[51]Ghasemnezhad M, Nezhad M A, Gerailoo S. Changes in postharvest quality of loquat (*Eriobotrya japonica*) fruits influenced by chitosan[J]. Hort Environ Biotechnol, 2011, 52: 40-45.

[52]Godoy H T, Amaya D B. Carotenoid composition and vitamin A value of Brazilian loquat (*Eriobotrya japonica* Lindl.)[J]. Arch Latin Nutr., 1995, 45: 336-339.

[53] Gross J. Carotenoids of *Eriobotrya japonica*[J]. Phytochemistry, 1973, 12: 1775-1782.

[54]Hur S J, Bae Y I, Kim Y C, et al. In vitro activity of loquat leaf extract against oxidative damage in neuronal cell[J]. Current Topics in Nutraceutical Research, 2013, 3 (11): 103-108.

[55]Ito H, Kobayashi E, Li S H, et al. Antitumor activity of compounds isolated from leaves of *Eriobotrya japonica*[J]. J Agric Food Chem., 2002, 50: 2400-2403.

[56]Ito H, Kobayashi E, Takamatsu Y, et al. Polyphenols from *Eriobotrya japonica* and their cytotoxicity against human oral tumor cell lines[J]. Chem Pharm Bull., 2000, 48: 687-693.

[57]Jung H A, Park J C, Chung H Y, et al. Antioxidant flavonoids and chlorogenic acid from the leaves of *Eriobotrya japonica*[J]. Arch Pharm Res., 1999, 22: 213-218.

[58]Koba K, Matsuoka A, Osada K, et al. Effect of loquat (*Eriobotrya japonica*) extracts on LDL oxidation[J]. Food Chem., 2007, 104: 308-316.

[59]Kon M, Shimba R. Cultivar difference of carotenoids in loquat fruits[J]. Nippon Shokuhin Kogyo Gakkaishi, 1988, 35: 423-429.

[60]Kwon H J, Kang M J, Kim H J, et al. Inhibition of NFκB by methyl chlorogenate from *Eriobotrya japonica*[J]. Mol Cells, 1999, 10: 241-246.

[61]Lee D, Meyer K, Chapple C, et al. Antisense suppression of 4-coumarate: coenzyme a ligase activity in arabidopsis leads to altered lignin subunit composition[J]. Plant Cell, 1997, 9(11): 1985-1998.

[62]Li X, Xu C J, Chen K S. Nutritional composition of fruit cultivars, Chapter 16: Nu-

254

tritional and composition of fruit cultivars: loquat (*Eriobotrya japonica* Lindl), ELSEVIER，2016.

[63]Lin C Y，Huang C S，Huang C Y，et al. Anticoagulatory, antiinflammatory, and antioxidative effects of protocatechuic acid in diabetic mice[J]. J Agric Food Chem. , 2009，57: 6661-6667.

[64]Lin S K，Wu T，Lin H L，et al. De Novo Analysis Reveals Transcription responses in loquat fruit during postharvest cold storage[J]. Gene，2018(9): 639-661.

[65]Lin J Y，Tang C Y. Determination of total phenolic and flavonoid contents in selected fruits and vegetables, as well as their stimulatory effects on mouse splenocyte proliferation[J]. Food Chem. , 2007，101: 140-147.

[66]Liu Y L，Zhang W N，Xu C J，et al. Biological activities of extracts from loquat(*Eriobotrya japonica* Lindl): a review[J]. Int J Mol Sci. , 2016，17: 1983.

[67]Lv H，Chen J，Li W L，et al. Hypoglycemic effect of the total flavonoid fraction from *Folium Eriobotryae*[J]. Phytomedicine，2009，16: 967-971.

[68]Polat A，Oguzhan C，Sedat S，et al. Determining total phenolic content and total antioxidant capacity of loquat cultivars grown in Hatay[J]. Pharmacogn. Mag. , 2010，6: 5-8.

[69]Shan L L，Li X，Wang P，et al. Characterization of cDNAs associated with lignification and their expression profiles in loquat fruit with different lignin accumulation[J]. Planta，2008，227(6): 1243-1254.

[70]Sibout R，Eudes A，Mouille G，et al. Cinnamyl alcohol dehydrogenase-C and -dare the primary genes involved in lignin biosynthesis in the floral stem of Arabidopsis[J]. Plant Cell，2005，17(7): 2059-2076.

[71]Song F L，Gan R Y，Zhang Y，et al. Total phenolic contents and antioxidant capacities of selected Chinese medicinal plants[J]. Int J Mol Sci. , 2010，11: 2362-2372.

[72]Taguri T，Tanaka T，Kouno I. Antimicrobial activity of 10 different plant polyphenols against bacteria causing food-bornedisease[J]. Biol Pharm Bull，2004，27: 1965-1969.

[73]Takuma D，Guangchen S，Yokota J，et al. Effect of *Eriobotrya japonica* seed extract on 5-fluorouracil-induced mucositis in hamsters [J]. Biol Pharm Bull，2008，31: 250-254.

[74]Tanaka K，Nishizono S，Makino N，et al. Hypoglycemicactivity of *Eriobotrya japonica* seeds in type 2 diabetic rats and mice[J]. Biosci Biotech Bioch，2008，72: 686-93.

[75]Testone G，Condello E，Verde I，et al. The peach(*Prunus persica* L. Batsch) genome harbours 10 *KNOX* genes, which are differentially expressed in stem development, and the class 1 *KNOPE*1 regulates elongation and lignification during primary growth[J]. J Exp Bot. , 2012，63(15): 5417-5435.

[76]Uto T，Sakamoto A，Tung NH，et al. Anti-proliferative activities and apoptosis induction by triterpenes derived from *Eriobotrya japonica* in human leukemia cell lines[J].

Int J Mol Sci. ，2013，14(2)：4106-4120.

[77]Xu H X，Chen J W. Commercial quality，major bioactive compound content and antioxidant capacity of 12 cultivars of loquat (*Eriobotrya japonica* Lindl.) fruits[J]. J Sci Food Agric. ，2011，91：1057-1063.

[78]Xu Q，Wang W Q，Zeng J K，et al. A NAC transcription factor，*EjNAC1*，affects lignification of loquat fruit by regulating lignin[J]. Postharvest Biol Technol. ，2015，102：25-31.

[79]Xu Q，Yin X R，Zeng J K，et al. Activator- and repressor-type MYB transcription factors are involved in chilling injury induced flesh lignification in loquat via their interactions with the phenylpropanoid pathway[J]. J Exp Bot，2014，65(15)：4349-4359.

[80]Yang S L，Sun C D，Wang P，et al. Expression of expansin genes during postharvest lignification and softening of 'Luoyangqing' and 'Baisha' loquat fruit under different storage conditions[J]. Postharvest Biology and Technology，2008，49(1)：46-53.

[81]Yokota J，Takuma D，Hamada A，et al. Scavenging of reactive oxygen species by *Eriobotrya japonica* seed extract[J]. Biol Pharm Bull，2006，29：467-471.

[82]Yokota J，Takuma D，Hamada A，et al. Gastroprotective activity of *Eriobotrya japonica* seed extract on experimentally induced gastric lesions in rats[J]. J Nat Med. ，2008，62：96-100.

[83]Zeng J K，Li X，Xu Q，et al. *EjAP2-1*，an AP2/ERF gene，is a novel regulator of fruit lignification induced by chilling injury，via interaction with EjMYB transcription factors[J]. Plant Biotechnol. J. ，2015，13(9)：1325.

[84]Zhong R，Demura T，Ye Z H. *SND1*，a NAC domain transcription factor，is a key regulator of secondary wall synthesis in fibers of *Arabidopsis*[J]. Plant Cell，2006，18(11)：3158-3170.

[85]Zhong R Q，Ye Z H. Transcriptional regulation of lignin biosynthesis[J]. Plant Signal Behav，4(11)：1028-1034.

[86]Zhou C H，Chen K S，Sun C D，et al. Determination of oleanolic acid，ursolic acid，and amygdalin in the flower of *Eriobotrya japonica* Lindl. by HPLC[J]. Biomed Chromatogr，2007，21(7)：755-761.

[87]Zhou C H，Li X，Xu C J，et al. Hydrophilic and lipophilic antioxidant activity of loquat fruits[J]. J Food Biochem，2012，36：621-626.

[88]Zhou C H，Sun C D，Chen K S，et al. Flavonoids，phenolics，and antioxidant capacity in the flower of *Eriobotrya japonica* lindl[J]. Int J Mol Sci. ，2011，12：2935-2945.

第十四章　枇杷文化与枇杷休闲产业

我国人民在栽培、利用枇杷的长期实践中，在喜食枇杷的美味、利用枇杷祛除病魔的同时，对枇杷的形色和性状也钟爱有加，历史上留下了大量赞美枇杷的诗篇和展现枇杷独特魅力的画作，民间也有许多与枇杷有关的传说和习俗，枇杷产区还有很多与枇杷有关的节庆活动。近年来，枇杷休闲产业已发展成为枇杷产业的新业态。

第一节　枇杷名称的由来

枇杷由最初的充饥果腹之物，逐步演变为"独具四时之气""独冠时新"的佳果，显贵雅士杯中之"忘忧物""般若汤"，在文人墨客笔下尽显励志、吉祥之意，并在华夏神州凸显其形实兼丽之园林情趣。

一、枇杷与琵琶、批把

古文献中，"枇杷""批把""琵琶"时有混用。

"枇杷"二字始见于西汉司马迁（公元前 1 世纪）所著的《史记·司马相如传》，其中引《上林赋》云："……于是乎卢橘夏熟，黄甘橙楱，枇杷橪柿，亭奈厚朴……"《西京杂记》[作者为刘歆（约公元前 50 年—公元 23 年）]中描述汉武帝初修上林苑时，称："……群臣远方，各献名果异树……，枇杷十株。"

"琵琶"二字出现于魏晋时期，这种乐器早先流传于波斯、阿拉伯等地。琵琶由波斯传入西域，流行各地，秦之百姓于长城之役，见其简单形状而模仿象形，名为弦鼓。流行于秦末汉初，故又称秦汉子。《文献通考》中云："秦汉琵琶，本出于胡人弦鼗之制；圆体修颈，如琵琶而小。"可见，秦汉子实则所谓琵琶也，且"琵琶"源于仿胡人乐器而成。这由刘熙所著《释名·释乐器》

257

中的"批把本出胡中"一句也可以体现。虽至今尚未能从古文献中证实"琵琶"即为"鼙婆",但是我国传统的"琵琶"的确应该是在"鼙"这种乐器的基础上发展而来的,直至汉武帝时期乐师们制作了一种圆盘、直柄、四弦、十二柱的木质弦乐器,即传统的直项琵琶,时称之为"枇杷(或批把)",但非"琵琶"二字。

"批把"在古籍文献中多被注释为"琵琶",较少独立使用。后至魏晋时期,人们为便于将之与"琴""瑟"归类,正式称为"琵琶"。南朝王僧虔的《技录》中云:"魏文德皇后雅善琵琶。"可知在魏晋时期,"琵琶"之称已正式进入宫廷。"批把"始载于东汉应劭所著的《风俗通义·声音·批把》(成书于公元189—202年之间),书中云:"批把(或枇杷),谨按近世乐家所作,不知谁也,以手批把,因以为名。长三尺五寸,法天地人与五行。四弦象四时。"比应劭晚约20~30年的东汉末年刘熙所著的《释名·释乐器》中记载:"批把本出胡中,马上所鼓也。推手前曰批,引手却曰把,像其鼓时,因以为名。"意即批把是骑在马上弹奏的乐器,向前弹出称作"批",向后挑进称作"把";据其演奏手法而命名为"批把"。至清代吴玉搢所撰的《别雅》中仍有提及。其间,"枇杷""批把"二词在古籍文献中常被混用,但宋朝毕阮所作的《释名疏证》之《释乐器》一章中云:"枇杷本出于胡中……"然其后进一步解释"枇""杷"二字在此处表示的是弹拨乐器的技法,是手部动作,由此认为此处的"枇杷"当改为"批把"。清代的徐珂在《清稗类钞》中云:"琵琶一作批把,有四弦刳桐木为之……。旧皆用木拨,唐贞观中裴洛儿始发拨用手,所谓搊琵琶者是也。"此段文字进一步证明"琵琶"一词也可作"批把",但是"琵琶"在用手拨弹之前一直是用木拨弹的,似乎又给《释名》中"枇杷"二字代指"琵琶"提供了依据。

综上所述,虽"枇杷"一词本源上就是枇杷树的名称,但"枇杷""批把"这两个词在"琵琶"一词出现之前均可指称乐器琵琶。北宋寇宗奭所撰的《本草衍义》(原名《本草广义》)中的"枇杷叶'其形如琵琶,故名之'"是不正确的,关键理由是:枇杷原产于我国,开始种植于公元前,《史记》中明确记载了"枇杷"。而"琵琶"一词尚未在《史记》中找到,可能出现在这之后两三百年的魏晋时代。因此,枇杷叶"其形如琵琶,故名之"这个流传了1 000多年的错误传说,应予摒弃。

二、枇杷与卢橘

"枇杷"与"卢橘"同时出现在《史记》中,《史记·司马相如列传》的《上林赋》中有"卢橘夏熟,黄甘橙楱,枇杷橪柿,樗柰厚朴……"的记述。常识告诉人们,"枇杷"与"卢橘",应该是指两种植物。枇杷、卢橘之名至唐代,未见有混用的现象，诸多唐诗中吟咏枇杷时未见有用卢橘指代的。从宋代开始的诗词歌赋中，枇杷与卢橘的使用常有混淆，常以卢橘指代枇杷。而多数文献的观点认为，卢橘为柑橘类植物的一种，常指金橘，只有少数文献认为卢橘就是枇杷。

迄今发现用"卢橘"指代枇杷的最早踪迹出现在宋代苏轼的诗中："客来茶罢空无有，卢橘微黄尚带酸。"张嘉甫问："卢橘何种果类？"东坡答："枇杷是矣。"张嘉甫以《司马相如列传》的《上林赋》中同时出现"枇杷"与"卢橘"质询之，东坡笑曰："意不欲耳。"也就是说：我不愿意依从那种说法呀。自此之后，"卢橘"指代枇杷的诗词甚多，有时则作为枇杷的别称。

李时珍的《本草纲目·集解》中对枇杷的描述是："枇杷旧不著所出州土，今襄、汉、吴、蜀、岭、江西南、湖南北皆有之。木高丈余，肥枝长叶，大如驴耳，背有黄毛，阴密婆娑可爱，四时不凋。盛冬开白花，至三、四月成实作，生大如弹丸，熟时色如黄杏，微有毛，皮肉甚薄，核大如茅栗，黄褐色。四月采叶，曝干用。"李时珍的《本草纲目》中对卢橘的描述是："此橘生吴越、江浙、川广间，或言出营道为冠，而江浙皮甘肉酸，次之。其树似橘，不甚高大，五月开白花，结实，秋冬黄熟，大者径寸，小者如指头，形长而皮坚，肌理细莹，生则深绿色，熟乃黄如金，其味酸甘而芳香可爱，糖造蜜渍皆佳。"据此描述，枇杷的分布实则比卢橘更靠北，面积更大。李时珍对枇杷的描述与现代所述相差无几，颇尽其状；而对卢橘所述则似金橘，加之金橘在南方每年可多次开花结实，这又与《魏王花木志》中的"冬夏花实相继，通岁食之"相印证。

综合古今诸多描述，卢橘与枇杷并非同物，之所以混淆，是因后人引诗句欣赏（尤其是苏轼的诗）或引栽培史考证时，使某些文献中二者的混淆延续至今。

卢橘一词还被在境外误用。枇杷英文名 Loquat，原用 Loguat，乃与卢橘的粤语音译有关，英国商人于 1787 年从广东引入英国的 Kew 植物园中栽植时，译名为 Loguat。

第二节　诗词歌赋中的枇杷

2000 多年前西汉司马相如的《上林赋》是最早有枇杷记述的文献，它以夸耀的笔调描写了汉天子上林苑的壮丽及汉天子游猎的盛大规模，所列植物就有枇杷：

于是乎卢橘夏熟，黄甘橙楱，枇杷橪柿，亭奈厚朴，梬枣杨梅，樱桃蒲陶，隐夫奠棣，答沓离支，罗乎后宫，列乎北园。

卓文君的《怨郎诗》以"一二三四五六七八九十百千万，万千百十九八七六五四三二一"构成数字回环，浑然天成而无辞藻堆砌之感。怨而非怨，怨中有浓情。诗中就有借助枇杷物候期的"四月枇杷未黄"：

一别之后，二地相思，只说三四月，又谁知五六年，七弦琴无心弹，八行书无可传，九曲连环从中挫断，十里长亭望眼欲穿，百思想，千系念，万般无奈把郎怨。

万语千言说不完，百无聊赖十倚栏，重九登高看孤雁，八月中秋月圆人不圆，七月半，烧香秉烛蜡问苍天，六月伏天人人扇扇我心寒，五月石榴似火红，偏遇阵阵冷雨浇花端，四月枇杷未黄，我欲对镜心意乱。急匆匆，三月桃花随水转；飘零零，二月风筝线儿断。噫，郎啊郎，恨不得下一世，你为女来我做男。

南朝周祗的《枇杷赋》赞美了枇杷的品质如松竹一般傲冰雪而不屈，表达了对枇杷"苍翠隐忍、四季不凋"的恒长风景的认同：

名同音器，质贞松竹；四序一采，素华冬馥；

霏雪润其绿蕤，商风埋其劲条；望之冥濛，即之疏寥。

南朝谢灵运的《七济》中"朝食既毕，摘果堂阴，春惟枇杷，夏则林檎"，表达了作者对枇杷的情有独钟。

唐朝王建的《寄蜀中薛涛校书》中陪伴才女的是枇杷花：

万里桥边女校书，枇杷花里闭门居。

扫眉才子于今少，管领春风总不如。

杜甫的《田舍》中有枇杷的芳香：

田舍清江曲，柴门古道旁。

草深迷市井，地僻懒衣裳。

榉柳枝枝弱，枇杷树树香。

鸬鹚西日照，晒翅满鱼梁。

白居易的《山枇杷》中为了夸枇杷，不惜贬损桃李、芙蓉：

深山老去惜年华，况对东溪野枇杷。

火树风来翻绛焰，琼枝日出晒红纱。

回看桃李都无色，映得芙蓉不是花。

争奈结根深石底，无因移得到人家。

陆游在《山园屡种杨梅皆不成枇杷一株独结实可爱戏作》中对枇杷的描述情趣独到：

杨梅空有树团团，却是枇杷解满盘。

难学权门堆火齐，且从公子拾金丸。

　　　　枝头不怕风摇落，地上惟忧鸟啄残。

　　　　清晓呼僮乘露摘，任教半熟杂甘酸。

　　陆游的《杂咏园中果子》中的珍果佳酿让人垂涎：

　　　　不酸金橘种初成，无核枇杷接亦生。

　　　　珍产已从幽圃得，浊醪仍就小槽倾。

　　柳宗元的《同刘二十八院长述旧言怀感时书事奉寄澧州……赠二君子》中有不吝赞誉枇杷的"寒初荣橘柚，夏首荐枇杷"。

　　宋朝戴复古的《满江红·山居即事》所描述的恬静的乡村生活更是以"枇杷熟"收尾：

　　　　几个轻鸥，来点破、一泓澄绿。更何处、一双鸂鶒，故来争浴。细读离骚还痛饮，饱看修竹何妨肉。有飞泉、日日供明珠，三千斛。春雨满，秧新谷。闲日永，眠黄犊。看云连麦垄，雪堆蚕簇，若要足时今足矣，以为未足何时足。被野老、相扶入东园，枇杷熟。

　　宋朝梅尧臣的《隐静遗枇杷》则将对枇杷美味的嗜爱表露无遗：

　　　　五月枇杷实，青青味尚酸。

　　　　猕猴定撩乱，欲待热应难。

　　戴复古的《初夏游张园》是一首描写田园风光、意境优美的短诗，此季节也只有枇杷才能"一树金"：

　　　　乳鸭池塘水浅深，熟梅天气半阴晴。

　　　　东园载酒西园醉，摘尽枇杷一树金。

　　在描写南方春天的野外风光时，枇杷都快成标配了，下面是宋朝杨基的《天平山中》：

　　　　细雨茸茸湿楝花，南风树树熟枇杷；

　　　　徐行不记山深浅，一路莺啼送到家。

　　明朝归有光的《项脊轩志》中有"庭有枇杷树，吾妻死之年所手植也，今已亭亭如盖矣。"的描述，可见其时人们对枇杷的喜爱。

　　下面我们将涉及枇杷的历代诗词歌赋按"赞誉枇杷的美味""赞誉枇杷的品格""借枇杷抒情""利用枇杷描述生活乐趣"4个类别分列。

1. 赞誉枇杷美味的诗词

　　宋朝范成大的《两木·枇杷昔所嗜》：

　　　　枇杷昔所嗜，不问甘与酸。

　　　　黄泥裹余核，散掷篱落间。

　　　　春风拆勾萌，朴樕如榛菅。

　　　　一株独成长，苍然齐屋山。

　　　　去年小试花，珑珑犯冰寒。

化成黄金弹，同登桃李盘。

大钧播群物，斡旋不作难。

树老人何堪，挽镜觅朱颜。

颔髭尔许长，大笑欹巾冠。

元末明初陈基的《次钱伯行韵》：

五月东林水竹凉，新荷叶小柳丝长。

且临大令鹅群帖，不恋尚书鸡舌香。

走客谩夸千树橘，杜陵共爱百花庄。

满天风露枇杷熟，归奉慈亲取次尝。

明朝高启的《东丘兰若见枇杷》：

落叶空林忽有香，疏花吹雪过东墙。

居僧记取南风后，留个金丸待我尝。

明末清初吴伟业的《浪淘沙 题画兰 枇杷》：

上苑落金丸，黄鸟绵蛮。晓窗清露湿雕盘，恰似戒珠三百颗，琥珀沈檀。

纤手摘来看，香色堪餐。罗衣将褪玉浆寒，怕共脆圆同荐酒，学得些酸。

近代吴昌硕的《题枇杷图》：

五月天热换葛衣，家家卢橘黄且肥。

鸟疑金弹不敢啄，忍饿空向林间飞。

赞誉枇杷美味的诗词还有宋朝宋祁的《草木杂咏五首枇杷》和方岳的《枇杷》，明朝陈颢的《题枇杷山鸟图》、程敏政的《四月二十八日起屡赐鲜笋青梅鲥鱼枇杷杨梅雪》、于慎行的《赐鲜枇杷》和沈周的《咏枇杷诗》。

2. 赞誉枇杷品格的诗词

南朝宋谢瞻的《安成郡庭枇杷树赋》：

伊南国之嘉木，伟北庭而延树。

禀金秋之清条，抱东阳之和煦。

肇寒葩于结霜，承炎果乎纤露。

高临蒉首，傍拂阶路。

唐朝岑参的《赴嘉州过城固县，寻永安超禅师房》：

满寺枇杷冬著花，老僧相见具袈裟。

汉王城北雪初霁，韩信台西日欲斜。

门外不须催五马，林中且听演三车。

岂料巴川多胜事，为君书此报京华。

唐朝羊士谔的《题枇杷树》：

珍树寒始花，氛氲九秋月。

佳期若有待，芳意常无绝。

> 袅袅碧海风，濛濛绿枝雪。
>
> 急景自馀妍，春禽幸流悦。

唐朝司空曙的《卫明府寄枇杷叶以诗答》：

> 倾筐呈绿叶，重叠色何鲜。
>
> 讵是秋风里，犹如晓露前。
>
> 仙方当见重，消疾本应便。
>
> 全胜甘蕉赠，空投谢氏篇。

宋朝华岳的《三友亭》：

> 老松疏竹间梅英，三友如何独擅名。
>
> 应是枇杷并桧柏，当时无力预同盟。

宋朝苏轼的《真觉院有洛花花时不暇往四月十八日与刘景文同往赏枇杷》：

> 绿暗初迎夏，红残不及春。
>
> 魏花非老伴，卢橘是乡人。
>
> 井落依山尽，岩崖发兴新。
>
> 岁寒君记取，松雪看苍鳞。

赞誉枇杷品格的诗词还有宋朝葛天民的《蓬居咏枇杷》、董嗣杲的《枇杷花》、洪咨夔的《仲冬九日还可庵谒墓遂入都》和赵藩的《冬日杂兴·杨柳迎霜败》，以及近代齐白石的《题画枇杷》。

3. 借枇杷抒情的诗词

借枇杷抒情的诗词主要集中在宋朝：

刘子翚的《和士特栽果十首 枇杷》：

> 万斛金凡缀树稠，遗根汉苑识风流。
>
> 也知不作清时瑞，朽腐那关故主忧。

邓深的《枇杷六言》：

> 大似明珠径寸，黄如香蜡成丸。
>
> 落处韩嫣遗弹，可怜不救饥寒。

司马光的《枇杷洲》：

> 周官敛珍味，汉苑结芳根。
>
> 何意荒洲上，犹余嘉树存。
>
> 犯寒花已发，迎暑实尤繁。
>
> 愿逐蒲萄使，离宫奉至尊。

牟巘五的《题束季博山园二十首枇杷坞》：

> 落落金弹丸，飞鸟不敢下。
>
> 卢橘不到吴，杨梅同过夏。

梅尧臣的《依韵和行之枇杷》：

五月枇杷黄似橘，谁思荔枝同此时。

嘉名已著上林赋，却恨红梅未有诗。

还有杨万里的《枇杷》、陈允平的《已酉秋留鹤江有感》、周密的《风入松·枇杷花老洞云深》、艾性夫的《留客》、韩维的《同曼叔游高阳山》、魏了翁的《江城子·梦随瘦马渡晨烟》、苏籀的《大坞山寺》。

其他朝代借枇杷抒情的诗词：

唐朝白居易的《山枇杷花二首》：

万重青嶂蜀门口，一树红花山顶头。

春尽忆家归未得，低红如解替君愁。

叶如裙色碧绪浅，花似芙蓉红粉轻。

若使此花兼解语，推囚御史定违程。

唐朝韩翃的《送故人赴江陵寻庾牧》：

主人持节拜荆州，走马应从一路游。

斑竹冈连山雨暗，枇杷门向楚天秋。

佳期笑把斋中酒，远意闲登城上楼。

文体此时看又别，吾知小庾甚风流。

元朝成廷珪的《夜过吴江圣寿寺宿复中行方丈》：

深夜扣禅扃，天寒月在庭。

鸟栖惊后树，僧掩读残经。

蔓草风吹白，枇杷雪洗青。

对床听法语，心孔愈惺惺。

明朝袁中道的《别须水部日华还朝》：

移沙取石贮轻舟，清冷何曾似宦游。

春雪歌成辞郢里，梅花落尽别扬州。

东风自护桓公树，明月谁登庾信楼。

兄弟凋残知己别，枇杷门外泪交流。

清朝纳兰容诺的《浣溪沙·欲问江梅瘦几分》：

欲问江梅瘦几分，只看愁损翠罗裙。麝篝衾冷惜余熏。

可耐暮寒长倚竹，便教春好不开门。枇杷花底校书人。

当代蔡淑萍的《阮郎归·游成都望江公园》：

竹青石瘦冷秋初，来寻女校书。

枇杷门巷旧庭除，当时身影孤。

登丽阁，望云舻，恍疑飘素裾。

薛涛井水似前无？红笺总不如。

还有唐朝元稹的《山枇杷》、毛文锡的《摊破浣溪沙》，元朝王逢的《寄桃浦诸故知即事·贵不难得富可嗟》、韩奕的《四字令·荼蘼送香》，明朝李东阳的《四禽图·空山雨过枇杷树》、王祎的《丁酉五月六日吴善卿宴诸公越城外唐氏别墅分》、居节的《岁暮山村二首·落木寒云知几重》和吴鼎芳的《竹枝词四首·湖船来往惯风波》，清朝陈维崧的《本意和倪云林原韵》和黄文琛的《枇杷》，以及近现代方鹤斋的《忆旧》。

4. 借助枇杷描述生活乐趣的诗词

描述生活乐趣的也是以宋朝为多：

舒岳祥的《四月初四日正仲子堂可大及梅所周鍊师会耕养》：

白月一家好，青山四坐迎。
短筇看虎迹，高枕听蛙声。
草具枇杷足，拟庐熠燿行。
相逢总佳士，更喜著弥明。

范成大的《夔州竹枝歌九首·新城果园连瀼西》：

新城果园连瀼西，枇杷压枝杏子肥。
半青半黄朝出卖，日午买盐沽酒归。

梅尧臣的《寄隐静山怀贤长老》：

山有枇杷树，树多猕猴群。
高僧心不著，一似五峰云。
随飚来溪口，石上起氤氲。
果熟猕猴去，自向瀑涧分。

张镃的《新种》：

新种枇杷花便稠，被香勾引过溪头。
黄蜂紫蝶都来了，先赏输渠第一筹。

张耒的《四月二十日书二首·十步荒园亦懒窥》：

十步荒园亦懒窥，枕书小醉睡移时。
健如黄犊时无几，钝似寒蝇老自知。
休惜飞驰春过眼，但求强健酒盈卮。
枇杷着子红榴绽，正是清和未暑时。

释正觉的《拜芭蕉情禅师》：

来谒芭蕉大仰孙，要明圜相识躭源。
横山烟雨洗秋骨，掠面溪风吹暑痕。
菖蒲叶瘦水石秀，枇杷树密轩窗昏。
阿谁床头拄杖子，乞我款曲寻云根。

还有舒岳祥的《四月二十四日雨中分酒饷山友》、项安世的《二十八日行香即事·晓市众果集》、周文璞的《归憩仁王寺》、田从易的《寄荔枝与盛参政》、苏轼的《二月十九日携白酒鲈鱼过詹使君食槐叶冷淘》、洪咨夔的《九州山僧房》，以及明朝瞿佑的《暮春书事·过墙新竹翠交加》、清朝朱彝尊的《梦芙蓉·日长深院里》和近现代高燮的《望江南六十四阕其二十七》。

第四节　枇杷画

枇杷深受中国画家的青睐，历代名家留下了许多以枇杷为主题的佳作。

在宋徽宗赵佶创作的《枇杷山鸟图》（图 14-1）扇面画中，枇杷以折枝的形式表现，使得累累的果实和繁茂的枝叶变得更为突出。左下方的一只山雀在枝头栖息，翘首回望翩翩起舞的凤蝶，神情警惕而生动。整幅作品没有工笔画勾线的痕迹，纯用水墨勾染，笔法简括却更显灵动的意境。此画是宋徽宗花鸟画中的精品，颇受乾隆喜爱，其扇面对开即为乾隆题诗。现藏于北京故宫博物院。

图 14-1　宋徽宗赵佶的《枇杷山鸟图》

南宋林椿作《枇杷绣眼图》（图 14-2），画中绣眼鸟漆黑的眼睛瞪着金黄色的枇杷，宛如鸟儿正在疑惑"此果是否可食"，画面生动有趣。而且画中绣眼鸟的羽毛先以墨色晕染，再以细小工笔拉出根根绒毛，使鸟儿的背羽坚密光滑，腹毛则蓬松柔软，雅致而细腻。

南宋吴炳为光宗绍熙年间的画院待诏，所画的《八哥枇杷图》（图 14-3）笔法精工，设色艳丽，不见墨笔勾痕，谨守了南宋院体画风格，当属精品。现存于美国大都会博物馆。

图 14-2　林椿的《枇杷绣眼图》

图 14-3　吴炳的《八哥枇杷图》

　　明代沈周的《枇杷图》(图 14-4)以淡墨画枇杷，墨色清润淡雅，薄而透明，是即兴神来之笔。枇杷剪裁得体，运笔流畅，结构严谨。沈周的花鸟虫草等杂画，或水墨，或设色，其笔法与墨法在欲放未放之间，以后经过陈淳的继承与发展，开启了徐渭的泼墨写意，而又经八大山人、"扬州八怪"的推波助澜，形成了一股巨大洪流，在发展中国写意花鸟画上，沈周起到了不可忽视的作用。此画现存北京故宫博物院。

　　明代有在青花瓷器上作画的作品《枇杷绶带鸟纹盘》(图 14-5)，该器物呈十六瓣菱花口，内底绘折枝枇杷与绶带鸟，内外壁绘折枝桃、石榴、枇杷纹。此盘造型大而规整，青花秀雅，纹饰布局疏朗，堪称典范。同类纹样的永乐青花盘传世仅三件，极为珍稀。

图 14-4　沈周的《枇杷图》

图 14-5　枇杷绶带鸟纹盘

清代以来，以枇杷为主题的画作越来越多，枇杷画作得到了长足发展。如金农所画的《枇杷图》（图14-6），采用中国传统的折枝画法，画了两组枇杷，一左一右、一高一矮，呈犄角相望之势。两组枇杷的枝叶与果实的数量均相当，给人一种稳妥平衡感。长椭圆形的枇杷叶子与球形果实互相对比、映衬。两组枇杷的中间空白处，填补以工整的自创扁笔书体"漆书"题记。此图简单舒朗，画面和谐统一，极富工整之美。现藏于上海博物馆。

金农的画作《白描枇杷图轴》（图14-7）则为铁线白描，用中锋圆劲的细笔勾勒，丝毫不见柔弱之迹，其起笔转折时稍微有回顿方折之意，圆匀中略显有刻意画之痕迹，唤起挺劲有力之感，体现了用笔中的遒劲骨力，且有雅拙古朴之妙。此画属国家三级文物，现藏于郓城县文管所。

图 14-6　金农的《枇杷图》

图 14-7　金农的《白描枇杷图轴》

此外，金农还有《野枇杷图》《枇杷图轴》等画作。

清代著名画家恽寿平，作为常州画派的开山祖师，曾画《枇杷图》（图14-8），此画完全不用墨线勾勒，直接用颜色点乱出叶片、果实，只以色线勾勒叶茎。这既不同于细线勾勒再层层渲染的工笔画，也不同于水墨淋漓的大写意画，它介于两者之间，也被称作"小写意"。工笔求逼真，写意求意趣，其画既不刻画，也不放逸，清新洒脱。

图 14-8　恽寿平的《枇杷图》

清代阮元的画作《枇杷图轴》(图 14-9)，为其晚年力作，画作笔墨深厚老到，一丛枇杷枝干直上，枝、叶和枇杷果一律向上，一派峥嵘之气。吴昌硕作为晚清海派最有影响力的画家，也曾以枇杷为主题作《芭蕉枇杷图轴》(图 14-10)，此画充分利用了水、墨二者的结合及浸渍变化，以饱含水分的笔触，率性而作，洗练简阔，却有神清气爽之感。其后吴昌硕的弟子赵子云也曾作枇杷图。

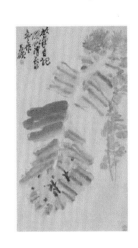

图 14-9　阮元的《枇杷图轴》　　　　图 14-10　吴昌硕的《芭蕉枇杷图轴》

清代著名画家虚谷，有"晚清画苑第一家"之誉。作画有苍秀之趣，敷色清新，造型生动，落笔冷峭，别具风格。风格冷峭新奇，秀雅鲜活，无一笔滞相，匠心独运，别具一格。有近 10 幅枇杷画作存世，图 14-11 是其中的5 幅。

图 14-11　虚谷的枇杷画作

　　近现代著名画家齐白石也喜画枇杷，他曾以枇杷为题材进行了 20 余次创作，均闻名于世，图 14-12 是其中的 5 幅。

图 14-12　齐白石的枇杷画作

　　近现代画家徐悲鸿也有较多的枇杷画作，图 14-13 是其中的 3 幅。

　　现代枇杷文化中的诗词歌赋较少，但书画得到全面的发展。除了近现代的齐白石、徐悲鸿等书画大师外，还涌现出了较多以画枇杷为主题的现代书画名家，而朱屺瞻、许麟庐、李苦禅、柳村等都是以枇杷为主题进行创作的著名画家，他们创作了大量各有特色的枇杷画作。

　　国画大师朱屺瞻所作的多幅《枇杷图》（图 14-14）融会中西绘画技艺，致力创新，画作笔墨雄劲，气势磅礴，生动活泼，具有鲜明的民族特色和个人风格。

图 14-13　徐悲鸿的枇杷画作

图 14-14　朱屺瞻的枇杷画作

著名画家许麟庐的 20 余幅枇杷画作，画面一气呵成，笔力遒劲奔放，酣畅淋漓，神形兼备。无论大幅小品，貌似随意挥就，却又不失法度，处处见浓淡兼施之精、干湿互济之妙、疏密穿插之巧，真可谓满纸豪情，令人赞叹。其画作《枇杷黄鸟图》《枇杷立轴》《菊花枇杷图》（图 14-15）《兰花枇杷图》等，将枇杷与他物完美地融为一体，突出展现了不同物体的各自特点。

图 14-15　许麟庐的《枇杷黄鸟图》《枇杷立轴》《菊花枇杷图》

著名画家李苦禅，擅画花鸟，阔笔写意，笔墨雄健，酣畅淋漓，画风以质朴、雄浑、豪放著称。其画作中书法与画互为表里、相得益彰，并树立了大写意花鸟画的新风范。其画作《枇杷小鸟》《五月枇杷正满林》《枇杷水仙图》（图 14-16）《枇杷轴》等都充分体现了其画风特色。

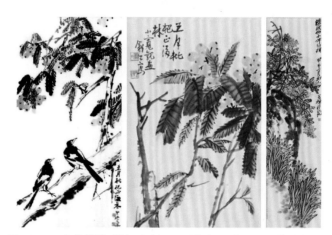

图 14-16 李苦禅的《枇杷小鸟》《五月枇杷正满林》《枇杷水仙图》

柳村是我国当代著名画家，擅长国画和版画。其作品独具朴茂苍浑，野逸清趣的绘画风格，以及极高的艺术境界和理念。长期以来，柳村极好画枇杷，其作品以枇杷最多，自其代表作品《塘栖枇杷喜丰收》（图 14-17 左）入选全国美展以后，多数求画者往往以索得枇杷一帧为满足。其枇杷代表作品还有《塘南归来作枇杷》《质贞松竹》（图 14-17 右）《冬花春实夏正熟》《金果灿灿》等一系列枇杷画作。

图 14-17 柳村的《塘栖枇杷喜丰收》《质贞松竹》

第四节　枇杷与民俗

一、枇杷与传说

塘栖枇杷的传说：很久以前，塘栖东南面有个小村子，村里有一个名叫阿祥的小伙子。阿祥自幼丧父，母亲含辛茹苦地将其抚养成人，他对母亲十分孝顺。有一天母亲突然得了哮喘，阿祥一筹莫展。梦中遇到神仙，给他指点迷津说"'黄金果'可治病"。阿祥走遍超山寻找黄金果，一次遇险、摔落山岙，恰巧找到了"黄金果"，治好了母亲的哮喘。乡邻纷纷开始种植这种"黄金果"，并用它治疗哮喘、咳嗽等疾。人们见"黄金果"的叶子形似琵琶，便称之为"枇杷"。塘栖一带形成了"五月塘栖树满金"的景象。

灰枇杷的传说：据传清朝康熙皇帝南巡东洞庭山时，突然想吃枇杷，此时枇杷节令刚过，枇杷树上已无挂果，怎么办？一筹莫展之时，灵源寺老和尚在烟囱灰里觅得几只失落枇杷，虽皮色难看、灰斑点点，但别无他法，只好献上，没想到枇杷的肉质尚好、口感特甜，皇帝龙心大悦。"灰种枇杷"之名由此得来，在东洞庭山盛名不衰，但种树极少，仅存虚名。

重庆枇杷山公园：枇杷山公园位于重庆市中心渝中区中山二路枇杷山上（海拔345 m）。关于枇杷山名字的由来，一说是因为山上曾经广植枇杷树；另一说是因为山形类似中国乐器"琵琶"；还有一说，相传从前山上住着一位美丽的姑娘，每夜弹着琵琶召唤她在南岸的恋人，音乐激越美妙，后人为了纪念这个动人的传说将此山称为枇杷山。

枇杷果酒：自唐宋以来莆田民间就有用枇杷鲜果酿制枇杷酒的习俗。传说中，妈祖用"吸天地灵气，取四季精华"的枇杷鲜果酿造了枇杷酒，被奉为"平安酒""天妃酒"。据传，每次郑和下西洋启航时，总要向平安女神妈祖祈求平安，并随船装上福建莆田的枇杷酒。自此枇杷酒随妈祖文化向域外传播。

二、枇杷与习俗

枇杷树形整齐美观，叶大阴浓，四季常青，春萌新叶白毛茸茸，秋花冬孕，春实夏熟，在绿叶丛中，累累金丸，古人称其为"佳实"。冬季，在枇杷白色或淡黄色的花朵中，那亮晶晶的花蜜，就是甜蜜的来源。这使冬天的味道，除了寒冷、萧索、沉闷之外，还有意想不到的甜蜜。因此，在我国民俗文化中枇杷寓意着"生活甜蜜""家庭美满""子嗣昌盛"。

据《花镜》记载：枇杷，备四时之气，被视为"吉祥之果"，寓意"吉祥如意""大吉大利""财运亨通"；此外，枇杷成熟后满树都是硕大饱满的累累果实，加上富丽堂皇的金黄色，被视为"满树皆金"，因此，在民俗文化中枇杷又象征着"丰饶与富足""温馨快乐""时尚动感"。

每逢隆冬腊月，百花凋零之时，枇杷花冒寒开放，洁白如玉，深为历代文人和画师所喜爱，被称为"枇杷晚翠"；文人墨客将枇杷与梅竹并列，寓意其"品格高洁"。

枇杷作为"秋萌、冬花、春实、夏熟"的水果，可谓是集四时节气之精华。《本草纲目》载：枇杷和胃降气，清热解暑。《本经逢原》则认为，枇杷"必极熟，乃有止渴下气润五脏之功"。而从中医的角度来看，吃应季食物而不是反季节食物，对人的健康价值更大。所以杭州一带枇杷就是小满前后的应季水果，故有俗语称："小满枇杷黄，夏至杨梅红。"再者，正如"塘栖枇杷的传说"一般，枇杷又成为"济世救人"和"尊亲尽孝"的典范。

枇杷可谓田园生活甜美的代表，很多关于枇杷象征寓意的描述都表达了人们对枇杷的赞颂和对美好生活的向往。因此，5月枇杷成熟时，吃枇杷或赠人枇杷成为民间的习俗，体现了枇杷在我国民俗文化中的重要寓意。

三、枇杷集会文化

枇杷作为一种时鲜水果，其品质、外观和风味都受到了消费文化的影响。近年来，我国枇杷的集会文化在"文化搭台，经济唱戏"政策的引导下得到了蓬勃发展。部分产区开展了以枇杷为主题的枇杷节活动，枇杷节以政府的政策和方针为导向，由政府投入少量的资金，并组织和引导企业参与，以枇杷果农手中的产品为载体，开展将赏枇杷、采枇杷、品枇杷、烹枇杷、摄枇杷、画枇杷、购枇杷产品等内容融为一体的各种枇杷文化活动。目前，为了发展枇杷产业和开拓市场，各地都在利用地方文化优势，举办风格各异的枇杷节。迄今我国形成制度且持续报道的枇杷文化节已有很多，例如：浙江乐清枇杷文化节、浙江德清雷甸枇杷文化节、重庆大足枇杷文化节、四川成都双流枇杷文化节、福建仙游书峰枇杷文化节、安徽黄山歙县三潭枇杷节、福建漳州云霄枇杷节、浙江杭州塘栖枇杷节和美食节、浙江宁波新桥镇枇杷节、浙江宁海"宁海白"枇杷节、广州花都枇杷文化节、中国兰溪枇杷文化节，等等。这些枇杷节庆活动成了枇杷生产商业活动的一种形式，极大地促进了枇杷的果品销售。此外，还通过枇杷果实的品比，增强了枇杷的生产技术和文化艺术的交流，拉动了枇杷消费和招商引资工作，促进了我国枇杷产业的发展壮大，对果农致富有极大的推动作用。

第五节 枇杷观光产业

枇杷是我国南方特有的珍稀水果，枇杷树的树冠呈圆状、树形美，而且生长迅速、枝繁叶茂，在不少地方被当作园艺观赏植物来栽种。与大部分果树不同，枇杷在秋、冬季开花，春、夏季成熟，承四时雨露，为"果中独备四时气者"，其果肉柔软多汁、酸甜适度、味道鲜美。利用枇杷的生长特性，依托其"美色"与"佳味"，拓展出了形式多样的枇杷观光产业，越来越受到枇杷产区果农和市民的欢迎。

一、我国枇杷观光产业的主要模式

1. 枇杷采果节

虽然从城里的农贸市场、大小超市甚至街边小贩处都可以买到枇杷，但买不到优美的环境和清新的空气，这也是枇杷节吸收众多游客的主要原因。枇杷鲜采活动突出的是乡村、生态、体验三大特色。枇杷节带动了第一、第三产业的融合，不仅给农民创造出增收的新渠道，也迎合了城市居民对宁静、清新环境的向往和回归大自然的渴求。

各地的实践表明，枇杷节不只是在卖枇杷，更是在卖生态环境！通过枇杷节，种植枇杷的果园成了能够带来附加效益的旅游景点。如上一节"枇杷集会文化"中所述的各地的枇杷文化节，典型的有成都双流和杭州塘栖两地的枇杷文化节。成都市双流枇杷节就带动了当地休闲农业的发展。双流枇杷节举办地永兴镇的农家乐从 2007 年的 17 家增加到 2008 年的 50 多家，枇杷节期间日接待游客达 10 万人以上，游客可以游览枇杷主题公园，也可以自己去体验采摘的乐趣、品尝最新鲜的枇杷，还可以采摘野菜到农家进行加工，可以吃到正宗的乡村生态鸡。以"品双流枇杷、尝永兴素食、游锦绣东山、逛靓丽新村"为主题的双流枇杷节，对当地农民的增收致富发挥了重要的作用。

浙江塘栖镇所产的枇杷久负盛名，曾为贡品，尤以白沙枇杷的影响最大。塘栖镇的枇杷种植面积达 1 000 hm²，从 1999 年开始，塘栖每年都在 5 月中旬至 6 月上旬举办枇杷节。一进入塘栖，就可以看到路边住家的房前屋后都种植着枇杷，枇杷节期间黄灿灿的果实在风中摇曳。杭州市民除可以自驾、乘公交车前往塘栖之外，还可以由旅行社组织前往，早上统一出发，到达后即可采摘新鲜枇杷、感受丰收的喜悦，午餐后散步、采摘，下午返回杭州。

枇杷节期间，塘栖镇还举办各种精彩的活动，如"音韵塘栖"的民乐表演、翁仁康曲艺专场、运河文化戏曲表演、微电影《塘栖 这里好亲切》的放映及形象宣传片的发布，同时还举办非遗文化展示、"生态塘栖"蚕桑文化体验游、塘栖传统糕点美食展销等，塘栖枇杷节已成为当地一个颇具影响力的地方性节日。

2. 枇杷科普园

在城市郊区建立小型枇杷科普园，既可以进行有关枇杷的科普活动，同时又能提供鲜果采摘体验和园区观光活动。在科普园内可以建立枇杷知识走廊，针对枇杷品种开展科普宣传，展示传统的和现代的栽培技术，展示不同的枇杷加工产品，展示别具一格的果园机械。

参观枇杷科普园，在获得知识之余，还可以欣赏园林风景、体验采摘的乐趣、品尝新鲜的果实，参观和享用由枇杷的花、叶、果实加工生产的枇杷饮料、枇杷花茶、枇杷膏、枇杷糕点、枇杷口服液等。建立枇杷科普园时，应遵循知识性、科技性、趣味性原则。

3. 枇杷休闲度假园

枇杷成熟的4～5月正值暮春时节，这时"轻寒薄暖暮春天，小立闲庭待燕还"，春光明媚，气候温暖舒适，适宜户外活动。如在城市近郊或风景区附近开辟特色枇杷园，游客在这个时节到枇杷园采摘鲜果，融入自然，放松身心，尽享田园乐趣，在品尝美味的同时还可以感受亲手采摘带来的快乐。

枇杷果农利用空闲房屋搞农家乐，让城里人来住农舍，吃农家饭，在枇杷园里劳动、休闲放松，这是最简单、最初级的枇杷园休闲、度假模式。较高级的形式是通过规划设计，利用枇杷园的场地、设备和产品，利用枇杷园周围的自然环境及农村的人文资源，吸引游客前去度假。游客除了可以在枇杷休闲度假园中参与采摘枇杷鲜果、制作果汁的活动外，还可以在枇杷园中摄影拍照、漫步健身，在枇杷树下吟诗作画，在池塘边垂钓，对孩子普及自然科学知识……

4. 租地自种

城里人可以在乡村租一块地种植枇杷，假日里偕妻带子、呼朋唤友，到枇杷园享受农作的乐趣，平时果园则请附近的农民代为照管。这种浅尝辄止的劳作和藕断丝连的乡村情怀，能够为忙碌、平淡的城市生活平添了许多雅趣。还可以在枇杷行间合理间作蔬菜、食用菌，或在枇杷林中养殖小家禽，在体验农业生产过程、耕作乐趣的同时，享受自己的劳动果实。

5. 枇杷主题公园

依托枇杷产业发展，成都双流打造出一个枇杷主题公园，整个主题公园由4部分组成，包括130多hm²水景的枇杷沟、近5 km长的枇杷观光大道、中国枇杷博物馆和西部枇杷博览园。该主题公园以枇杷为主要种植植物，突出枇杷的特色，按照园林设计的理念，以生态、休闲为原则，具有观光休闲、科普学习、体验感悟等功能，集科普、休闲、文化、体验于一体。

6. 枇杷博览园

福建莆田建立了一个集科普园、主题公园、博物馆、农庄等于一身的博览园——莆田世界枇杷博览园，座落于莆田涵江区白沙坪盘，占地 8 hm²。包括 2 400 m² 建筑物内的枇杷历史、文化、科技展览，1.3 多 hm² 的种质资源圃(种植有全世界的枇杷种、枇杷核心种质)，近 7 hm² 的多功能枇杷科技示范区。整个博览园集古今中外枇杷之大成。

二、发展枇杷休闲产业的要点

枇杷休闲产业成功的关键，在于构建生产活动与休闲活动相辅相成的协调格局。为此，应注意以下 5 方面的问题。

(1)园区规划与自然生态融为一体。要以生态种植、科研教育、旅游观光、特色餐饮、枇杷生产体验为目的，立足生态原则，借鉴其他果树观光休闲园的成功经验及优秀范例来进行规划设计。在园区整体布局上，应立足地形、地貌等自然条件，在对其加以保护利用的同时，结合规划各类道路，合理划分枇杷种植园的各功能区。

(2)枇杷生产与观光休闲紧密结合。园区要同时体现果品生产与观光休闲双重功能，兼备生产性与观赏性，实现效益互补。充分表现和突出该地区农村的自然景观和枇杷生产的特色，使游客到枇杷休闲园能获得新奇的感受和体验，从而达到修养身心的目的。

(3)农事管理与休闲活动协调有序。枇杷管理的安排和休闲活动的计划要协调有序。鼓励农民建立农业旅游行业协会，规范农业旅游的经营与管理。开展农业旅游须到各级政府旅游部门进行登记注册，并在通过考核后领取许可证书。

(4)枇杷产业与乡村振兴相辅相成。有枇杷产业的地方政府，尤其是县(区)、乡(镇)两级政府，应该把发展枇杷产业(包括枇杷观光园)作为优化农村产业结构、提高农民生活水平、改变农村社会面貌的大事来抓，统筹规划、正确指导，给予政策及资金扶持，为枇杷园观光旅游业的健康发展创造良好的环境，促进乡村振兴事业。

(5)服务设施与亲身参与两相兼顾。一方面，改善枇杷休闲产业的服务设施，加强从业人员的技能培训，提高服务意识，摒弃某些不良的农村生活习惯。加大道路、住宿、餐厅、通讯、厕所等基础设施的建设，改善传统农村脏、乱、差的局面。另一方面，要充分让游客亲身体验，要让游客亲自动手修枝、摘果，注意丰富园区的休闲项目，尽可能多地综合粮、果、蔬、畜、渔、草、花等农业资源要素，突出购、娱、游等要素的"农味"，以丰富的产品组合吸引游客，延长他们的停留时间，提高其消费水平。

参 考 文 献

[1]林顺权. 两组词汇"枇杷"与"琵琶"、"枇杷"与"卢橘"史料考析[J]. 果树学报，2019，36(7)：922-927.

[2]方以智. 景印文渊阁四库全书本·通雅[M]. 台北：台湾商务印书馆，1999.

[3]范子文. 观光，休闲农业的主要形式[J]. 世界农业，1998(1)：25-26.

[4]何小芳，吴雪飞. 枇杷在中国古典园林中的应用[C]//孟兆祯，陈晓丽. 和谐共荣——传统的继承与可持续发展：中国风景园林学会2010年会论文集(下册). 北京：中国建筑工业出版社，2010.

[5]贾翔. 农业生态旅游差异化发展模式的比较研究[J]. 科学与财富，2013(3)：21-22.

[6]李昉. 太平御览卷五八三乐部第二十一[M]. 北京：中华书局，1960.

[7]刘熙. 影印丛书集成初编本·释名[M]. 北京：中华书局，1985.

[8]柳俊义. 农业文化视野下云霄枇杷产业提升策略研究[D]. 福州：福建农林大学，2016.

[9]柳村. 历代名家画枇杷[M]. 杭州：西泠印刷，1998.

[10]邱武陵，章恢志. 中国果树志(龙眼、枇杷卷)[M]. 北京：中国林业出版社，1996.

[11]王振刚. 枇杷史略[J]. 果树科学，1988，5(2)：88.

[12]吴玉搢. 影印文渊阁版本四库全书·别雅[M]. 台北：台湾商务印书馆，1983.

[13]萧统. 文选[M]. 北京：中华书局，1977.

[14]辛树帜. 我国果树历史的研究[M]. 北京：农业出版社. 1962.

[15]徐传宏. 南风树树熟枇杷[J]. 知识窗，2008(6)：46.

[16]徐坚. 初学记[M]. 北京：中华书局，1962.

[17]许慎. 说文解字注，段玉裁注[M]. 上海：上海书店，1992.

[18]永瑢. 影印文渊阁本四库全书[M]. 台北：台湾商务印书馆，1983.

[19]张根芳. 中小学生农村教育知识文库：水果[M]. 沈阳：沈阳出版社，2009.

[20]张百三. 趣味诗话[M]. 重庆：重庆出版社，1989.

[21]郑文炉. 枇杷文化与产业发展[D]. 福州：福建农林大学，2010.

[22]诗词名句网. http://www.shicimingju.com/baidu/list/119458.html

[23]古诗词名居网. http://www.gushicimingju.com/search/shiju/枇杷/

[24]组词网. https://zuciwang.com/zhuanti/形容枇杷好吃的诗句.html

索　引

（按汉语拼音排序）